水电站
坝后背管工作性态研究应用

伏义淑　田斌　著

内 容 提 要

本书是水电站坝后背管工作性态研究专题的成果汇编。该专题深入研究了坝后背管在施工期和运行期的温度场、应力场，管道施工优化，管坝相互影响；并将考虑混凝土徐变特性的影响给以量化；对管道运行期温度对钢衬、钢筋应力及缝宽的影响也给以量化；用解析公式法、三维非线性有限元分析法、神经网络法和数值流形法预测管道外包混凝土的裂缝宽度和形态。

研究成果中的定量结果便于水电站坝后背管设计、施工人员应用，相应方法和内容也可供科研、运行管理人员及水利水电高校师生参考。

图书在版编目（CIP）数据

水电站坝后背管工作性态研究应用 / 伏义淑，田斌著. -- 北京 : 中国水利水电出版社，2015.8
ISBN 978-7-5170-3404-9

Ⅰ. ①水… Ⅱ. ①伏… ②田… Ⅲ. ①水力发电站－建筑工程－施工管理－研究 Ⅳ. ①TV73

中国版本图书馆CIP数据核字(2015)第163669号

书 名	**水电站坝后背管工作性态研究应用**
作 者	伏义淑 田斌 著
出版发行	中国水利水电出版社 （北京市海淀区玉渊潭南路 1 号 D 座 100038） 网址：www. waterpub. com. cn E-mail：sales@waterpub. com. cn 电话：（010） 68367658（发行部）
经 售	北京科水图书销售中心（零售） 电话：（010） 88383994、63202643、68545874 全国各地新华书店和相关出版物销售网点
排 版	中国水利水电出版社微机排版中心
印 刷	北京京华虎彩印刷有限公司
规 格	184mm×260mm 16 开本 12 印张 285 千字
版 次	2015 年 8 月第 1 版 2015 年 8 月第 1 次印刷
定 价	**45.00** 元

凡购买我社图书，如有缺页、倒页、脱页的，本社发行部负责调换

序

《水电站坝后背管工作性态研究应用》一书是三峡大学水利与环境学院的技术专著之一，是以三峡工程为背景写出的。

三峡大学水利与环境学院在三峡工程建设期间，在参加了武汉大学承接的三峡水电站钢衬钢筋混凝土压力管道大比尺平面结构模型实验研究的工作之后，又先后完成了三峡总公司与俄罗斯关于三峡工程压力管道交流资料的翻译工作，并由三峡总公司组织审查、出资完成了《前苏联钢衬钢筋混凝土压力管道设计与施工》一书的出版工作，及“三峡水电站压力管道优化设计方案工作性态研究”课题。这些工作的完成为三峡水电站压力管道优化设计方案的出台提供了佐证，也为我国工程技术人员全面、系统地吸收苏联的经验提供了便利。对三峡水电站压力管道优化设计方案的进一步深入研究，则有助于解决人们对钢衬钢筋混凝土压力管道一些长期困惑的问题，如下游坝面管的设置对钢管坝段的影响，坝踵会否产生拉应力，后期浇筑的压力管道与大坝合龙的最佳时间，施工期混凝土的徐变特性对管道应力的影响，管道运行后温度荷载对开裂断面钢材应力、裂缝宽度的影响，管道转弯处及管道接缝面的应力状态，设计荷载时外包钢筋混凝土的裂缝形态，即裂缝条数、间距、裂缝开展宽度等。在研究中对这些问题都给出了定量的分析和结果。

20 世纪 70 年代以来，我国在吸收苏联经验的基础上，已在东江、紧水滩、李家峡、五强溪等大型水电站成功地采用了下游坝面钢衬钢筋混凝土压力管道，并有所创新。三峡引水管道内径达 12.4m，承受设计水头 140m，HD 值高达 1736m^2，在三峡这个特大型水电站上创造性地采用了浅槽式下游坝面钢衬钢筋混凝土压力管道，成功地解决了巨型压力管道布置上的困难，建成投产后，多次承受了设计水头的考验。近二三十年来我国在钢衬钢筋混凝土压力管道的设计计算、模型试验、施工和原型观测等方面积累了宝贵经验，取得了重大成就，在三维非线性计算、大比尺仿真模型试验、施工实时仿真分析、原型观测等方面均达到国际先进水平，并有很大创新。

此书研究工作的主要内容如下：

(1) 自主开发的施工仿真程序可模拟三维跳仓浇筑、设置冷却水管、考虑或不考虑混凝土徐变特性；将施工期计算温度场与实测结果对比吻合较好，可信度高，这是过去尚未见到过的成果；施工优化成果中提出的减小浇筑温度梯度方法、管坝影响程度、徐变影响的数量概念、蓄水前的初始温度场等，对指导工程设计和施工是有现实意义的。

（2）管道运行期温度对钢衬及钢筋应力及外包钢筋混凝土表面缝宽的影响是过去没有完全解决的重要问题。本书研究成果中，有限元计算模型成功解决了难度较大的种种黏结单元模拟，得到的结果与大比尺模型试验结果基本一致，具有很好的理论和实践意义。

（3）对各种裂缝宽度的计算方法，如解析公式法、三维非线性有限元法、数字流形法和神经网络法，用于预测坝后背管的裂缝宽度，都与大比尺模型实验有较好的对比性，这些方法的应用是具有开创性的，希望能对工程技术人员起到抛砖引玉的作用。

此书的研究工作，紧密结合我国重大工程的实际需要，理论分析、模型试验和原型观测相互对比验证。这种理论联系实际的研究方法也是值得肯定和发扬的。

三峡大学水利与环境学院的老师们为钢衬钢筋混凝土坝后背管的技术进步付出了辛勤劳动，希望这本技术专著能为在我国推动坝后背管的应用起到积极作用。

马吾志

2014.10.30

前言

20世纪70年代末以来，国内继东江、紧水滩、李家峡、五强溪等水电站采用下游坝面压力管道（即坝后背管）以来，三峡水电站也采用了下游坝面浅槽式钢衬钢筋混凝土结构型式，随着坝后背管管型纳入《水电站压力管道设计规范》及三峡的采用，对国内这种管道的应用将产生巨大的影响，也促进了有关科研工作的开展，特别是针对三峡管道在选择结构型式阶段和技术设计审查阶段开展了比较透彻的科研工作。

对三峡管道斜直段而言，由武汉大学马善定教授领导，我们参加完成了大比尺（1∶2）平面结构模型试验研究。浙江大学钟秉章教授等人用非线性有限元进行了相应的结构仿真计算，计算成果和试验结果在应力分布、变形规律、初裂荷载及部位、塑性软化开裂区发展规律等方面较为接近，并可相互验证。中国水利水电科学研究院董哲仁等人也作了比较全面系统的结构仿真计算，并提出了钢衬钢筋混凝土压力管道裂缝宽度计算方法。与此同时，西北勘测设计研究院傅金筑教授在李家峡水电站坝后背管原型观测的基础上对坝后背管外包混凝土裂缝进行了大量深入研究，对模型裂缝的相似性问题、坝后背管的结构计算方法、缝宽及裂缝处钢筋应力的关系等都有独到见解。

在三峡技术设计审查阶段根据三峡坝后背管1∶2大比例尺平面结构模型试验的成果和国内外这种管道的设计运行经验，对安全系数、钢衬钢筋材质及配置等进行了优化。长江水利委员会提出了三峡水电站压力管道优化设计报告，并于1998年4月9日在北京通过了专家审查。在长江水利委员会和三峡总公司的支持下三峡大学水利与环境学院承接了“三峡水电站压力管道优化设计方案工作性态研究”课题，深入的研究使得课题研究的难度很大，如钢衬钢筋混凝土的三维非线性有限元分析，在过去的研究中对混凝土本构关系模式，钢衬与钢筋混凝土黏结滑移的本构关系等至今尚未获得大多数人公认的满意结果，目前还几乎不能用数值方法求解裂缝宽度。为此我们一方面钻研三维非线性有限元，同时寻求新的方法，如用数值流形方法模拟固体介质的裂纹扩展，用BP网络中的全局优化算法预测大坝背管混凝土的裂缝宽度，计算结果与模型试验或有关计算都有较好的对比性，这些尝试虽然是初步的，但具有开创性，这也在一定程度上拖了进度。研究报告于2006年完成并通过验收。

研究过程为了更好掌握国外关于坝后背管发展情况，我们于2001年初完成了三峡总公司与俄罗斯关于三峡工程压力管道交流资料的翻译工作，其后又于2002年8月与三峡总公司配合完成了《前苏联钢衬钢筋混凝土压力管道设计与施工》一书的出版工作，这其中的工作量巨大。

在完成上述各项工作的基础上，由笔者撰稿成书，书中各章内容及完成人情况如下：第1章概述，完成人为伏义淑、田斌；第2章厂房坝段混凝土三维跳仓浇筑施工过程实时仿真分析，完成人为秦杰、黄达海、孟永东、王林伟；第3章水电站钢衬钢筋混凝土压力管道运行期温度影响研究，完成人为秦杰；第4章坝后背管外包混凝土裂缝宽度实用新算法研究，完成人为王康平、伏义淑；第5章用数值流形法进行裂缝扩展计算研究，完成人为王水林；第6章坝后背管三维非线性有限元应力应变分析，完成人为童富果、田斌、徐福卫、张萍；第7章大坝背管混凝土裂缝的前馈人工神经网络预测研究，完成人为徐福卫、蒋定国、晋良海；第8章紧水滩水电站坝后背管调研报告，完成人为伏义淑。在成书过程中得到了吴海林博士、卢晓春博士的支持，并由万光义、唐迎旭、张洋完成文字修改、打印等工作。

在完成上述各项研究任务的过程中得到武汉大学马善定教授、长江水利委员会陈际唐教授、西北勘测设计研究院傅金筑教授、三峡工程开发总公司专家组专家魏永辉的指导和帮助，在此一并表示衷心的感谢。

本书能如期出版，得到了三峡大学水利与环境学院以及三峡地区地质灾害与生态环境湖北省协同创新中心的资助，感谢学校以及学院的支持和信任。

限于水平，书中缺点和错误在所难免，希望读者给予指正。

著者

2015年7月于宜昌

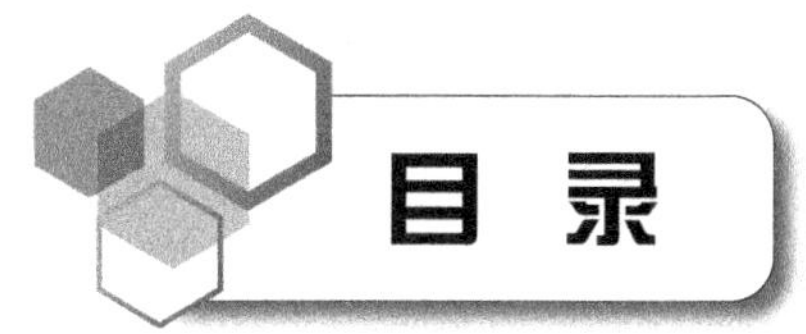

目录

第1章　概　　述

1.1　钢衬钢筋混凝土压力管道的应用及发展

敷设在混凝土坝下游坝面上的钢衬钢筋混凝土压力管道是一种经济、安全，并且有广阔发展前景的水电站输水管道。它具有很多优点，是一种钢板衬砌与外包钢筋混凝土联合承受内水压力的结构，钢衬的厚度可以较明管方案为薄，这就解决了一些高水头、大直径的压力管道当采用厚度超过 32～40mm 的钢板时的材质要求和卷板、焊接的困难；钢衬和钢筋混凝土联合受力，并允许外包混凝土开裂，可充分发挥钢材的受拉作用，且两者在同一部位同时出现缺陷，都达到破坏的概率很小，万一发生事故，也不是撕裂性的突发事故，所以管道的整体安全度较高；在工程布置上，改变了传统的坝内埋管形式，将压力管道布置在下游坝面，从而减少了管道空腔对坝体的削弱，减少了坝体施工与管道安装施工的干扰，有利于保证施工质量和进度；由于节省一些高强钢板的进口，在造价上相对经济些；外包混凝土可以防止钢管受严寒或日照等造成的温度影响。

苏联是世界上首先采用钢衬钢筋混凝土压力管道的国家。他们在 20 世纪 60—70 年代兴建的大型水电站如克拉斯诺雅尔斯克、萨扬-舒申斯克和契尔盖，当压力输水管道的 HD 值（H 为设计水头，D 为管道内径，均以 m 计）不小于 1200 时，均采用了钢衬钢筋混凝土压力管道。札哥尔抽水蓄能电站采用铺设在软基上的钢衬钢筋混凝土压力管道。此外，阿里-瓦赫德水利枢纽的水轮机引水管道的岔管，努列克水电站（$HD=1600$）、英古里水电站（$HD=1650$）、萨扬-舒申斯克（$HD=1700$）、罗贡水电站（$HD=2280$）的蜗壳均是钢衬钢筋混凝土结构。

纵观俄罗斯关于钢衬钢筋混凝土结构的发展过程，可分为三个阶段。20 世纪 60 年代苏联为了解决大直径钢管承受内压问题，在克拉斯诺雅尔斯克水电站首先采用钢衬钢筋混凝土管道。当时，对钢管和外包混凝土的联合作用并无明确认识，只采用了比较简单的办法：规定钢衬承受全部内水压力时其安全系数为 1.3～1.8，即钢衬中的应力必须小于被采用钢材屈服强度的 1/1.3 倍，由外包混凝土中的钢筋承受全部内水压力时，安全系数 1.1～1.3，这样，结构总的安全系数 2.4～3.1。同时要求管道与下游坝面连接牢固，并允许外包混凝土开裂。另外为了减小管道的规模，采用了两管一机的布置方案，将钢管的难点转移到分岔段上。俄罗斯设计者们针对该电站的新型结构，完成了几何比尺 1：10 和 1：20 的仿真结构模型试验，用大比尺试件模拟管道的破坏情况，并测试其承载力，实验结果证实了钢衬钢筋混凝土结构压力管道设计原则的合理性。上述过程可视为第一发展阶段。

到 20 世纪 70 年代前后，随着代表这类结构第二阶段水平的萨扬-舒申斯克水电站的兴建，苏联一些水电设计和科研部门针对钢衬钢筋混凝土结构进行了一系列理论和实验研究，并相继拟定了一些设计规范。确定了把钢管与外包钢筋混凝土作为整体结构设计的原则，认为二者能可靠地联合工作，不存在原来设想的钢管发生灾难性破坏的可能性，因而结构可靠性较好，由此建立的计算方法，在正确使用荷载作用下，结构强度总安全系数比第一阶段有所降低，取 1.8～2.0。钢衬不再按单独承受内水压力校核，直接按整体结构极限状态方法进行强度计算：

$$K_H n_c N \leqslant m_n (F_a R_a + F_0 R_0) \tag{1.1}$$

式中：K_H 为可靠系数，一级建筑物用 1.25；n_c 为荷载组合系数，基本荷载用 1.0；N 为构件中拉力；m_n 为工作条件系数，一级建筑物用 0.92；F_a、F_0 为钢筋、钢衬截面积；R_a、R_0 为钢筋、钢衬设计强度值。

另外考虑结构的耐久性，钢管和钢筋中的应力在使用荷载作用下不得超过规范确定的极限值，混凝土裂缝宽度 a_T 不超过 0.3mm：

$$a_T = KC_g \eta \frac{\sigma_a}{E_a} \times 7(4-100\mu)\sqrt{d} \tag{1.2}$$

式中：K 为系数，可用 1.2；C_g 为对长期荷载作用 1.3；η 为对螺纹钢筋用 1.0；σ_a 为钢筋拉应力值；E_a 为钢筋弹性模量；μ 为截面含筋率；d 为钢筋直径，mm。

上述这种联合受力的结构设计方法显然具有客观的技术经济效益。苏联原《水工建筑钢衬钢筋混凝土结构设计参考资料》（П—780—83）是反映第二阶段发展水平，具体介绍联合受力结构设计方法的代表性文献。

我国 20 世纪 70 年代兴建的湖南东江水电站是国内首次采用下游坝面钢衬钢筋混凝土压力管道的工程，同期还有紧水滩水电站，在设计中既按整体结构进行强度计算，对钢衬及外包钢筋混凝土分别单独承载进行校核，这就是被称作“双保险”的设计方法。近十年来，随着国内设计，科研的深入开展，对这种结构的特点认识越来越深刻，按整体结构设计的方法已经成为一种趋向。如后来相继建成的五强溪、李家峡等大型水电站和已建的三峡巨型水电站，压力管道均采用了钢衬钢筋混凝土结构，总安全系数在不断降低，已接近前苏联水平。

目前钢衬钢筋混凝土结构的设计，随着二三十年工程实践的检验和更深入的研究，正在迈入第三发展阶段。在通过与莫斯科动力建筑研究院专家的交往中获悉，苏联时期（20 世纪 70—80 年代）实行的规范，正在进行修订，修订工作主要着眼于结构的耐久性。如俄罗斯一些大型水电站管道混凝土裂缝宽度超过 0.3mm，中国几个电站按他们的规范计算也小于 0.3mm，但实际运行中都超过这个标准；除电站外俄罗斯还有一些水闸、挡土墙、船闸等结构按原来的设计规范可不加横向钢筋，而运行若干年后出现受力筋屈服，甚至拉断等异常情况，图 1.1 是莫斯科动力建筑研究院进行的两个对比试验，清楚地表明了配置横向钢筋可以有效控制贯穿性裂缝；另外对不设软垫层，不打压的完全联合受力的钢衬钢筋混凝土蜗壳在俄罗斯进行了深入研究，并得到了广泛应用，这种结构可靠、便宜，按照联合受力原理，并经试验表明，钢筋能够承受绝大部分水压力，钢蜗壳可以较薄，但外面的钢筋要配足。不久新修订的水工建筑混凝土和钢筋混凝土结构、钢衬钢筋混凝土结构等很多新规范将问世。新规范除列入蜗壳新结构研究成果，注意结构抗剪外，还要考虑钢筋进入事故的情况，同时考虑钢筋的塑性。对结构件（对压力管道及它的岔管、弯道、蜗壳、闸室等）趋于极限状态的条件，新的规范公式将通过应力反映出来，故设计时应由

限制条件计算主拉应力及主压应力，并按新的规定检验应力强度是否满足要求。总之，基于工程实践的深入研究，将更趋于科学化。

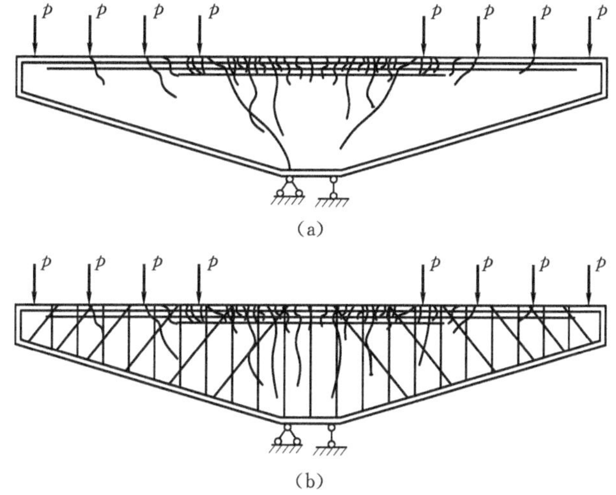

图 1.1 莫斯科动力建筑研究院横向钢筋配置对比试验图

1.2 国内外坝后背管实例介绍

在吸收苏联经验的基础上，我国在 20 世纪 70 年代开始在东江、紧水滩、李家峡等水电站成功采用了布置在坝后的钢衬钢筋混凝土压力管道，积累了设计施工经验并有所创新。特别在三峡工程上引水管道工程取得了重大科技成就。三峡水电站压力管道具有引水流量大（966m^3/s），钢管直径大（12.4m），钢管水头大（计入水锤压力后最大水头 139.5m），管道规模大（HD 值 1730m^2）的特点，在技术设计阶段，在大量科学试验研究和设计计算的基础上选定了下游坝面浅槽式钢衬钢筋混凝土压力管道结构型式，这本身就是工程技术界的创举，其后在三维非线性计算、大比尺仿真模型试验、施工实时仿真分析和原型观测分析（李家峡）等方面均达到国际先进水平。由此可知近二三十年来我国在钢衬钢筋混凝土压力管道的设计、模型试验和原型观测等方面已完成大量研究工作，积累了宝贵经验，取得了重大成就。

以下将就国内外坝后背管实例介绍如下。

1. 东江水电站坝后背管简介

东江水电站位于我国湖南省境内湘江支流耒水，采用拱坝坝后式厂房总体布置，安装了 4 台单机容量为 125MW 的水轮发电机组。双曲拱坝坝高 157m，底宽 35m，顶宽 7m，坝顶中心线弧长 438m，坝体共划分为 29 个坝段。

东江工程的引水道布置曾重点研究了上游坝面管和下游坝面管两种布置方案，经布置及结构形式比较，选用在坝身中部开口的斜面式进水口和下游坝面敷设压力管道的结构布置。引水钢管内径 5.2m，斜管段外包钢筋混凝土厚度 2m，坝后平管段钢筋混凝土厚度 1.5m，背管剖面图见图 1.2。正常高水位 285.0m 时，管道末端的净水压力 1.41MPa，包括水锤压力在内的最大水压力约为 1.62MPa，HD 值为 842.4m^2。管道通过的最大引用流量为 123m^3/s，每条引水道全长约 174m。

东江是我国第一个采用坝后背管的工程，设计按钢衬和钢筋混凝土筒壁单独承受内水压力进行强度校核。对于钢衬，要求在设计情况（正常水位 285.0m）内水压力（包括水锤压力）作用下应力值不超过 0.72σ_s（钢板屈服点强度），对钢筋混凝土筒壁要求内外层钢筋的平均应力值不超过 1.2 倍的钢筋设计强度。对 16Mn 钢板和Ⅱ级钢筋总体强度安全系数不低于 2.5。

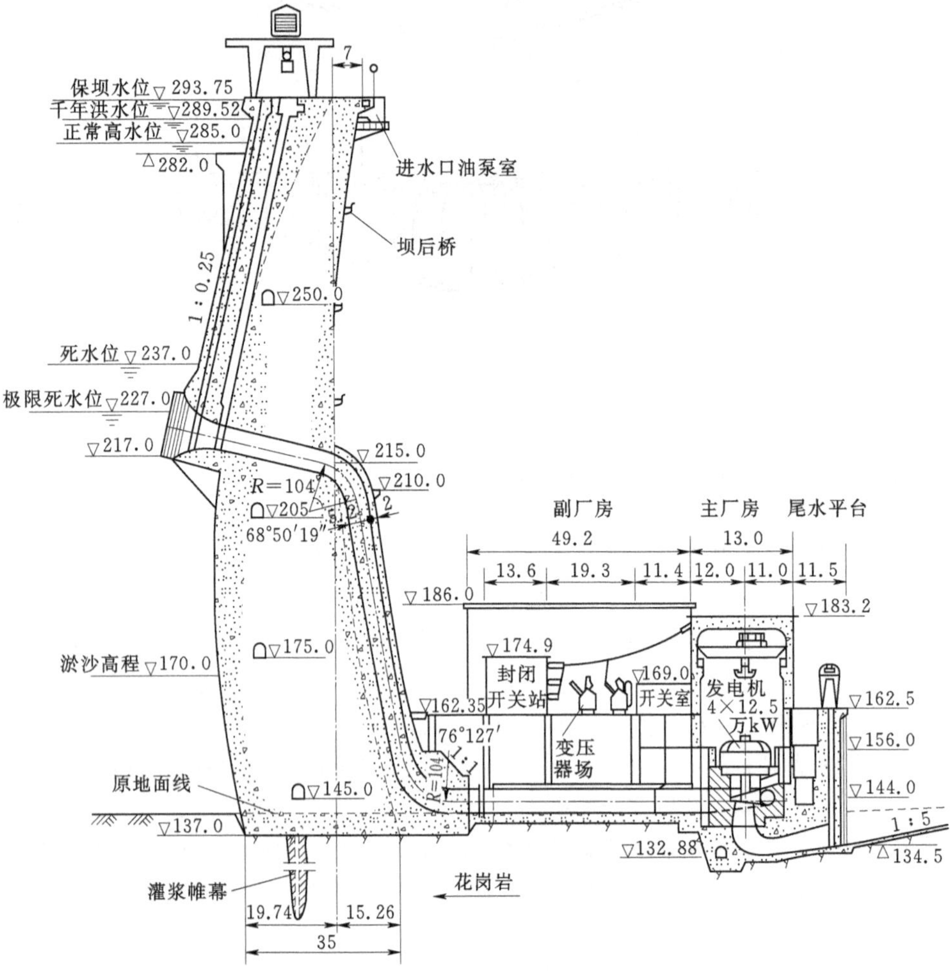

图 1.2　东江水电站厂坝横剖面图（单位：m）

2. 李家峡水电站背管简介

李家峡水电站位于青海省境内黄河干流上，水电站枢纽由拦河大坝、泄水建筑物、发电厂房和引水系统等组成。

拦河大坝为三心圆双曲拱坝，最大坝高 155m，坝顶高程 2185m，坝顶宽 8m，坝基最大宽度 45m，主坝坝顶长 414.39m，共分 20 个坝段。正常蓄水位 2180m。

泄水建筑物包括右中孔、左中孔和左底孔。中孔进口底坎高程 2120m，孔口尺寸 8m×10m，设计流量 2×2190m^3/s，底孔进口高程 2100m，孔口尺寸 5m×7m，设计泄量 1110m^3/s。

厂房采用坝后双排机布置，上游排布置两台机组，下游排厂房布置 3 台机组，顺水流

方向单间厂房宽 27.5m，双排机厂房总宽 55m。电站安装有 5 台 400MW 水轮发电机组，总装机容量 2000MW，年发电量 5.9 亿 kW·h，是黄河上已建和在建的最大水电站。

引水钢管直径 8m，设计水头 138.5m，最大水头 152.0m，HD 值为 1216m^2，背管斜直段外包混凝土厚 1.5m，上弯段外包混凝土厚 2m。背管剖面见图 1.3。钢管采用 16Mn 钢材，钢板厚度为 18～40mm，管体总净重 514t，总用钢量 6120t。各条管道长度不等，最短为 166.92m，最长为 202.77m，5 条管全长 927.78m。

此外，李家峡水电站 5 条背管中有 4 条经论证分析后取消了伸缩节，用 8m 长的垫层管代替。

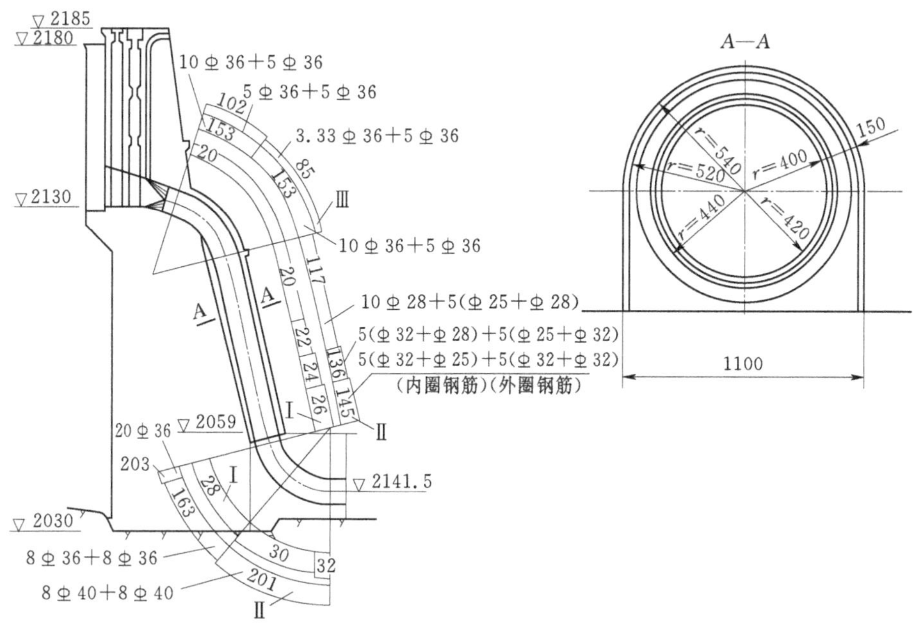

图 1.3 李家峡水电站背管布置图（高程单位：m，尺寸单位：cm）

Ⅰ—钢管壁厚（mm）；Ⅱ—环筋面积（cm^2/m）；Ⅲ—锚固筋面积（cm^2/m）

3. 三峡水电站坝后背管优化设计方案简介

三峡水电站在左、右岸坝后厂房内装设 26 台容量为 700MW 的水轮发电机组（其中左岸安装 14 台，右岸安装 12 台），装机容量达 18200MW。按规划在 2009 年后，还将在右岸山体内增设地下厂房并安装 6 台 700MW 的机组，届时，三峡水电站装机总容量将达 22400MW，装机台数和容量均超过当今世界上已建成的最大水电站—巴西与巴拉圭合建的依泰普水电站（18×700MW=12600MW），成为 20 世纪施工 21 世纪初建成甚至延续相当长一段时间的世界最大的水电站。三峡水电站左右岸机组采用单管单机供水，坝后式厂房。电站压力管道直径 12.4m，HD 值为 1730m^2。压力管道采用的坝后背管布置型式是浅卧在下游坝面 6.47m 深的预留槽内，即钢管埋入坝面以下约 1/3 管径，压力管道的结构型式为钢衬钢筋混凝土联合受力的型式。

在技术设计阶段即优化设计前钢衬采用了较厚的 16MnR 钢板和 4～5 层较大直径的钢筋（Ⅱ级钢筋最大直径为 ϕ40mm）。在技术设计审查阶段，根据马善定进行的钢衬钢筋混凝土管 1∶2 大比尺平面结构模型试验的成果和国内外这种管道的设计运行经验，对安全系数、钢衬、钢筋材质及配置等进行了优化。优化设计后，埋管段、上弯段、斜直段钢衬材质为 16MnR，壁厚依次为 26mm、28mm、30～34mm，下弯段钢衬采用了 60kgf/mm^2 级钢板，壁厚 34mm；管道环向受力钢筋从上至下全部减为三层 ϕ36～40Ⅲ级钢筋（图 1.4）。经优化设计后，节省了工程量，减少了钢筋层数，方便了施工，有利于保证混凝土的施工质量。设计总体安全系数为 2.0，满足了总的强度安全要求。

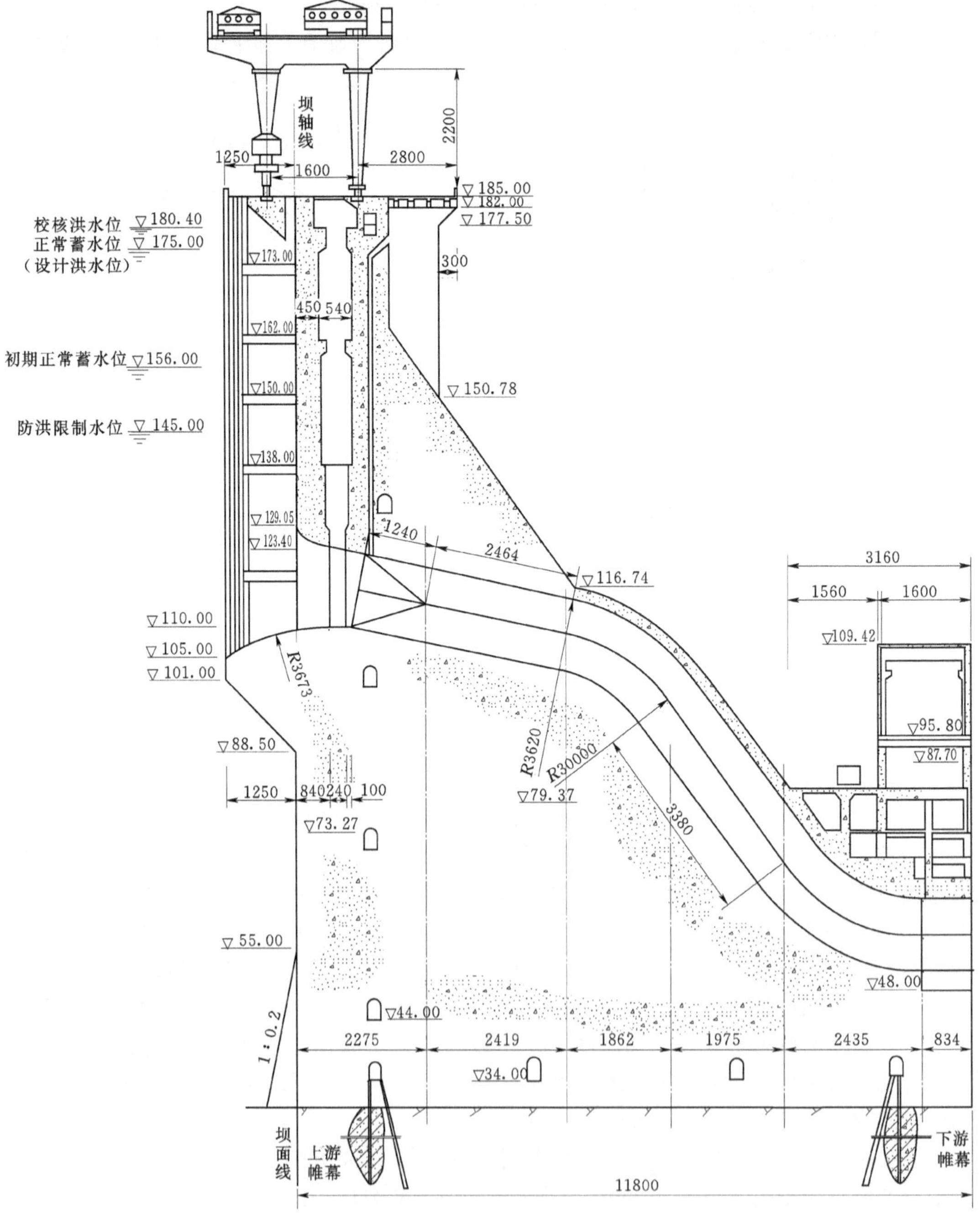

图 1.4　三峡压力管道布置图（高程单位：m；尺寸单位：cm）

4. 克拉斯诺雅尔斯克水电站背管简介

克拉斯诺雅尔斯克水电站是修建在苏联最大河流叶尼塞河上的第一个水电站，它的装机容量为 600 万 kW。工程于 1961 年开工，至 1972 年全部建成。大坝为混凝土重力坝，最大坝高 124m；溢流坝布置在河床靠左岸部分，有 7 个净跨度 25m 的闸孔，坝顶水头 10m。水电站厂房靠右岸，直接布置在坝后，厂房的长度 430m，布置了 12 台单机容量为 50 万 kW 的水轮发电机组；水轮机输水管道是布置在重力坝下游坝面的坝后背管，为两管一机供水方式，岔管前钢管直径为 7.55m，岔管后的钢管直径为 9.3m，计算水头（包括水击压力）130m，HD 值为 1209m^2，钢管壁厚为 32～40mm。如图 1.5 所示。

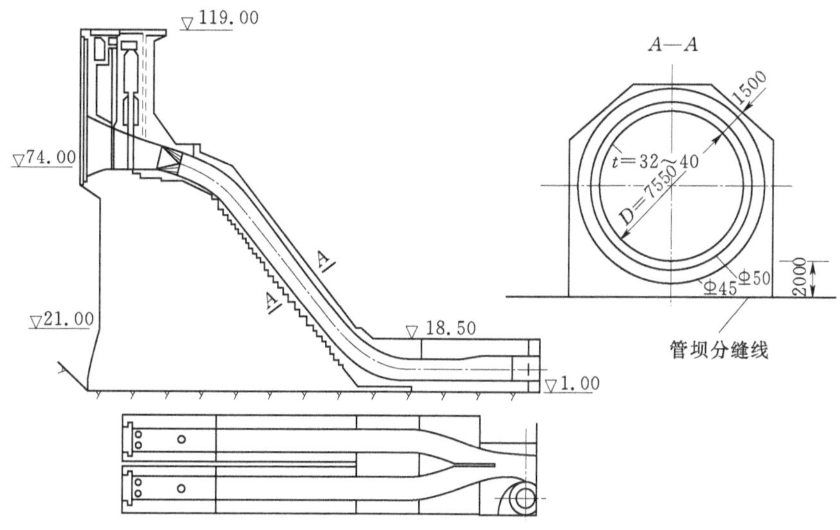

图 1.5 克拉斯诺雅尔斯克水电站背管布置图
（高程单位：m；尺寸单位：mm）

该水电站是苏联首次采用坝后背管的工程，设计认为钢管与环向钢筋单独发挥作用，外包钢筋混凝土仅作为防护设施考虑。钢管规定的安全系数为 1.5，而环向钢筋安全系数为 1.1，结构总的安全系数为 2.6。

5. 萨扬-舒申斯克水电站背管简介

萨扬-舒申斯克水电站位于俄罗斯叶尼塞河上，电站安装了 10 台 640MW 的机组，总装机容量为 6400MW，坝型为重力拱坝，最大坝高为 245m，坝顶弧线长 1066m。引水管道由 10 条坝后背管组成，在正常高水位时的工作水头范围从管道的起始段的 56m 到尾部的 226m，若考虑水锤压力，则相应的计算水头为 56～278m。大坝于 1980 年竣工，厂房靠近枢纽左岸布置。

钢管直径 7.5m，外包钢筋混凝土厚 1.5m。由于采用了钢管钢筋混凝土联合受力的设计方法，钢管壁厚大大减薄，为 16～30mm，节省了钢材 1.75 万 t，节省的投资是原技术设计阶段按旧的设计方法投资额的 40%（包括钢筋单价低价于钢板单价的因素）。

设计在正常使用荷载作用下结构总的安全系数为 1.8～2.0。背管剖面图见图 1.6。

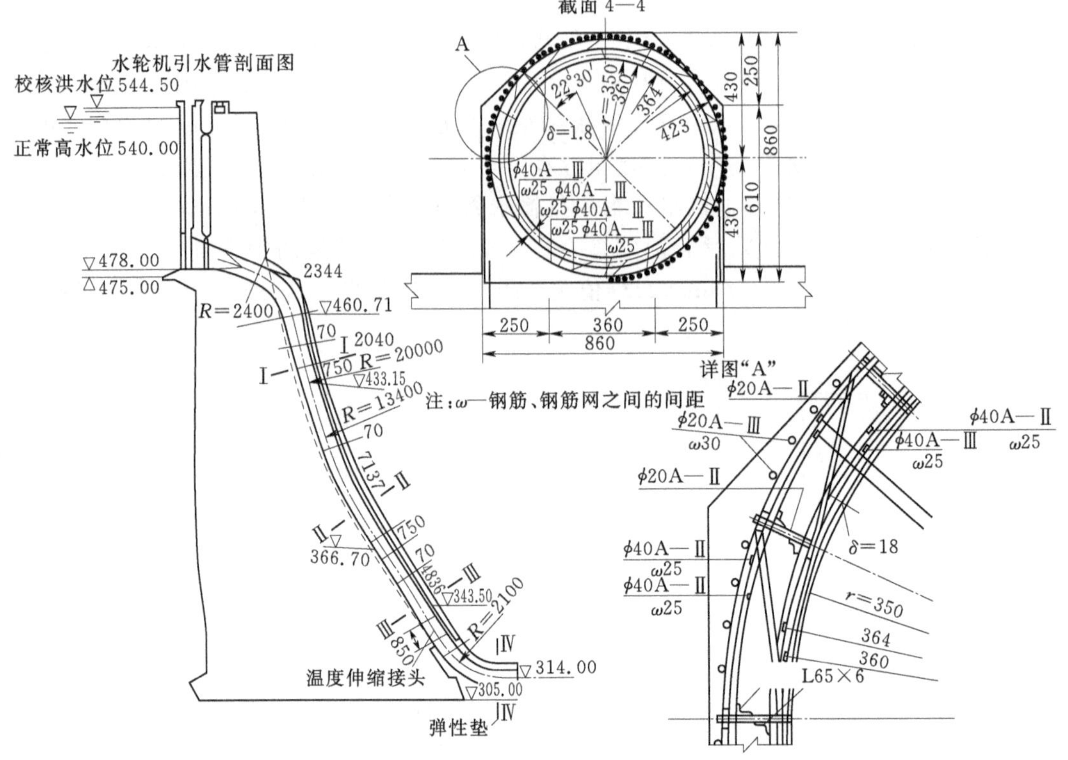

图 1.6　萨扬-舒申斯克水电站背管剖面图（高程单位：m；尺寸单位：cm）

1.3　研究专题的由来和需要解决的实际问题

水电站坝后背管首创于苏联，是一种钢管与外包钢筋混凝土组成的复合管道结构，对于一些大型水电站或薄拱坝坝后式厂房，在布置上具有更大的灵活性和优势。我国在吸收苏联经验的基础上，近半个世纪以来，一些大中型水电站广泛采用坝后背管，并取得了技术上的长足发展。大量研究表明这种结构钢衬及外包混凝土是联合受力的整体，对结构的强度问题也有了比较充分的认识：如管道开裂前混凝土钢衬钢筋的承载比，初裂荷载，初裂位置，开裂后的钢材应力，结构承载力等。但是根据我国东江、五强溪、李家峡水电站的建设经验及专家讨论的情况分析，仍有如下问题令设计人员感到困惑：对钢衬钢筋混凝土结构强度安全系数的取法还有争议；设计荷载时允许开裂的外包钢筋混凝土的裂缝形态仍无可靠定量的结果，如裂缝条数、间距、裂缝开展宽度等仍为人们所关注；管道运行后温度荷载对开裂断面钢材应力及裂缝宽度的影响研究仍不透彻；钢管坝段因下游坝面管的设置对坝体影响到底有多大，坝踵会不会产生拉应力，施工期混凝土的徐变特性对管道影响有多大，后期浇筑的压力管道外包钢筋混凝土什么时间与大坝合龙最好，还有管道转弯处及管坝接缝面的应力问题仍未解决。上述问题的进一步研究对设计更加优化的可能和施工方法、施工措施的采取都有一定影响。为了解决坝后背管设计，施工中的实际问题，在三峡总公司和长江水利委员会的支持下我们进行了本课题的研究，研究的内容对上述遗留问题给了特别的重视。

1.4 水电站坝后背管工作性态研究的技术路线

本项目研究的技术路线是在已经完成的“三峡电站钢衬钢筋混凝土压力管道大比尺平面结构模型试验研究”的基础上，调研国内已建电站坝后背管的实际运行情况，结合三峡工程的实际建设过程，采用理论分析与数值分析、仿真模拟、人工智能等研究手段与方法，对三峡电站坝后背管的实际性态进行研究与预测，通过数值分析与理论分析，建立坝后背管的力学模型，对坝后背管的设计准则及施工优化提出建议。

1.5 研究的内容和关键性技术问题

1.5.1 坝后背管施工全过程的仿真模拟

该研究主要是追踪施工过程进行反馈仿真计算，计算时应按照三峡工程大坝混凝土与管道混凝土的施工顺序及相应的材料参数与环境参数，并了解长江水利委员会和施工单位有关大坝及管道的施工进度，取一个坝段建立三维有限元数学模型，计算程序应能模拟结构修建过程的累计自重应力、温度变场、分期蓄水及温变过程的仿真徐变应力。该计算与一般大坝仿真计算不同的是由于附设在下游面的浅槽式钢衬钢筋混凝土压力管道，其混凝土的几何尺寸较大，且施工时间远滞后于大坝混凝土，管道混凝土在升温期间与降温期间对大坝混凝土的影响必须给出定量的说明。

1.5.2 管道混凝土运行期开裂断面（裂缝处）在温度荷载作用下，钢衬、钢筋的应力及裂缝开展宽度的变化

研究结合武汉大学马善定教授领导的背管斜直末端 1∶2 大比尺平面结构模型试验的结果，对温度试验结果进行对照计算，考虑模拟管道运行后裂缝开展全过程难度太大，故只针对开裂后管道模型施加温度荷载进行有限元计算，探求温度变化对管道钢材应力及裂缝开度的影响。通过试验和计算的对比分析，力求取得理论上的升华。对一个开裂的钢衬钢筋混凝土结构进行有限元分析，关键是对裂缝的接触模拟、混凝土与钢筋的粘接模拟及钢衬与混凝土的接触模拟。

1.5.3 水电站压力管道裂缝位置及其宽度预测研究

（1）充分利用近 20 年来国内外对钢衬钢筋混凝土压力管道的科研成果和建设经验建立样本库，进行统计分析或通过数学、力学理论推导得出基本计算公式，然后根据结构的材料特性和几何特性，应用国内已建设电站的实际运行监测资料对提出的计算公式进行验证，得到某些修正系数，提出符合水电站压力管道特性的半经验半理论计算公式。

（2）建立基于前馈人工神经网络模型的压力管道混凝土裂缝位置及宽度的预测模型。在节点作用函数、隐含层数、网络的泛化性能、优化算法等方面加强研究，提出了一种能较好预测压力管道混凝土开裂裂缝性态的人工神经网络模型。

（3）采用三维非线性有限元法针对三峡水电站优化设计方案钢管坝段建立三维有限元模型，计算分析设计荷载作用下管道及坝体的应力状态及裂缝形态。

（4）尝试采用数值流形法进行结构裂缝扩展计算研究。

1.6 研究的主要成果和结论

1.6.1 厂房坝段混凝土三维跳仓浇筑施工过程实时仿真分析

该研究选取三峡水电站左岸厂房 9 号坝段作为典型坝段，使用自主开发的三维有限元施工仿真软件 FZFX3D 模拟施工过程，计算施工期和运行期的温度场和应力场。

9 号坝段由实体坝段和钢管坝段组成，研究的方法是按照三峡工程厂房坝段混凝土的实际浇筑过程及浇筑时的气象资料，混凝土入仓温度，跳仓方案，冷却方式等基本参数，先对实体坝段已浇筑混凝土进行实时施工仿真分析，将计算温度与现场实测值对比，在对比的基础上确定一些难以量化的参数，再按照施工计划对整个实体坝段进行施工仿真计算，从而验证计算程序的可靠性。在实体坝段计算的基础上最后完成实时仿真计算的重点—钢管坝段的施工仿真分析。计算中对已浇筑混凝土按实际浇筑情况，待浇筑混凝土按施工计划。

该研究工作与常规施工仿真相比，其特点是：

（1）完善了自主开发的施工仿真程序，实现了三维跳仓浇筑和设置冷却水管，使程序更具实用性。

（2）采用大型通用软件 ANSYS，通过接口程序使繁琐的前后处理变得简易可行，清楚明了。

（3）将施工期计算温度场与实测结果对比，过去没有人做过，对比结果吻合较好，并决定横缝边界采用绝热边界，使钢管坝段仿真计算温度场与实测结果对比吻合较好。

（4）在准确把握三峡水电站钢衬钢筋混凝土压力管道施工期温度场的前提下方可准确得到管坝的初始应力，混凝土徐变特性影响等定量的结果，这对消除人们的疑虑，指导工程设计和施工是有现实意义的。

施工过程仿真分析得到的主要结论如下：

（1）后期浇筑的管道总体对坝体影响不大，使坝踵产生拉应力的机会极小。

（2）经管道施工优化提出了具体的减小浇筑温度梯度的方法，指出下弯段可集中在低温季节浇筑，并采取冷却措施，斜直段及上弯段可不采用冷却措施，在夏季高温季节到来之前浇筑完毕，则可使浇筑期最高温度明显下降，减小温度梯度，从而降低混凝土在早龄期出现环向和轴向拉应力。

（3）管道浇筑时至坝体蓄水前初始环向拉应力，最大值出现在管腰外侧、斜直与下弯相接部位，蓄水前值为 1.3～1.5MPa，斜直段轴向也出现较大拉应力，斜直段浇筑完 14 天为 1～1.2MPa。

（4）徐变影响在整个施工期降低了混凝土的拉应力，属于有利影响，环向拉应力与管道浇筑完毕的初始应力相比降低 35%左右。

（5）仿真分析可提供钢衬钢筋混凝土管道非线性分析时需要的初始温度场，按照管内水温参照库水温，管外为气温边界得到的准稳定温度场，可作为管道运行期应力分析的依据。

1.6.2 管道运行期温度对钢衬钢筋应力及缝宽影响研究

温度影响问题是过去没有解决，而工程上又十分关注的问题，而裂缝控制问题则是钢衬钢筋混凝土压力管道重要的、难以解决的技术问题，关系着管道的耐久性。足见对这个问题的研究在理论和实践上意义都是很大的。计算采用非线性功能较强的大型通用软件ANSYS，建立了带裂缝工作管道的有限元分析模型，并与大比尺（1∶2）模型试验结果对照验证，计算过程充分挖掘大型软件ANSYS的非线性功能，是深入成功应用ANSYS的范例，带有创造性。

由于有限元计算模型成功解决了难度较大的种种黏结单元问题，如混凝土脆性材料的模拟，钢筋塑性模拟，混凝土与钢筋黏结模拟，与钢衬的接触模拟，裂缝面接触模拟等，使有限元计算结果与模型试验不仅在缝宽上有可比性，在变形和钢衬应力上都有可比性。计算得出的定量结果具有实用价值，如温度对缝宽的影响在0.01～0.1mm之间，对钢衬应力影响在±35MPa之间，该计算结果与大比尺模型试验结果是一致的。

1.6.3 常规公式法计算背管外包混凝土裂缝宽度

钢衬钢筋混凝土压力管道是允许带裂缝工作的一种结构，因此为保证结构的耐久性，必须对裂缝宽度进行验算。基于数理统计法和有无黏结滑移理论研究出来的常规混凝土结构裂缝宽度计算方法很多，常被用在钢衬钢筋混凝土压力管道计算的有：《水工混凝土结构设计规范》（DL/T 5057—1996）、《港口工程设计规范》（JTJ 220—1987）、陶然法、苏联《水工建筑钢衬钢筋混凝土结构设计参考资料》（П—780—83）、董哲仁法等。

21世纪初完成的《水电站压力管道设计规范》（DL/T 5141—2001）和（SL 281—2003），已将坝后背管的结构型式纳入规范。随着大量的试验研究和工程实践，对这种结构的认识更加普及和深入，提出一个坝后背管外包混凝土裂缝宽度的计算公式，条件已基本成熟。人们对坝后背管这种联合受力的钢衬钢筋混凝土结构的深入认识主要表现在如下几个方面：

(1) 把钢管与外包钢筋混凝土作为整体结构设计的原则，即认为二者能可靠地联合工作，不存在原来设想的钢管发生灾难性破坏的可能性，已普遍为人们所接受，由此建立的计算方法中采用的结构强度安全系数在不断降低。

(2) 大量的模型试验和结构计算使人们对钢衬钢筋混凝土结构的强度问题有了充分认识，如管道开裂前混凝土、钢衬、钢筋的承载比，初裂荷载，初裂位置，开裂后的钢材应力，结构极限承载力等。为了有效控制外包钢筋混凝土表面的轴向裂缝宽度，20世纪90年代后期建成的李家峡水电站和在建的三峡巨型水电站，都增加了外侧钢筋的用量。配筋的总原则倾向于苏联的做法：在满足总用钢量的前提下，尽量减少钢衬厚度，增加钢筋用量。结构计算的方法更加成熟，由西北勘测设计院开发的结构力学弹性中心法计算坝后背管已列入了《水电站压力钢管设计规范》（DL/T 5141—2001），并将该法由未开裂钢筋混凝土结构，推广至开裂的钢筋混凝土结构，使计算更加简便全面。平面和三维非线性有限元计算方法也有了新的突破。

(3) 由原武汉水利电力大学和原葛洲坝水电工程学院合作完成的三峡坝后背管1:2平面结构模型试验，其模型比尺是同类结构国内外已有模型中最大的，模型材料及结构做到完全仿真，并首次在大比尺仿真结构模型上成功地模拟了温度场和温度应力测试，即完成了温度荷载作用下的结构试验，填补了这类结构的一个空白。本研究对管道开裂后模型施加温度荷载进行了有限元计算，由此带动的这方面的研究，使人们对温度荷载作用下坝后背管钢材应力的变化和裂缝宽度的张合有了初步明确的认识和量化。

(4) 随着20世纪70年代以来国内坝后背管工程建设经验的积累，人们对外包混凝土的开裂问题足够重视并深入研究。关于坝后背管外包混凝土裂缝问题的研究，西北勘测设计研究院在着重模型试验和理论分析的基础上另外开辟新途径，结合《水电站压力管道设计规范》坝后背管部分的编写，对国内外在建工程的实际裂缝情况进行收集、整理，对国内六个背管工程进行实地裂缝调查，其中对李家峡背管裂缝的原型观测长达4年7个月共82次，对实测调查的结果分析表明，每个工程无一例外地出现了混凝土裂缝，包括轴向缝和横向缝，最大缝宽达到了缝宽限制值0.3mm的2～7倍，认为仍然按一般钢筋混凝土的缝宽限制，对坝后背管加以限制是无法满足要求的，故未将该限制列入规范。李家峡裂缝观测又表明，水压缝宽仅是裂缝总宽度中的一小部分，全部缝宽可以划分为残留缝宽(即施工期的初始缝宽)、温度缝宽和水压缝宽，而残留缝宽又在逐年加大，这就在一定程度上揭示了坝后背管外包混凝土最大缝宽大大超过限制值0.3mm的原因。

《坝后背管外包混凝土裂缝宽度实用新算法研究》致力推导的实用简易便捷计算裂缝宽度的常规公式应能把人们对钢衬钢筋混凝土结构的深入认识概括进去，故在前人研究的基础上采用了半经验半理论的数理统计与黏结滑移理论相结合的研究方法，提出了“外部管壁”力学模型，以适合管道外包混凝土外层钢筋配筋量的变化及裂缝沿径向是否裂穿的不同情况。管道钢材环向应力的计算考虑了混凝土泊松比对混凝土裂缝的影响。本研究为得到温度变化对裂缝的影响，采取先计算温度变化对管道径向位移的影响，再计算温度缝宽变化值，并计算值与三峡1:2大比尺模型实测结果对比，误差约10%。本研究还对钢筋保护层内外裂缝宽度差进行了理论研究，为验证其正确性相应进行了试验研究，认为鉴于背管外包混凝土钢筋保护层较大，其内外裂缝宽度差应给以考虑。

按照本研究得到的计算公式，预测三峡优化设计方案在设计荷载作用下并考虑温度影响外层钢筋处最大裂缝宽度为2.6～3.4mm，表面最大缝宽达到2.9～3.8mm，建议取值为2.6mm。

1.6.4 用数值流形法进行裂缝宽度扩展计算

数值流形方法是20世纪90年代初提出的一种新的数值计算方法，该方法基于数学覆盖和物理覆盖体系定义流形单元，并建立相应的单元位移函数，由最小势能原理得到系统的平衡方程。与有限单元法相比其突出优点表现在能方便模拟固体介质的裂缝扩展。针对三峡水电站压力管道大比尺(1:2)平面结构模型这种钢衬钢筋混凝土组合结构给出了计算结果，裂缝宽度及形态的定量数值与模型试验有较好到对比性。

1.6.5 水电站钢衬钢筋混凝土压力管道三维非线性有限元分析

由于三峡水电站管道直径大，管道技术复杂，特别是管道混凝土开裂性状、裂缝宽度位置的不确定性，需要通过应力变形分析计算，搞清钢衬钢筋混凝土在施工、运行过程中的应力、变形分布情况，能为三峡水电站钢衬钢筋混凝土压力管道施工进度安排、运行性态预测提供依据。

本书在对三峡电站钢衬钢筋混凝土压力管道进行三维非线性有限元分析中有以下几点与以往有限元分析的不同：

(1) 本书在处理如何通过载荷增量求解位移增量及应力增量时采用的是中点刚度法，该方法相当于求微分方程数值解的龙格一库塔法，计算精度较始点刚度法高。

(2) 计算中采用了共轭梯度法，它充分利用总刚度矩阵 $[K]$ 的稀疏性，计算时只需存储 $[K]$ 中的非零元素，该方法的主要优点是存储量小，计算简单，计算速度快。共轭梯度法具有超线性收敛性，这是本计算计算方法的创新，也收到了很好的效果。

(3) 在三维计算中，为了便于有限元网格剖分均匀和计算，对钢筋的分布进行了简化，用薄膜单元来模拟钢筋的配置。

(4) 本次计算用 8 节点六面体等参单元来模拟坝体和管道混凝土及管道钢衬，在管道和坝体间混凝土也用 8 节点六面体等参单元来进行过渡，用 4 节点薄膜单元来模拟管道的 3 层钢筋。

根据对 9 号钢管坝段的 9 个典型剖面的应力变形分析可以得出以下结论：

(1) 在内水压力作用下，从上游至下游（水流方向），压力管道各剖面环向应力均为拉应力，其最大值从 24.1MPa 增至 151.3MPa，一般出现在管腰以上 45°部位附近；径向应力主要为压应力，其最大值从 19.8MPa 增至 66.5MPa；同样由于管道自重在轴向上的分量和水流作用下管道钢衬的轴向应力从上游至下游在管腰及以上的局部部位出现了拉应力，其最大值由 1.24MPa 增至 41.2MPa，钢衬外围混凝土和钢筋的应力均为压应力。

(2) 同样在内水压力作用下，压力管道最大环向应力出现在斜直 2 末端剖面的管道管腰以上 45°位置，所以此剖面不但是压力管道最典型的剖面，也是压力管道最为危险的剖面，此剖面的混凝土也最容易开裂，从计算得到的该剖面压力管道的开裂区域图也可以看出，本剖面开裂的部位较多。有限元计算分析的结果和模型试验的结果是比较吻合的。

(3) 从有限元计算成果分析可以看出，在上弯 3 到斜直 2 末端这 4 个剖面中，当荷载增加到 20 级（其对应水位和内水压力分别为 119.6m 和 0.68MPa）时，该管道混凝土的拉应力最大值超过了混凝土的抗拉强度，外包混凝土开始出现裂缝，计算模型进入非线性阶段，钢筋所承受的应力突然增加，而在其他几个剖面，管道混凝土出现开裂现象的内水压力都是在荷载增加到 22 级（其对应水位和内水压力分别为 137.0m 和 0.84MPa）时。

(4) 在内水压力荷载作用下管道变形是由下游至上游逐渐减小，管道的最大径向位移由 3.46mm 减至 0.45mm。

(5) 压力管道在坝后出露部位较多的剖面中，其外包混凝土开裂的区域较多，混凝土出现裂缝的可能性较大，上弯 3、斜直 1 和斜直 2 这三个剖面的混凝土开裂是最严重的剖面。而其他剖面中由坝体混凝土和管道混凝土共同来抵抗水荷载，所以开裂区较其他上述三个剖面的要少。

（6）由于坝后背管的存在，管道和坝体连在一起而改变了局部坝体的刚度，但通过计算分析可以得出，管道的存在对坝体混凝土的应力影响很小，应力水平很小，管道外围坝体混凝土的应力值为 6.18MPa，坝踵附近混凝土的应力值为 0，坝体应力均为压应力，这个计算结果与仿真分析的结果是一致的。

（7）从钢筋应力分布图可以看出，压力管道的最大环向拉应力值主要由钢衬来承担，钢衬外围的钢筋受力相对较小，但钢衬和钢筋的应力远没有达到钢材的抗拉强度，钢衬和钢筋均处在弹性受力阶段。虽然混凝土有开裂现象，根据钢筋所受的最大环向拉应力值为 88.4MPa 可计算得混凝土可能的最大轴向裂缝宽度为 2.07mm，所受的最大轴向拉应力值为 21.2MPa 可计算的混凝土可能的最大环向裂缝宽度为 0.49mm，接近和超过了规范的要求，但管道钢衬和钢筋的应力相对较小，管道结构是不会破坏，是安全的，同时也证明了管道结构设计是合理的。

1.6.6　大坝背管混凝土裂缝全局优化网络的预测研究

一般来说，导致大坝背管外包混凝土开裂的因素很多，从结构本身的角度来说不同直径管道钢衬钢筋有不同的配置，主要取决于安全系数的取值，管道承受的主要荷载即内水压力的大小，还有对裂缝开度限制的思路等，外包混凝土的厚度对缝宽和裂缝间距也有影响；从施工的角度，在混凝土浇筑初期产生的温度应力场，当应力超过早龄期混凝土强度时会产生施工期裂缝，或称初始缝隙；在运行期管道除承受主要荷载内水压力外，温度变化对缝宽的影响及坝体应力的作用都是不可忽视的。经分析本研究充分利用了 BP 网络中的全局优化算法的模型实施容易，运行速度较快，误差修正方便，计算精度高的优点，重点研究了水头变化对缝宽的影响，采用最大水头、钢管半径、平均管壁厚度、最大环筋折算厚度、外包混凝土厚度和最大缝宽作为输入、输出，确定网络模型的结构为 5.6.1 型，预测三峡水电站钢衬钢筋混凝土压力管道裂缝随着水位上升到最高，最大缝宽为 1.13mm。

1.7　研究成果的推广应用前景分析

由于本项目是结合三峡水电站压力管道优化设计方案这一重大工程进行研究的，是紧密结合工程实践的，故其研究成果对指导工程设计和施工是有帮助的；各子题的研究理论和方法都有一定的突破和创新，为进一步研究打下良好的基础，现对能够推广应用的成果归纳如下：

（1）自主开发的施工仿真程序 FZFX3D，可模拟三维跳仓浇筑，设置冷却水管，考虑或不考虑混凝土徐变特性等，可实时掌握施工过程的温度场及初始应力场，实用性强。前后处理采用了大型通用软件 ANSYS 解除了繁重的工作负担，使计算结果清晰明了且表达自如（详图见第 2 章彩图）。

（2）在施工仿真分析中对管道施工优化的结果表明，下弯段可集中在低温季节浇筑，并采取冷却措施，斜直段和上弯段可不取用冷却措施，在夏季高温季节到来之前浇筑完毕，可使浇筑最高温度明显下降，从而降低温度梯度，避免早龄期混凝土开裂；若管道全部集中在冬季浇筑，又不采取冷却措施则是不明智的。此结论对优化管道施工方案避免施工期裂缝是有帮助的。

(3) 施工期考虑徐变影响可降低整个施工期混凝土拉应力，管道外包混凝土环拉力可降低约 35%，该数量概念可供设计人员参考。

(4) 管道运行期温度对钢衬钢筋应力及缝宽影响的计算表明：温度内低外高时管壁外表面缝宽缩小；内高外低时管道外表面缝宽扩大。温度对缝宽影响值在 0.01～0.1mm 之间，温度缝宽约为设计内水压缝宽的 15%～25%，对钢材应力影响在±35MPa 之间，该计算结果与三峡管道大比尺（1∶2）平面结构模型试验的结果相互验证，是完全一致的。该结果可为设计人员参考。

(5) 坝后背管外包混凝土裂缝宽度实用新算法研究中给出的钢筋应力、裂缝宽度、温度缝宽的计算公式和算例，虽然其可靠性还应通过工程实践的验证，但暂作为工程技术人员的参考是可行的。

(6) 神经网络和数值流形法预测裂缝宽度和形态，虽然是在这一领域的初步尝试，但其可行性和进一步研究的可能是不言而喻的。

(7) 三维非线性有限元分析虽然采用朱伯芳的理论实现了管道开裂后仍可继续计算的突破，但缝宽仍不可得，其计算理论和方法还有待发展。

(8) 对三峡 9 号、10 号钢管坝段 2002 年 12 月发现环向裂缝的看法：9 号坝段的浇筑时间为 2001 年 10 月 10 日至 2002 年 1 月 18 日，按施工优化的结果属不利的浇筑时间，且下弯段未设冷取措施。计算（已浇筑部分按实际浇筑情况，待浇部分按施工计划）管道混凝土最高温度值出现在管道与坝体预留槽侧壁相接部位，达到 39℃，斜直段与下弯段相接部位、上弯段与坝体相接部位、斜直段和上弯段与坝体相接的管道腰部均有较大拉应力。故 9 号坝段出现施工期裂缝按仿真分析是完全有可能的。

参 考 文 献

[1] 董哲仁，等．三峡电站钢衬钢筋混凝土引水压力管道结构仿真计算［R］．三峡工程八个单项技术设计审查（Ⅱ）水电站厂房专题，1996.

[2] 朱伯芳．大体积混凝土温度应力与温度控制［M］. 北京：中国电力出版社，1999.

[3] 朱伯芳．有限单元法原理与应力［M］. 2 版．北京：中国水利水电出版社，1998.

[4] 朱伯芳．朱伯芳院士文选［M］. 北京：中国电力出版社，1997.

[5] “三峡水利枢纽混凝土工程温度控制研究”编辑委员会．三峡水利枢纽混凝土工程温度控制研究［M］. 北京：中国水利水电出版社，2001.

[6] 黄达海．高碾压混凝土拱坝施工过程仿真分析［D］. 大连理工大学申请博士学位论文，1999.

[7] 已建水电站坝后背管工程裂缝观测及调查分析报告［R］. 西北勘测设计研究院，2003.

[8] 董哲仁．钢衬钢筋混凝土压力管道设计与非线性分析［M］. 北京：中国水利水电出版社，1998.

[9] 傅金筑．水电站压力管道设计规范（试行 SD 144—85）修订总说明［J］. 水电站压力管道，2001（2）.

[10] 马善定，伍鹤皋，秦继章．水电站压力管道［M］. 武汉：湖北科学技术出版社，2002.

[11] 水电站坝后背管外包混凝土裂缝研究专题研究报告［R］. 西北勘测设计研究院，2003.

[12] 坝后背管结构计算研究［R］. 西北勘测设计研究院，2003.

[13] 李家峡背管混凝土初期裂缝讨论［R］. 西北勘测设计研究院，2000.

[14]　关于呈报左厂 9 号、10 号背管混凝土面裂缝产状的报告 [R]. 青云水利水电联营公司文件，2003.

[15]　背管外包混凝土裂缝调研报告 [R]. 西北勘测设计研究院，1999.

[16]　伍鹤皋，生晓高，刘志明．水电站钢衬钢筋混凝土压力管道 [M]. 北京：中国水利水电出版社，2000.

第 2 章　厂房坝段混凝土三维跳仓浇筑施工过程实时仿真分析

2.1　坝后背管施工期性态研究的必要性

钢衬钢筋混凝土压力管道在国外（主要是在苏联）和国内都有成功应用的案例，并由我国西北勘测设计研究院担任水电站压力钢管设计规范的修订主编工作，在《水电站压力钢管设计规范》（DL/T 5141—2001）中增补了坝后背管的内容，随着三峡工程采用了这种结构型式，其可靠性逐步受到实践的检验。三峡的下游坝面浅槽式压力管道在结构形式上表现为钢衬与其外包钢筋混凝土联合受力，且允许外包混凝土在使用荷载下开裂；在布置型式上表现为管道浅埋于坝后，管道施工与坝体施工不同步，由此带来了管道与坝体之间的温度场与应力场相互影响的问题，同时也引起了新老混凝土的约束问题。对于这种管道在运行阶段的计算方法和设计理论，设计研究人员已经进行了大量的工作，但对坝后背管在施工期间的性态研究较少。事实上如果不进行厂房坝段钢衬钢筋混凝土压力管道施工过程的仿真分析是无法解决上述提出的问题的。我国东江、五强溪、李家峡水电站的建设经验表明它们的下游坝面的钢衬钢筋混凝土管外包混凝土在充水前均出现若干裂缝，说明裂缝并非完全是内水压力作用的结果，应该在施工期间找原因，也就是对管道施工全过程进行仿真模拟，并考虑三维跳仓浇筑，设置冷却水管，先后浇筑混凝土的徐变影响等，目的是防止施工期混凝土早期强度较低时因施工初期产生的温度应力造成管道开裂，并为管道运行期裂缝开展计算提供初始准稳定温度场。

施工期早期的裂缝典型实例如李家峡 1 号背管下镇墩顶面斜直段的浇筑。

1991 年 1 月 4 日，正值气温较低的时期，1 号背管斜直段外包混凝土开始浇筑，浇筑起始高程为 2059m（即镇墩顶面），第一层混凝土浇至 2062m，层高 3m。鉴于设计图上明确规定春冬季节气温过低的时段不应浇筑背管外包混凝土，所以浇筑第一层后，没有继续上升。1996 年 3 月，气温回升重新浇筑混凝土时，在浇筑分层面上共发现 6 条裂缝。其中四条裂缝在仓面和侧面均有出露，侧面贯穿该浇筑层，并呈现垂直分布。

2.2　混凝土施工实时仿真计算

仿真分析的对象选取了三峡二期工程左岸的 9 号厂房坝段作为典型坝段。厂房坝段又分为实体坝段和钢管坝段，实体坝段长 13.3m，钢管坝段长 25m，即每台机组坝段长 38.3m，对应上述两个坝段。

长江三峡水利枢纽工程包括挡水与泄水建筑物、电站建筑物、航运建筑物等几个主要部分。挡水建筑物为重力坝，最大坝高 175m，坝顶高程 185m。水库分二期蓄水，初期蓄水位 135m，正常蓄水位 175m，见第 1 章图 1.4。

三峡水电站共安装 26 台单机容量为 70 万 kW 的水轮发电机组，其中左岸厂房 14 台，右岸厂房 12 台，总装机容量 1820 万 kW，年平均发电量 846.8 亿 kW·h，建成后将是世界上最大的水电站。三峡水电站为坝后式厂房，采用单管单机供水，共 26 条管道，其中左岸厂房 1～5 号机组处于岸坡地段，管道铺设在开挖的基岩槽内，其余 21 条均为下游坝面压力管道。每条管道长 122.175m。引水管道按布置划分为：坝式进水口、渐变段、坝内埋管段、坝后背管段、过渡段和厂房内管段。

长江三峡水利枢纽工程的挡水建筑物为混凝土重力坝，最大坝高 175m，混凝土浇筑方量为 2800 万 m^3，为作好大坝混凝土浇筑的温控工作，国内众多单位进行了施工仿真计算，计算参数都是原定计划的施工进度、跳仓方案和往年的气象资料等，这就是传统意义上的大坝施工仿真。

然而，三峡大坝工程巨大和复杂性及众多不可预测的因素，几乎不可能按照原定的施工进度进行施工，并改变跳仓方案，气温也不是当天的实测气温。上述计算参数偏差会导致计算出的温度场和应力场与坝体实际的温度场、应力场存在一定差别。为了消除这个差别得到大坝当前和未来的真实温度场和应力场，就必须依照坝体实际的浇筑进度，实际的跳仓方式、实际的冷却参数和实际的气象资料等，对混凝土浇筑过程进行跟踪计算，这就是混凝土施工的实时仿真计算。

中国长江三峡集团公司非常重视大坝的温度控制工作，在坝体温度监测方面投入了大量的人力和财力，比如，坝体内埋设了许多温度检测仪器。由专人、定时进行数据的采集并汇总。这些温度检测仪器所得结果一方面能够最真实地反映出坝体内部情况，另一方面对于检验施工设计成果至关重要。如果采用实时施工仿真方法所计算出的结果与实测值接近，那么仿真计算结果的可信度就有了坚实的基础，在不断完善计算程序的同时就可以更好地指导施工。

2.3　仿真分析的研究内容及方法步骤

2.3.1　研究内容

三峡水电站下游坝面浅槽式钢衬钢筋混凝土压力管道运行期的应力状态，与管道混凝土的施工过程及大坝混凝土的初始温度状态密切相关，为了准确把握其受力特征及工作特性，必须首先明确内水压力作用前，施工期混凝土温度场情况及它对于管道环向、轴向应力影响的变化规律，这就必须通过管道施工过程仿真分析来实现，其具体内容如下：

（1）按现场跳仓浇筑及设置冷却水管的实际情况，研究各施工阶段坝体及管道混凝土的温度分布状态。考虑采用不同温度边界类型对计算温度过程线的影响，并与现场观测点的实测温度过程线对照。

（2）准确的温度场是算得正确的温度应力的前提条件，在准确计算温度场的基础上，研究各施工阶段坝体及管道混凝土的温度应力分布规律，重点研究后浇筑管道混凝土与已浇筑坝体混凝土之间温度应力相互影响的情况，即在明确管道施工期温度应力场的同时，对管道施工时对坝体温度应力的影响进行量化。

(3) 研究混凝土的徐变特性对不同期浇筑的大坝及管道混凝土应力场的影响，尤其是对不同部位管道混凝土不同方向应力的影响程度。

(4) 三峡水电站机组台数多，除分期施工外，二期工程仍有14台机组，三期工程12台机组，管道的施工时间在不同季节均有可能，故应进一步研究管道混凝土的典型施工季节对管道初始温度场和初始应力场的影响，进而提出最优的管道浇筑时间，减小管道混凝土在早龄期出现环向和轴向拉应力产生初期裂缝。

2.3.2 研究方法和步骤

选取左岸9号厂房坝段作为典型坝段，使用自主开发的三维有限元施工仿真软件FZFX3D进行施工期温度场和应力场计算，其中前处理和后处理采用大型通用有限元软件ANSYS进行。

9号坝段由实体坝段及钢管坝段组成，根据三峡工程厂房坝段混凝土的实际浇筑过程及跳仓方案、浇筑时的气象资料、入仓混凝土温度、浇筑后冷却方式等基本参数，首先对实体坝段已浇筑混凝土进行施工仿真分析，将计算温度与现场实测数值进行对比，在对比的基础上确定一些较难量化的参数，使计算结果与实测结果尽量接近。第二步再按照施工单位提供的施工计划对整个实体坝段进行施工仿真分析，对计算所得的温度场及应力场进行分析，检验仿真程序的可靠性和实用性。在对实体坝段计算的基础上进行第三步钢管坝段的施工仿真分析计算，这一步也是实时仿真分析的重点，对已浇混凝土仍按实际浇筑情况计算，对待浇混凝土按施工计划计算。最后按计算所得的温度场及应力场，分析大坝混凝土与管道混凝土之间的相互影响，混凝土徐变特性的影响及管道混凝土浇筑季节的影响，并给出下游坝面管道的初始温度应力状态。

2.4 实体坝段施工仿真计算

2.4.1 温度场计算的基本理论

2.4.1.1 求解问题的基本方程

混凝土通常分批分块分层浇筑，设第 i 批浇筑混凝土的体积为 $R_i(i=1,2,\cdots,n)$，则在 R_i 中混凝土温度场的定解方程应有：

$$\frac{\partial T}{\partial \tau}=a\left(\frac{\partial^2 T}{\partial X^2}+\frac{\partial^2 T}{\partial Y^2}+\frac{\partial^2 T}{\partial Z^2}\right)+\frac{\partial \theta_i}{\partial \tau} \tag{2.1}$$

式中：a 为导温系数；θ_i 为第 i 批浇筑混凝土的绝热温升。

已知第 i 批混凝土 R_i 的浇筑时间为 t_{i0}，浇筑温度为 T_{i0}，R_i 的初始条件为：

$$T=T_{i0}[t=t_{i0},(x,y,z)\in R_i] \tag{2.2}$$

对于施工的任意时刻，如 $t_{10}\leqslant t<t_{i0}$，则已浇筑的混凝土所占的空间 R_i 为：

$$R_i=R_1\cup R_2\cup R_3\cup\cdots\cup R_{i-1}\cup R_i$$

设 R_i 的边界为 S_i，R_i 的边界为 S_i。由于施工过程中不断有外边界变成内部区域，所以

$$S_i\neq S_1\cup S_2\cup S_3\cup\cdots\cup S_{i-1}\cup S_i$$

S_i 通常由三部分组成：

$$S_i=S_{i1}\cup S_{i2}\cup S_{i3}$$

在第一类边界 S_{i1} 上温度为已知，边界条件为：

$$T=T_b(t) \tag{2.3}$$

式中：$T_b(t)$ 为给定温度，可以表示已知地温和水温。

第二类边界 S_{i2} 通常为绝热边界条件，可表示为：

$$\frac{\partial T}{\partial n}=0 \tag{2.4}$$

在第三类边界 S_{i3} 上，温度梯度与内外温差成比例，可表示：

$$\lambda \frac{\partial T}{\partial n}+\beta(T-T_a)=0 \tag{2.5}$$

式中：λ 为导热系数；T_a 为气温；β 为表面放热系数，受表面保护或拆模时间的影响，是外表面坐标及时间的函数。

2.4.1.2　温度场计算的有限元法

根据变分原理，要求解满足式（2.1）～式（2.5）的解答与求解下述泛函的极值等价：

$$I(T)=\iiint_{R_i}\left\{\frac{1}{2}\left[\left(\frac{\partial T}{\partial x}\right)^2+\left(\frac{\partial T}{\partial y}\right)^2+\left(\frac{\partial T}{\partial z}\right)^2+\frac{1}{a}\left(\frac{\partial T}{\partial t}-\frac{\partial \theta}{\partial t}\right)T\right]\right\}\mathrm{d}x\mathrm{d}y\mathrm{d}z$$

$$+\iint_{s_{i3}}\frac{\beta}{\lambda}\left(\frac{T}{2}-T_a\right)T\,\mathrm{d}s=\min \tag{2.6}$$

将区域 R_i 用有限元离散，并取每个单元的温度模式为：

$$T=\sum_{i=0}^{m}N_iT_i \tag{2.7}$$

在时间域用差分法离散，得到：

$$\left([H]+\frac{1}{s\Delta\tau_n}[R]\right)\{T_{n+1}\}+\left(\frac{1-s}{s}[H]-\frac{1}{s\Delta\tau_n}[R]\right)\{T_n\}+\frac{1-s}{s}\{F_n\}+\{F_{n+1}\}=0 \tag{2.8}$$

式中：$\{T_{n+1}\}$、$\{T_n\}$ 分别为时间 τ_{n+1} 和 τ_n 时结点温度向量。

矩阵［H］、［R］及向量 $\{F\}$ 的元素如下：

$$\left.\begin{aligned}H_{ij}&=\sum_e(h_{ij}^e+g_{ij}^e)\\R_{ij}&=\sum_e r_{ij}^e\\F_i&=\sum_e\left(-f_i\frac{\partial\theta}{\partial\tau}\right)-p_i^eT_a\end{aligned}\right\} \tag{2.9}$$

$$\left.\begin{aligned}h_{ij}&=\iiint_{\Delta r}\left(\frac{\partial N_i}{\partial x}\frac{\partial N_j}{\partial x}+\frac{\partial N_i}{\partial y}\frac{\partial N_j}{\partial y}+\frac{\partial N_i}{\partial z}\frac{\partial N_j}{\partial z}\right)\mathrm{d}x\mathrm{d}y\mathrm{d}z\\g_{ij}^e&=\frac{\beta}{\lambda}\iint_{\Delta c}N_iN_j\,\mathrm{d}s\\r_{ij}^e&=\frac{1}{a}\iiint_{\Delta R}N_iN_j\,\mathrm{d}x\mathrm{d}y\mathrm{d}z\\f_i&=\frac{1}{a}\iiint_{e}N_i\,\mathrm{d}x\mathrm{d}y\mathrm{d}z\\p_i^e&=\frac{\beta}{\lambda}\iint_{\Delta c}N_i\,\mathrm{d}s\end{aligned}\right\} \tag{2.10}$$

式中：$\sum_{e}$ 表示对与结点 i 有关的单元求和；Δr 代表单元 e 的求解子域；g_{ij}^{e}、p_{ij}^{e} 为在第三类边界 S_{i3} 上的面积分，只有当结点 i 落在边界 S_{i3} 上时才有值。

在拆模前计算 g_{ij}^{e} 和 p_{ij}^{e} 时用 β_1 值，在拆模后用 β_2 值，即反映了拆模的影响。

在式（2.8）中，取 $S=0$，为向前差分；取 $S=1$，为向后差分；取 $S=1/2$，为中点差分。

2.4.1.3 水管冷却效果计算的等效热传导方程

在求解水管的冷却效果时，我们采用了等效负热源方法。

考虑了水管冷却效果的混凝土等效热传导方程为：

$$\frac{\partial T}{\partial \tau}=a\left(\frac{\partial^2 T}{\partial X^2}+\frac{\partial^2 T}{\partial Y^2}+\frac{\partial^2 T}{\partial Z^2}\right)+(T_0-T_W)\frac{\partial \phi}{\partial \tau}+\theta_0\frac{\partial \psi}{\partial \tau} \tag{2.11}$$

式中：T_0 为混凝土浇筑温度；T_W 为冷却水进水口温度；ϕ 为无热源水管冷却系数；ψ 为有热源水管冷却系数。

在一期冷却中 $\phi=e^{-b\tau}$

其中 $b=ka/D^2$

$$k=2.09-1.35\eta+0.32\eta^2$$

$$\eta=\lambda L/c_w\rho_w q_w$$

对于双曲线型绝热温升公式：

$$\theta=\theta_0\tau/(n+\tau) \tag{2.12}$$

$$\psi(t)=nbe^{-b(n+2)}\left\{\frac{e^{bn}}{nb}-\frac{e^{b(n+2)}}{b(n+t)}-E_i(bn)+E_i[b(n+t)]\right\} \tag{2.13}$$

式中：E_i 为指数积分；λ 为混凝土的导热系数；L 为冷却水管长度；c_w 为水的比热；ρ_w 为水的容重；q_w 为冷却水流量；D 为等效冷却直径。

2.4.2 徐变应力场的仿真分析

温度场求出后再用有限元隐式解法求徐变应力场，基本方程为：

$$[K]\{\Delta\delta_n\}=\{\Delta p_n\}+\{\Delta p_n^c\}+\{\Delta p_n^T\} \tag{2.14}$$

式中：$[K]$ 为刚度矩阵；$\{\Delta\delta_n\}$ 为结点位移增量向量；$\{\Delta p_n\}$ 为外荷载增量；$\{\Delta p_n^c\}$ 为徐变引起的荷载增量；$\{\Delta p_n^T\}$ 为温度引起的荷载增量。

应力增量 $\Delta\sigma$ 由下式计算，即

$$\{\Delta\sigma_n\}=[D_n]([B]\{\Delta\delta_n\}-\{\Delta\varepsilon_n^c\}-\{\Delta\varepsilon_n^T\}) \tag{2.15}$$

式中：$[D_n]$ 为弹性矩阵；$[B]$ 为几何矩阵；$\{\Delta\varepsilon_n^c\}$ 为徐变应变增量；$\{\Delta\varepsilon_n^T\}$ 为温度应变增量。

2.4.3 混凝土三维跳仓浇筑的施工仿真计算软件及 ANSYS 的应用

2.4.3.1 混凝土三维跳仓浇筑的施工仿真计算软件

对于混凝土施工仿真计算软件的开发，由于受计算机硬件和计算算法的影响，以往是以二维计算程序开发为主。近几年来，随着计算机水平和相关算法的发展，混凝土三维仿真计算程序已经开发成功，但是程序只能实现通仓浇筑，而无法进行跳仓浇筑的计算。本次要进行实时施工仿真及体形复杂的压力管道的计算，因此要求程序要实现三维跳仓

浇筑。

程序采用上述的计算理论进行编写，由于功能要求的不同，程序的开发有两个难点：①三维跳仓浇筑。以往计算程序在判别新浇筑混凝土块时，一般采用高程控制。但是，一方面要考虑跳仓浇筑，混凝土大坝的三个仓面变化，无法根据高程判别；另一方面压力管道与钢管坝段的浇筑时间不同步，而且压力管道的体形复杂，因此要求程序必须能够识别每一个新浇筑混凝土块的入仓时间，以确定其入仓顺序。而要实现这一点，则在先期剖分单元的时候，要使每一个浇筑块具有多重不同的属性，以便程序识别。②压力管道的复杂体型。压力管道本身的体形相对比较复杂，尤其是管道与大坝相接部位，既要考虑施工仿真对单元剖分的要求，又要避免连接坝体与管道单元出现畸形，因此建立模型和剖分单元都有相当大的难度。靠以往采取的自己开发前后处理程序的方法，实现的难度很大，这可能也是在以往的施工仿真计算中，主要完成的是体形相对规整的泄洪坝段、实体坝段，而很少看到针对钢管坝段进行研究的原因之一。

随着计算机技术的飞速发展和有限元技术的日趋成熟，大型通用有限元分析软件被应用于越来越多的工程。这种有限元软件一般都有良好的前处理、后处理功能和强大的计算内核，但由于软件开发商更重视软件的通用性，因此软件的专业性能一般不好。例如，对于大坝施工仿真计算，目前尚无专门软件涉及。

从事过大坝施工仿真计算程序开发的研究人员都知道，前处理及后处理的工作非常繁重且容易出错。如果我们能够把通用软件的前处理及后处理功能与专业技术人员开发的计算程序结合起来，则有事半功倍的效果。

在近一年程序开发过程中，证明了将 ANSYS 软件与自主开发的混凝土施工仿真程序相结合，是一种省时省力的方法，取得了很好的效果，大大提高了研究效率。

2.4.3.2　大型通用软件 ANSYS 在仿真计算软件开发中的应用

ANSYS 软件具有强大的前处理及后处理功能，它的图形界面和交互式操作大大地简化了计算模型创建过程，同时在计算之前，可通过图形显示来验证模型的几何形状、材料及边界条件；在后处理中，其计算结果可以采用许多种方式输出，比如计算结果排序和检索、色彩云图、等值线、动画显示等。将 ANSYS 与其他通用软件作比较可以发现，其前后处理功能明显优越于同类型的软件。

我们对三峡大坝左岸 9 号厂房坝段进行了施工仿真计算，由于厂房坝段包含坝后钢衬钢筋混凝土压力管道，体型比较复杂。尤其对于管道与坝体相接的部分，建立计算模型时难度较大。

另外一个困难是我们在进行施工仿真计算时要考虑大坝混凝土的三维跳仓浇筑和坝后管道混凝土的后浇筑，既要考虑单元的浇筑顺序和单元的合理形状，又要方便程序计算，所以对网格剖分很严格。

在这种情况下，若采用常规的自编程序很难处理，而且对于三维施工仿真计算网格，自己编制程序单元显示可视化功能较差，一旦某个单元剖分出错，是很难发现的，从而会对以后的计算产生致命的影响。

而使用 ANSYS 软件建立计算模型时则要简单得多，研究人员可以像操作 CAD 一样方便地进行建模（该软件提供了与 CAD 的接口，可以直接从 CAD 中调用图形，直接建立计算模型），进行体、面、线的布尔运算，从而建立非常复杂的三维计算模型。考虑大坝体型与边界条件对称，为缩小计算规模，选取了结构的一半建立模型。在网格剖分完毕后，可以利用程序提供的单元检查功能对单元进行检验，另外可视化的模型可以很方便地对各个部位“拆分”检查，以确保数据的准确。

本次开发的混凝土施工仿真计算程序成功实现了混凝土三维跳仓浇筑，因此在和自主开发的计算程序接口时，要求ANSYS在输出常规的节点信息和单元外，还必须使单元具有不同的属性，以便程序识别混凝土入仓时间以及相应的边界条件。开发的关键是要确保单元、节点的连续性，处理得当则可以方便地实现有规律、无规律的跳仓浇筑计算。

在大坝施工仿真计算的后处理中，温度（应力）等值线图是一个很重要的输出内容。等值线输出简洁明了、易于识别，是一个常规的输出内容。但是对于不规则体，比如压力管道及其依附的钢管坝段，如果用等值线表示，就无法表示清楚。而通过ANSYS软件，就可以划出真实形状的温度（应力）彩色云图，代表不同数值的不同颜色会使结果一目了然。

当然，自主开发的仿真计算程序输出数据不能够直接被ANSYS读取，需要编制一个数据转换程序，把输出的结果数据转换为ANSYS可以识别的格式，由该软件直接读取。完成这个步骤以后，就可以进入ANSYS后处理部分，充分利用其任何后处理功能了。

ANSYS可以根据节点温度值、高斯点应力值画出温度（应力）彩色云图，在图形化界面中，我们可以从各个不同角度观察温度（应力）在结构中的分布情况和数值大小，也可以很方便地检查施工仿真计算结果。彩色温度（应力）云图能够以各种图形格式输出，例如BMP，JPG，WMF等。

同样，ANSYS可以画出某个平面的温度（应力）等值线图，完全可以达到自编后处理程序的效果。另外，ANSYS还有其他一些很好的后处理功能。例如，若想查看坝体中心线上温度随高度变化情况，不需要我们自己处理数据，然后借助其他的绘图软件画出曲线的方法，而只需在ANSYS计算模型中定义一个路径和需要查看的内容，就可以很方便地画出分布曲线。

2.4.4 三峡大坝实时施工仿真原始资料

对于已浇筑的混凝土，其仿真计算采用的原始资料均取自三峡大坝施工现场；对于待浇混凝土，其原始资料采用施工计划。

2.4.4.1 跳仓浇筑方案

截止2000年9月27日，由施工单位提供的9号实体坝段跳仓浇筑方案如图2.1所示，2000年9月27日以后采用施工计划。仿真计算过程中混凝土浇筑时间顺序严格和现场施工一致。

2.4.4.2 监测仪器埋设

在9号坝段埋设了测温管，图2.2为实体坝段仪器埋设位置。

2.4.4.3 气温

根据三峡施工现场提供的资料，1999年与2000年（即9号坝段已经完成部分施工期）实测日温见附表1。对未浇筑坝体施工时的气温，按表2.1拟合出曲线，使用下式计算气温：

$$T_a = 17.4 + 11.5\cos\left[\frac{\pi}{180}(\tau - 195)\right] \tag{2.16}$$

表 2.1　　三斗坪多年各月、旬平均气温　　单位：℃

月份	1	2	3	4	5	6	7	8	9	10	11	12	年
上旬	6.1	6.5	10.3	14.9	20.1	25.0	27.6	28.7	25.3	19.7	14.2	8.2	
中旬	6.1	7.5	13.1	16.1	21.7	26.3	29.6	27.8	23.0	18.2	13.0	7.1	
下旬	5.8	8.3	13.0	19.2	23.1	26.5	29.0	27.5	21.8	16.7	9.8	5.8	
月平均	6.0	7.4	12.1	16.9	21.7	26.0	28.7	28.0	23.4	18.1	12.3	7.0	17.4

2.4.4.4　地温

基岩的初始温度及边界条件直接关系到混凝土最高温升的大小，一般情况下接近地表的地温主要受气温年变化的影响，到一定的深度后地温近似为常数。为此在本次计算中，取地基铅直侧面为第二类边界，底面为第一类边界，取值为 17.4℃。为了较准确的模拟浇筑混凝土时基岩的初始温度场，采用了提前计算时刻的做法，即在计算混凝土浇筑之前，先将基岩顶面当作为第三类边界，取基岩部分为计算对象，计算两年后稳定地温场，此时的地温场即为基岩的初始温度。

表 2.2　　三斗坪多年各月、旬平均地温　　单位：℃

距地面深度	1	2	3	4	5	6	7	8	9	10	11	12	年
0	6.3	8.5	13.0	18.6	24.5	29.8	33.0	32.3	26.3	20.0	13.4	7.3	19.4
5cm	6.6	8.8	13.0	17.9	23.6	28.6	31.8	31.3	26.2	20.2	13.8	7.9	19.2
20cm	7.6	8.8	12.9	17.5	23.0	27.9	30.8	31.1	26.9	21.0	15.0	9.2	19.2

2.4.4.5　水温

施工仿真计算需要与课题组其他成员互相配合，为给非线性分析部分提供大坝浇筑完成后的准稳定温度场，考虑了大坝蓄水后库水的影响。假设在坝后管道浇筑完成以后，大坝蓄水位为 175m。

库水计算温度可近似用余弦函数表示如下：

$$T(y,\tau)=T_m(y)+A(y)\cos\omega(\tau-\tau_0-\varepsilon) \tag{2.17}$$

式中：y 为水深，m；τ 为时间，月；$T(y,\tau)$ 为水深 y 处在时间为 τ 时的水温，℃；$T_m(y)$ 为水深 y 处的年水温，℃；$A(y)$ 为水深 y 处的水温变幅，℃；ε 为水温与气温变化的相位差，月。

表 2.3　　三斗坪多年各月、旬平均水温　　单位：℃

月份	1	2	3	4	5	6	7	8	9	10	11	12
上旬	9.7	9.2	11.5	16.0	20.3	22.9	24.3	25.9	24.4	20.6	17.6	12.9
中旬	9.1	9.7	12.8	17.3	21.2	23.5	24.8	25.7	22.9	19.7	16.2	11.6
下旬	9.1	10.4	14.4	18.9	22.0	23.7	25.4	25.2	21.6	18.7	14.4	10.7
月平均	9.3	9.8	13.0	17.4	21.2	23.4	24.8	25.6	23.0	19.6	16.0	11.7

2.4.4.6 风速

表 2.4 三斗坪实测风速资料 单位：m/s

月份	1	2	3	4	5	6	7	8	9	10	11	12	年
多年各月平均风速	1.1	1.2	1.5	1.4	1.0	1.2	1.0	1.1	0.9	0.8	1.0	1.1	1.1
多年各月SE风速	2.2	2.2	2.7	2.6	2.4	2.6	2.6	2.3	2.1	1.7	2.2	2.3	2.3
多年各月最大风速	7	8	14	14	10	14	20	10	7	8	9	7	20

2.4.4.7 材料物理力学参数

混凝土水化热温升公式采用双曲线式计算：

$$\theta(\tau)=\theta_0/n+\tau \tag{2.18}$$

表 2.5 主要材料物理力学参数表

参数		单位	基岩	混凝土
热学参数	导温系数 a	m^2/d	0.0852	0.083304
	导热系数 λ	kJ/(m² · d · ℃)	528.36	515.88
	比热 c	kJ/(kg · ℃)	0.229	0.239
	线胀系数 α	10^{-6}/℃		1
绝热温升	最终绝热温升 θ_0			27.3
	指数 n			2.4
力学参数	容重 ρ	kN/m^3	27000	24400
	泊松比 μ		0.2	0.167
弹性弹模	最终弹性模量 E_0	GPa	35	26.22
	系数 a			0.718
	系数 b			0.0645
徐变度	f_1	10^{-12}/Pa		7.000
	g_1	10^{-12}/Pa		357.0
	P_1			1.0
	r_1	1/d		0.15
	F_2	10^{-12}/Pa		10.000
	G_2	10^{-12}/Pa		220.0
	P_2			1.0
	R_2	1/d		0.01

混凝土弹性模量采用指数式计算：

$$E(\tau)=E_0(1-e^{-a\tau^b}) \tag{2.19}$$

混凝土徐变度不考虑不可恢复徐变，按下式计算：

$$C(t,\tau)=\sum_{i=1}^{2}(f_i+g_i\tau^{-pi})(1-e^{-r_i(t-\tau)}) \tag{2.20}$$

2.4.4.8　冷却水管布置

冷却水管的布置及相关参数参照文献。对于左厂坝段部分，冷却水管按蛇形管布置，1.5m（浇筑层厚）×2m（水管间距）或者2m（浇筑层厚）×1.5m（水管间距）布置，初期通水采用6～8℃制冷水，通水时间一般为10～15天，通水流量不小于18L/min。在施工仿真计算中参照这些参数进行取值。

2.4.5　实体坝段温度场实时施工仿真计算

2.4.5.1　计算方案

实体坝段为对称结构，在计算时均选取一半进行分析。计算模型确定为两个：①考虑10号坝段跳仓浇筑对其影响，模型包括10号坝段，见图2.3；②不考虑10号坝段，见图2.4。

表2.6　计算方案表

计算方案	横缝边界	选用计算模型	计算目的
1	考虑10号跳仓	模型1	计算已浇筑混凝土实际温度场
2	绝热边界	模型2	将计算所得温度场与方案1所得进行比较，确定横缝边界
3	第三类边界	模型2	将计算所得温度场与方案1、方案2所得进行比较，确定横缝边界
4	绝热边界	模型2	按施工计划计算实体坝段温度场

2.4.5.2　有限元计算模型的建立

施工仿真计算的有限元网格划分与施工期混凝土浇筑块尺寸紧密相连，尤其对于实时施工仿真计算，因此，需要确认每一个混凝土浇筑块的浇筑时间、入仓温度等基本参数。截止2000年12月31日，由施工单位提供的9号实体坝段跳仓浇筑方案见图2.1，仿真计算过程中混凝土浇筑时间、顺序严格和现场施工一致。2000年12月31日以后采用施工单位提供的施工计划。

如前所述，本次计算前后处理采用ANSYS软件，大大加快了施工仿真计算的速度，提高了前后处理的质量。ANSYS软件分别建立了实体坝段和钢管坝段的有限元模型，见图2.4和图2.5。沿高度方向每个浇筑层划分一份，在纵缝两侧进行网格加密。

2.4.6　温度场实时施工仿真计算结果及分析

计算方案1、2、3所得结果与实测结果比较曲线见图2.5～图2.12。图2.13～图2.18是计算方案4所得温度场，6幅温度云图均取自夏季、冬季典型时刻。对计算结果作以下分析：

（1）计算结果与实测结果相近，验证了三维有限元施工仿真软件FZFX3D的可靠性及适用性。

（2）计算方案1考虑10号坝段的影响，但其计算结果与计算方案2计算结果相近，因此，从计算规模上考虑，可采用横缝绝热来模拟。

(3) 实体坝段右侧紧邻10号坝段，而左侧与钢管坝段相邻，所以其两个横缝的边界条件是不同的。由于钢管坝段与实体坝段体形不同，导致其左侧与钢管坝段相邻横缝会有较长时间临空（与现场察看一致），所以部分实测点的温度变化与第三类边界条件即计算方案3所得结果趋势相似。综合分析这些影响因素，并考虑计算模型的规模及实现的可行性，选用计算方案2作为最终计算方案。

(4) 计算方案4所用模型为浇筑至185m高程的完整实体坝段，其温度场的分布规律是合理的。

(5) 实体坝段的施工仿真计算完成以后，不改变基本计算参数，只调整计算模型和浇筑计划，进行钢管坝段的温度场与应力场的仿真计算。

2.4.7 主要结论

(1) 对三峡大坝左厂9号实体坝段温度场进行了实时施工仿真计算，通过不同计算方案的比较，确定了钢管坝段及其压力管道的温度场计算方案，即考虑混凝土跳仓浇筑，横缝采用绝热边界条件。

(2) 实体坝段的计算表明，我们成功开发了考虑混凝土三维跳仓浇筑的施工仿真计算软件，实体坝段温度场等值线表明了计算结果的合理性；计算结果与实测结果吻合较好，证明了此计算程序的可靠性。

(3) 首次引入了著名的ANSYS软件作为施工仿真软件的前处理，编写了接口程序，不仅使混凝土三维跳仓浇筑的施工仿真计算软件的开发成为可能，而且使体形复杂的水工建筑物计算模型（比如钢管坝段）建立及有限元网格划分简易可行。

2.5 钢管坝段施工仿真计算

2.5.1 研究目标

本阶段将利用施工过程仿真方法，针对管道施工期4个方面的问题进行研究：①后浇筑管道对坝体温度与应力状态的影响；②管道在施工期温度荷载作用下自身的受力状况；③开始投入运行时管道的初始温度与应力状态；④管道初始应力状态的施工优化问题。

需要指出的是，为了尽量使计算结果与实际情况比较吻合，对于已经浇筑的钢管坝段部分，同样采用实时仿真计算的方法；对于未浇筑坝体及压力管道，采用施工单位与监理单位提供的施工计划。

2.5.2 钢管坝段施工仿真计算原始资料

9号钢管坝段各仓位混凝土的浇筑时间见图2.19，图中所示2001年1月1日以前的混凝土浇筑时间取自施工单位和监理单位各仓位混凝土实际入仓时间；2001年1月1日以后的浇筑时间取自施工单位提供的施工计划。

图2.20为钢管坝段埋设的温度监测仪器位置与编号图。

钢管坝段计算所采用的各基本参数，如气温、地温、水温、风速、材料参数、冷却水管布置等，均与实体坝段相同。

2.5.3 有限元计算模型的建立

钢管坝段为对称结构，计算模型选取结构的一半，其横缝采用绝热边界。施工仿真计算有限元网格剖分见图2.21，网格剖分后单元数为8704，节点数为11714。图2.22为简化处理后的管道浇筑顺序。参照图2.22，自下而上依次为下弯Ⅲ、下弯Ⅱ、下弯Ⅰ、斜直Ⅱ、斜直Ⅰ、上弯Ⅲ、上弯Ⅱ、上弯Ⅰ。图2.22中还标注了管道各个部分局部柱状坐标系，在结果输出时参照相应的坐标系。

2.5.4 管道施工期性态研究

2.5.4.1 温度场计算结果分析

图2.23～图2.26为钢管坝段内埋设电阻温度计实测值与仿真计算结果对比曲线，两者吻合较好。

图2.27～图2.62为温度场计算结果，对温度场计算结果作以下分析：

(1) 图2.27～图2.32为管道浇筑过程中坝体温度场的变化。由图中可以看出，在管道浇筑过程中，坝体大部分区域的温度场不受影响，影响较大的区域集中在预留槽附近。最高温度出现在预留槽侧壁与管道相接位置。

(2) 图2.33～图2.37为管道浇筑过程中管道温度场的变化。对于下弯段，其最高温度出现在与8号实体坝段相接部位。这是由于在管道浇筑之前，相邻8号实体坝段已经浇筑完毕，因此横缝已经作为绝热边界，热量在此积聚形成高温区。管道暴露在空气中的上半圆部分混凝土厚度为2m，温度基本受气温控制；对于与坝体相接的下半部分，山于坝体在管道浇筑之前已经达到稳定温度，其相接部位附近会很快达到与坝体相同的较稳定的温度场，因此，在不同季节浇筑的管道，其温度场会有很大的不同，很容易在管道混凝土浇筑不久，腰部出现明显的温度变化。而此部位混凝土在施工期所受的约束最强，在运行期所受的荷载最大，需要特别对待。

(3) 图2.38和图2.39是管道施工期和坝体运行期出现的最高温度。在施工期间，管道的最高温度出现在管道和预留槽侧壁相接部分，达到39℃；在运行期，最高温度受气温控制，位置在管道上半圆部分，与坝体相接的下半部分受坝体稳定温度控制。

(4) 图2.40和图2.41是钢管坝段1月和7月准稳定温度场。由于库水温度影响，在坝体内出现温度梯度，但冬季和夏季差别不大。与坝体预留槽侧壁相接部分的管道腰部温度梯度较大。

(5) 对于管道外包混凝土裂缝宽度计算所需要的初始温度场进行了计算。受计算机硬件所限，原施工仿真计算所选用的计算模型（即图2.21）中管道混凝土沿径向只划分了两个单元，难以反映出径向温度变化，因此，从管道斜直段截取了一段（包括与之相连的一部分混凝土），细化了计算网格，见图2.42。管道内部水温参照库水温度，保持为14℃，管道外部为气温边界。计算后的温度场见图2.43～图2.46。这四张准稳定温度分布图，对于斜直段管道的非线性分析至关重要。

(6) 图2.47～图2.54为假设管道集中在温度最高的夏季浇筑时坝体混凝土与管道混凝土的温度分布规律。由图中可以看出，最高温度点出现的位置没有改变，数值比按目前施工计划计算所得高 4～6℃；管道的最高温度区别不大，从管道的温度分布看，在前期温度场的分布较好，斜直段和下弯段相接部位以及管道和坝体相接的部位温度梯度不大，但是后期随着气温的降低，这些部位的温度梯度加大。

(7) 图 2.55～图 2.62 为假设管道集中在温度最低的季节浇筑时坝体混凝土与管道混凝土的温度分布规律。由图中可以看出，最高温度出现点的位置也没有改变，数值比按目前施工计划计算所得低 2～3℃；管道最高温度区别不大，但是温度场的分布状态劣化，斜直段和下弯段相接部位以及管道和坝体相接的部位温度梯度从早期就很大，因此管道的斜直段和上弯段集中在冬季浇筑是不合理的。

(8) 由温度场分析可以发现，管道浇筑季节的选择对最高温度影响不大，但是它影响管道三个关键部位的温度梯度：斜直段与下弯段相接部位；斜直段和上弯段与坝体预留槽侧壁相接部位。上弯段管道与坝体相接部位，这些部位在应力计算时很容易出现较大的轴向和环向拉应力。因此，管道的浇筑时间应该进行优化。

2.5.4.2 应力场计算结果分析

图 2.63～图 2.149 为应力场计算结果，包括考虑混凝土徐变对应力影响程度。对应力场计算结果作以下分析：

(1) 图 2.63～图 2.68 为管道不同浇筑阶段坝体上下游方向应力图。从图中可以看出，除与管道直接相接部位的坝体外，管道浇筑对坝体上下游方向应力影响不大。影响较大的部位集中在大坝预留槽的侧壁。由于管道的浇筑，在侧壁与斜直段、下弯段相接部位和侧壁与上弯段、坝体相接部位拉应力增大，数值达到 0.98～1.48MPa。

(2) 图 2.69～图 2.74 为管道不同浇筑阶段坝体铅直方向应力图。从图中可以看出，坝体大部分区域均受到了影响，影响最大的部位出现在两条纵缝之间与管道相接部分坝体，拉应力数值是 0.45～1.2MPa。对于坝体的迎水面，随着管道混凝土自下而上浇筑，虽然铅直方向始终保持压应力，但数值逐渐减小。当所有管道混凝土施工完毕，铅直方向压应力不仅不再继续减少，而且还略有回弹，见图 2.75～图 2.78。

(3) 图 2.79～图 2.84 是下弯Ⅰ在其浇筑完毕 14 天、28 天和管道浇筑完成 14 天的环向和轴向应力分布图。从图中可以看出，在下弯Ⅰ浇筑完毕 28 天以内，其最大环向应力出现在管道与坝体侧壁相接部位，另外在管道的顶部和腰部也出现 0.3MPa 左右的拉应力；对于轴向应力，在管道浇筑完毕 14 天达到 0.62～0.78MPa，这就是前面温度场分析指出的在水化热减弱和外界气温降低时，管道会出现轴向拉应力。

(4) 图 2.85～图 2.90 是斜直Ⅰ浇筑完毕 14 天、28 天和管道浇筑完毕 14 天时斜直段部分环向和轴向应力分布图。环向应力最大值出现在斜直段与坝体预留槽侧壁相接的腰部外侧，沿径向向内应力数值逐渐减小，最大值为 0.66～0.86MPa；在斜直段轴向出现较大的拉应力，随着气温的降低数值不断增大，最大值达到 1.0～1.22MPa，出现位置在斜直段与下弯段相接部位。这些拉应力对于早龄期的混凝土是很不利的。其中，轴向出现的拉应力在设计时并不重视，所以应该通过调整管道浇筑计划，尽量降低管道在施工期的轴向拉应力。

(5) 图 2.91 和图 2.92 是上弯Ⅰ在其浇筑完毕 14 天，也就是管道浇筑完 14 天时的环向和轴向应力状态图。由于坝体的约束作用，其应力分布出现与斜直段类似的情况，与坝体相接部分出现环向和轴向拉应力，环向应力数值为 0.26～0.40MPa，轴向应力为0.46～0.62MPa。

（6）图 2.93～图 2.106 为管道浇筑完成以后 28 天时刻，管道各部分的环向和轴向应力分布图。（这时的应力状态就是按施工计划计算得到的蓄水之前管道初始应力状态。）对于下弯Ⅲ，其顶部环向受拉，数值为 0.51～0.72MPa，轴向受拉，顶部和底部拉应力最大，为 0.39～0.55MPa；对于下弯Ⅱ，顶部环向受拉，数值为 0.64～0.85MPa，轴向受拉，最大拉应力值为 0.77～0.94MPa；对于下弯Ⅰ，顶部至腰部环向受拉，腰部的拉应力较大，为 0.4～0.64MPa，轴向受拉，最大拉应力集中在和斜直段相接部位，数值为 0.62～0.78MPa；对于斜直段，在斜直段相接和斜直段与上弯段相接部分腰部尤其是外侧和底部环向受拉，最大值为 0.51～0.65MPa，在轴向出现较大的拉应力，位置在斜直段与下弯段相接部位，最大值为 1.04～1.22MPa；对于上弯Ⅲ，其底部出现环向拉应力，数值为 0.35～0.45MPa，在腰部出现沿轴向的拉应力，数值为 0.36～0.48MPa；对于上弯Ⅱ，其顶部和底部出现环向拉应力，顶部数值较小，为 0.1～0.2MPa，底部数值较大，为 0.2～0.29MPa。在腰部同样出现沿轴向拉应力，最大值为 0.4～0.53MPa；对于上弯Ⅰ，在其与坝体相接部位应力比较复杂，环向应力和轴向应力都较大，分别为 0.33～0.46MPa 和 0.55～0.70MPa。下表为这部分应力结果汇总：

表 2.7　应力结果汇总表

最大拉应力/MPa	下弯Ⅲ		下弯Ⅱ		下弯Ⅰ		斜直Ⅱ	斜直Ⅰ
	轴向	环向	轴向	环向	轴向	环向	轴向	轴向
下限	0.39	0.51	0.77	0.64	0.62	0.4	1.04	0.51
上限	0.55	0.72	0.94	0.85	0.78	0.64	1.22	0.65

最大拉应力/MPa	上弯Ⅲ		上弯Ⅱ		上弯Ⅰ			
	轴向	环向	轴向	环向	轴向	环向		
下限	0.36	0.35	0.4	0.1	0.55	0.33		
上限	0.48	0.45	0.53	0.29	0.70	0.46		

（7）图 2.107～图 2.113 是管道施工过程中在管道各个位置出现的最大应力，对于上弯段，管道顶部、腰部和底部数值较大；对于斜直段，最大拉应力出现在管道腰部外侧和斜直段与下弯段相接部位；对于下弯段，管道腰部和底部以及上弯段与坝体相接部位，拉应力数值较大。在进行这些部位的施工时应予重视。

（8）图 2.114～图 2.153 为不考虑混凝土徐变特性计算出的坝体和管道的压力云图，与图 2.63～图 2.74 和图 2.79～图 2.106 一一对应。下面分别进行分析：对比图 2.110～图 2.115 和图 2.63～图 2.68，在管道整个施工期，考虑徐变后坝体 X 方向拉应力降低 10%～20%，压应力降低 10%；对比图 2.116～图 2.121 和图 2.69～图 2.74，Y 方向拉应力降低 20%，压应力降低 10%～20%；对比下弯 1 图 2.122～图 2.127 和图 2.79～图 2.84，浇筑完毕 14 天时，考虑徐变以后拉应力降低 50%左右，随着混凝土龄期的增加，考虑徐变应力降低 35%；对比斜直段应力图 2.128～图 2.133 和图 2.85～图 2.90 其环向应力和轴向应力考虑徐变以后的折减幅度不同，环向应力前 14 天降低约 35%，28 天后降低约 17%，轴向拉应力考虑徐变后影响不大，压应力降低 15%～20%：对比整个管道浇筑完毕后的初始应力状态（图 2.136～图 2.149 和图 2.93～图 2.106），可以看出徐变对管道的不同部位影响不同，对于下弯段环向拉应力降低 35%左右，压应力有所增加，轴向应力影响比较复杂，压应力降低约 10%，拉应力降低 20%～40%，对于斜直段，其环向拉应力降低 35%左右，压应力降低 20%左右，徐变对其轴向拉应力影响很小，压应力降低约 30%；对于上弯段，其环向拉应力降低 5%～35%，轴向应力降低 15%左右。下表为考虑徐变后应力折减值汇总。

表 2.8　　应力折减值汇总表

	坝体		管道					
	上下游方向	铅直方向	下弯Ⅰ		斜直段		上弯段	
			环向	轴向	环向	轴向	环向	轴向
拉应力折减/%	10～20	20	50～35	20～40	35～17	影响很小	5～35	15
压应力折减/%	10	10～20	有所增加	10	20	30		

2.5.5 管道混凝土施工方案优化

2.5.5.1 优化原则

在钢管坝段的计算中，管道浇筑时间为 2001 年 10 月 10 日至 2002 年 1 月 18 日。根据管道及其依附的钢管坝段温度场及应力场计算结果，得出了管道混凝土施工方案起控制作用的关键因素：

降低管道下弯段混凝土温升。由温度场计算可以看出，在目前的施工计划下，下弯段混凝土温度达到 36℃以上，尤其是下弯段与管道预留槽相交附近，混凝土温度达到 39℃。由于下弯段混凝土体型号呈现台阶状，散热不均匀，容易在局部区域较快形成温降使得混凝土出现裂缝，因此应该采用适当的冷却措施降低下弯段混凝土温升。

调整管道斜直段、上弯段混凝土浇筑时间、在温度场与应力场计算中可以看出，管道的斜直段与下弯段相接附近、上弯段与坝体混凝土相接附近、斜直段与上弯段腰部混凝土均出现了较大的拉应力。

出现较大拉应力的原因是由于管道下半部分主要受坝体温度影响，而上半部分受混凝土入仓温度及浇筑时气温的影响，因此很容易在管道腰部形成剧烈的温度梯度；另外在两个相接部位出现较大的拉应力，是由于与斜直段相接的下弯段混凝土体积较大，与上弯段相接的坝体体积更大，它们的温度是基本恒定的，而管道混凝土温度与恒定温度不同，因此很容易形成温度梯度。

因此，只有调整管道斜直段、上弯段混凝土浇筑时间，使其温度与基本恒定的坝体温度一致，避免出现温度梯度，则可以降低混凝土出现的拉应力。

2.5.5.2 施工优化方案

根据上述关键因素，对管道施工计划作以下调整；

(1) 管道下弯段采用冷却措施，且集中在低温季节浇筑，于第二年三月底左右浇筑完毕。由于管道体型不太规则，冷却水管可以采用塑料管铺设，目的是降低下弯段的温度。如果铺设下弯段混凝土冷却水管的确有难度，可以采用较薄的层厚，较长的间歇时间，但是要注意表面保护及寒潮侵袭时的应急措施。

(2) 斜直段和上弯段不采用冷却措施，最好能够在夏季高温季节之前浇筑完毕。之所以提出这个概念是基于坝体较稳定坝体较稳定的温度提出的。根据温度场的分析，与管道相接的坝体其稳定温度基本在 18～20℃左右，因此斜直线与上弯段混凝土浇筑时的气温最好在 18～20℃。根据三峡坝址三斗坪镇的气温资料，每年的 3—6 月是比较合适的，按照管道的工期也基本可以做到。

（3）对于上弯段与坝体的合龙时间，根据温度计算结果，建议在 5—6 月间合龙比较合适。因为此时气温与坝体的温度比较一致，在上弯段与坝体之间基本不会产生温差，因此产生的拉应力会很小。

图 2.44～图 2.47 为根据调整后的浇筑计划计算出的温度场，由图可见，管道最高温度明显降低，斜直段和上弯段温度场分布比较均匀，管道腰部、斜直段与下弯段相接部位、上弯段与坝体相接部位的温度梯度很小，这有利于降低管道混凝土在早龄期出现的环向和轴向拉应力。

另外值得指出的是，斜直段和上弯段应尽量避免在冬季低温季节浇筑，尤其对于斜直段与下弯段相接部位和上弯段与坝体相接部位，其浇筑时间不应在低温季节，以避免管道在早龄期就承受较大的拉应力。

2.5.6　主要结论

通过对三峡电站 9 号厂房坝段与压力管道混凝土施工过程的仿真分析，就管道混凝土与坝体混凝土相互作用问题，以及管道混凝土在受内压之前的初始温度状态与初始应力状态问题，可以得出以下基本结论：

（1）混凝土压力管道的初始温度、初始应力状态与管道的浇筑时间密切相关，因此，要了解管道混凝土在受内压之前的应力状态，按照实际的混凝土浇筑过程或浇筑计划，对坝体和管道进行施工过程仿真计算是必不可少的。相应地，为优化管道的初始应力状态，应该选择合适的管道混凝土浇筑季节。

（2）调整管道混凝土浇筑时间，可以较大程度地改善斜直段和上弯段温度场分布状况，从而减小管道混凝土在早龄期出现的环向和轴向拉应力，见图 2.154～图 2.161。

（3）按照现在的施工计划，即管道浇筑时间为 2001 年 10 月 10 日至 2002 年 1 月 18 日，管道混凝土最高温度值出现在管道与坝体预留槽侧壁相接部位，达到 39℃；斜直段与下弯段相接部位、上弯段与坝体相接部位、斜直段和上弯段与坝体相接的管道腰部均有较大的拉应力。

（4）除预留槽侧壁外，管道混凝土施工对坝体温度场的影响较小。由于管道混凝土的施工，坝体应力状态发生了一定程度的改变。在坝体上游面铅直方向上，各高程混凝土的压应力随管道混凝土自下而上的施工逐步减少。最大铅直拉应力为 1.20MPa，出现在两条纵缝之间与管道相接的坝体上部。最大水平拉应力为 1.54MPa，出现在进水口段底部。

（5）由管道斜直段计算出的准稳定温度场，即图 2.43～图 2.46，可以看出：运行期管道混凝土外表面存在着较大的温度变幅，最大温度变幅为 18℃，斜直段管道的非线性分析应该重视这部分温变荷载。

（6）混凝土徐变变形对管道混凝土应力状态的影响比较复杂，不同部位混凝土，其徐变影响程度不同；同一部位混凝土，在不同时段、不同方向的影响程度也不同。但总体而言，混凝土的徐变变形改善了管道混凝土的初始应力状态，尤以下弯段部位混凝土最为明显。

附表 1　　1999—2000 年三峡实测日温度表

年	1月	气温/℃	2月	气温/℃	3月	气温/℃	4月	气温/℃	5月	气温/℃	6月	气温/℃	7月	气温/℃
	1	8.4	1	13.1	1	14.9	1	15.3	1	22.8	1	27.9	1	30.4
	2	14.1	2	15.1	2	12.9	2	18.5	2	22.1	2	32.9	2	30.1
	3	17.3	3	16.2	3	18.7	3	14.5	3	18.4	3	28.2	3	26.8
	4	14.3	4	13.9	4	26	4	16.8	4	26.7	4	25.5	4	26.2
	5	13.6	5	10.7	5	22.1	5	23	5	29.4	5	26.3	5	34.5
	6	11.5	6	10.7	6	14.4	6	24.1	6	29.2	6	31.2	6	31.8
	7	11.1	7	14.4	7	10.9	7	24.6	7	29.5	7	26.3	7	24.6
	8	5.2	8	16.6	8	6.7	8	19.3	8	26.3	8	33.1	8	24.9
	9	6.6	9	17.6	9	9.1	9	19.8	9	31.6	9	30.1	9	28.9
	10	8.3	10	11.7	10	10.6	10	19	10	31.1	10	27.4	10	31.6
	11	6.9	11	12.3	11	9.9	11	18.9	11	29.9	11	27.5	11	32.1
	12	7.3	12	11.7	12	11.1	12	20.6	12	32.2	12	30.8	12	32.7
	13	7.3	13	12.3	13	10.1	13	18	13	32.9	13	27.1	13	30.4
	14	1.0	14	10.9	14	16.3	14	16.4	14	24.9	14	26	14	28.5
	15	9.4	15	14.1	15	19.4	15	14.3	15	25.5	15	38.8	15	22.8
1999	16	11	16	18.3	16	18.9	16	15.3	16	20.4	16	25.1	16	22.6
	17	12.1	17	11.2	17	19.9	17	20.1	17	20.3	17	23	17	29.7
	18	10	18	16.7	18	15.3	18	27.3	18	25.7	18	32	18	31
	19	9.9	19	9.7	19	9.3	19	29.8	19	27.2	19	32.5	19	32
	20	12.5	20	15.1	20	6.6	20	23.6	20	27.9	20	34.2	20	32
	21	8.1	21	14.7	21	10	21	28.4	21	17.5	21	32	21	32.3
	22	9.1	22	13.9	22	7.7	22	31.6	22	24.6	22	19.9	22	33
	23	11.7	23	21.3	23	10.7	23	20.7	23	22	23	24.8	23	26.1
	24	14.7	24	21.8	24	12.4	24	28.2	24	23.9	24	28.4	24	32.4
	25	12.5	25	12.8	25	12.1	25	18.5	25	31.6	25	26.8	25	36.4
	26	11.4	26	10.5	26	14.1	26	20.3	26	29.2	26	22.1	26	35.6
	27	16.3	27	13.5	27	16.9	27	16	27	27.6	27	24.6	27	35.4
	28	15.4	28	15.4	28	9.1	28	22.2	28	18.9	28	22.2	28	33.9
	29	14.3			29	15	29	25.4	29	20.8	29	25.8	29	35.1
	30	12.6			30	17.8	30	25.7	30	19.1	30	24.7	30	37.3
	31	11.8			31	20			31	18.7			31	39.6

续表

年	8 月	气温/℃	9 月	气温/℃	10 月	气温/℃	11 月	气温/℃	12 月	气温/℃
1999	1	37.8	1	33.9	1	31.6	1	19.8	1	12.4
	2	30.2	2	30.5	2	20.7	2	19.1	2	14.6
	3	36.1	3	23.4	3	15.6	3	19.3	3	15.9
	4	34.9	4	30.6	4	18.5	4	13.9	4	14.1
	5	34.4	5	34.1	5	16	5	15.7	5	11.9
	6	35.7	6	34	6	23.6	6	21.4	6	15.5
	7	38.4	7	36.4	7	24.6	7	17.4	7	13.1
	8	39	8	36.6	8	24.2	8	12.8	8	19.4
	9	32.2	9	38.7	9	17.9	9	17.8	9	18.6
	10	32.3	10	38.8	10	18.7	10	12.8	10	19.2
	11	34.4	11	34.3	11	19.3	11	22.2	11	12.1
	12	33.1	12	34.4	12	17.3	12	21.9	12	8.4
	13	34.8	13	34.2	13	17.1	13	19.3	13	15
	14	33.6	14	23.6	14	17.7	14	16.3	14	19.7
	15	36.5	15	23	15	17.1	15	11.5	15	16.8
	16	35.1	16	21.1	16	17.4	16	8.7	16	16.3
	17	35.8	17	25	17	23.1	17	15.1	17	14
	18	28.8	18	21.3	18	24.4	18	13.5	18	14.1
	19	35.9	19	24.7	19	19.2	19	19.5	19	6.9
	20	26.7	20	25.7	20	20.4	20	18.9	20	5.5
	21	26.7	21	23.2	21	19.3	21	18.8	21	8.5
	22	31.8	22	26.4	22	18.3	22	23.1	22	8.1
	23	32.4	23	29.9	23	23.8	23	21.7	23	13
	24	32.8	24	31.8	24	22	24	22.9	24	15.4
	25	29.6	25	32.3	25	16.9	25	18.3	25	17.6
	26	32.1	26	31	26	24.4	26	9.7	26	14.4
	27	32.4	27	30.7	27	22.1	27	5.8	27	14.4
	28	28.5	28	34.8	28	25.6	28	13	28	12
	29	27.5	29	22.8	29	22.4	29	13.8	29	14.4
	30	34.7	30	26.2	30	20.8	30	10.9	30	14.8
	31	33			31	16.5			31	11.8

续表

年	1月	气温/℃	2月	气温/℃	3月	气温/℃	4月	气温/℃	5月	气温/℃	6月	气温/℃	7月	气温/℃
2000	1	14.4	1	3.4	1	17.5	1	21.1	1	22.7	1	34	1	30.2
	2	15.6	2	3.7	2	13.2	2	17.9	2	32.3	2	29.3	2	25.3
	3	14.6	3	3.1	3	12.8	3	19.2	3	35.5	3	28.2	3	30.5
	4	12.5	4	3.7	4	14.7	4	21.4	4	34.4	4	23.7	4	32.9
	5	10.4	5	11.4	5	18.5	5	24.6	5	37.5	5	30.5	5	31.2
	6	9.1	6	15.9	6	17.6	6	24.2	6	29.6	6	27	6	32.5
	7	6.8	7	13.8	7	17.9	7	24.6	7	27.8	7	30.1	7	33.3
	8	6.2	8	11.5	8	17.9	8	25	8	23.7	8	26.8	8	33.7
	9	8.7	9	14.5	9	14.1	9	23.4	9	29.5	9	29.5	9	34.1
	10	7.3	10	16.5	10	11.4	10	28.3	10	32.2	10	31.2	10	34.1
	11	7.1	11	13.8	11	18.7	11	22.1	11	27.2	11	31.1	11	33.3
	12	7.4	12	12.5	12	19.8	12	22	12	35.9	12	33	12	30.2
	13	9.1	13	11.4	13	20	13	29.4	13	33.9	13	33.9	13	36.9
	14	7.3	14	12.5	14	14.6	14	29.2	14	39	14	33.5	14	32.6
	15	4.4	15	14.9	15	14	15	23.3	15	32.6	15	32	15	34.2
	16	4.4	16	15.1	16	21.8	16	23.7	16	26.5	16	33.5	16	37.3
	17	7.6	17	10.1	17	16.9	17	27.2	17	27.9	17	33.8	17	38.2
	18	13.8	18	10.2	18	25	18	29.2	18	34.5	18	31.8	18	36.4
	19	9.2	19	9.1	19	24.6	19	26.1	19	34.1	19	29.2	19	33.7
	20	6.7	20	12.3	20	19.2	20	21.7	20	35.7	20	33.8	20	34.2
	21	5	21	9.5	21	16.6	21	20.3	21	36.5	21	34.2	21	36.9
	22	3.7	22	9.3	22	12.7	22	24.1	22	34.6	22	30.9	22	40
	23	2.7	23	10.1	23	15.6	23	28.5	23	30.2	23	26.4	23	39.8
	24	4	24	8.2	24	17.1	24	27	24	23.1	24	28.6	24	35.2
	25	3.4	25	16	25	22.2	25	28.1	25	26.6	25	32.9	25	36.3
	26	3.8	26	17.7	26	26.1	26	20.4	26	30.9	26	36.5	26	37.3
	27	6.1	27	15.6	27	30.6	27	26.1	27	28.7	27	33	27	36.5
	28	3.7	28	14.7	28	25.1	28	24.8	28	24	28	34	28	31
	29	8.5	29		29	24.9	29	29.1	29	21.4	29	36.2	29	29.5
	30	7.2			30	31.2	30	23.2	30	33	30	30.2	30	33.2
	31	3.9			31	27.7			31	25.6			31	35.5

续表

年	8 月	气温/℃	9 月	气温/℃	10 月	气温/℃	11 月	气温/℃	12 月	气温/℃
2000	1	33.5	1	34.5	1	23.7	1	20.8	1	10.1
	2	28.4	2	28.1	2	25.9	2	22.2	2	12.5
	3	23	3	25.4	3	28.7	3	22.7	3	15.1
	4	26.9	4	33.8	4	29.4	4	24.3	4	12.5
	5	31.4	5	28.5	5	28.7	5	23.9	5	14.9
	6	32.3	6	25.1	6	28.6	6	24.6	6	13
	7	31.5	7	21	7	30.2	7	22.7	7	19.1
	8	33.5	8	28.2	8	29.8	8	17.5	8	16.6
	9	34.3	9	22.3	9	29	9	12.8	9	13.3
	10	35.3	10	20.9	10	25.7	10	23.9	10	11.1
	11	35.2	11	19.4	11	24.2	11	6.8	11	9.8
	12	34.3	12	25.5	12	17.9	12	14.1	12	6.3
	13	34	13	30.8	13	12.9	13	9.8	13	13
	14	33.5	14	30.2	14	17.6	14	10.1	14	14.3
	15	32.4	15	31	15	20.1	15	9.7	15	13.2
	16	33.6	16	33	16	16.8	16	10	16	11.6
	17	31.6	17	34.8	17	23.6	17	16.3	17	11.5
	18	32.8	18	31.3	18	23.1	18	10.1	18	12.5
	19	28.1	19	26.3	19	18.6	19	10.9	19	9.8
	20	32.1	20	27.7	20	24.3	20	16.9	20	14.7
	21	31.8	21	30.2	21	15.2	21	17	21	16.5
	22	31.4	22	31.5	22	25.1	22	18	22	17.7
	23	29.9	23	33	23	20.5	23	16.2	23	18.4
	24	32.2	24	30.9	24	19.1	24	17.4	24	17.9
	25	34.9	25	22.9	25	17.9	25	18.4	25	14.2
	26	34.2	26	23.5	26	14.8	26	14.7	26	15.1
	27	33.1	27	24	27	12.2	27	12.3	27	12.6
	28	32.3	28	21.2	28	13.6	28	10.9	28	10.8
	29	29.7	29	19.2	29	19.6	29	10.3	29	8
	30	34	30	18.4	30	20.5	30	11.3	30	14.8
	31	34.4			31	23.2			31	14.6

参 考 文 献

[1] 朱伯芳.大体积混凝土温度应力与温度控制[M].北京：中国电力出版社，1999.

[2] 朱伯芳.有限单元法原理与应用[M].2版.北京：中国水利水电出版社，1998.

[3] 朱伯芳.朱伯芳院士文选[M].北京：中国电力出版社，1997.

[4] “三峡水利枢纽混凝土工程温度控制研究”编辑委员会.三峡水利枢纽混凝土工程温度控制研究[M].北京：中国水利水电出版社，2001.

[5] 杨富亮.三峡工程混凝土的温度控制措施[J].混凝土，2001（9）：36-40.

[6] 张国新，金峰，衫浦靖人.重力坝实测结果的重回归与相关分析[J].水利水电技术，2001（6）：12-15.

[7] 董福品.考虑表面散热对冷却效果影响的混凝土结构水管冷却多效分析[J].水利水电技术，2001（6）：16-19.

[8] 朱伯芳.水上结构与固体力学论文集[M].北京：水利电力出版社，1988.

[9] 黄达海.高碾压混凝土拱坝施工过程仿真分析[D].大连理工大学申请博士学位论文，1999.

[10] 丁宝瑛，王国秉，黄淑萍，等.混凝土温度场及温度徐变应力的有限单元法分析[C]//水利水电科学研究院科学研究论文集（第9集）.北京：水利电力出版社，1982：67-78.

[11] 丁宝瑛，王国秉，谢良安，李洪钧.混凝土坝分缝浇筑对温度应力的影响[C]//水利水电科学研究院科学研究论文集（第9集）.北京：水利电力出版社，1982：53-66.

[12] 丁宝瑛.大体积混凝土与冷却水管间水管温差的确定[J].水利水电技术，1997（1）：12-16.

[13] 丁宝瑛，王国秉，黄淑萍.水工混凝土结构的温度应力与温度控制[J].水力发电学报，1984（1）1-18.

[14] ANSYS北京公司.ANSYS技术报告[R].2000.

[15] 桂良进，王军.董波.Fortran Power Station 4.0使用与编程[M].北京航空航天大学出版社，1999.

[16] 傅金筑.水电站坝后背管结构及外包混凝土裂缝研究[M].北京：中国水利水电出版社，2007.

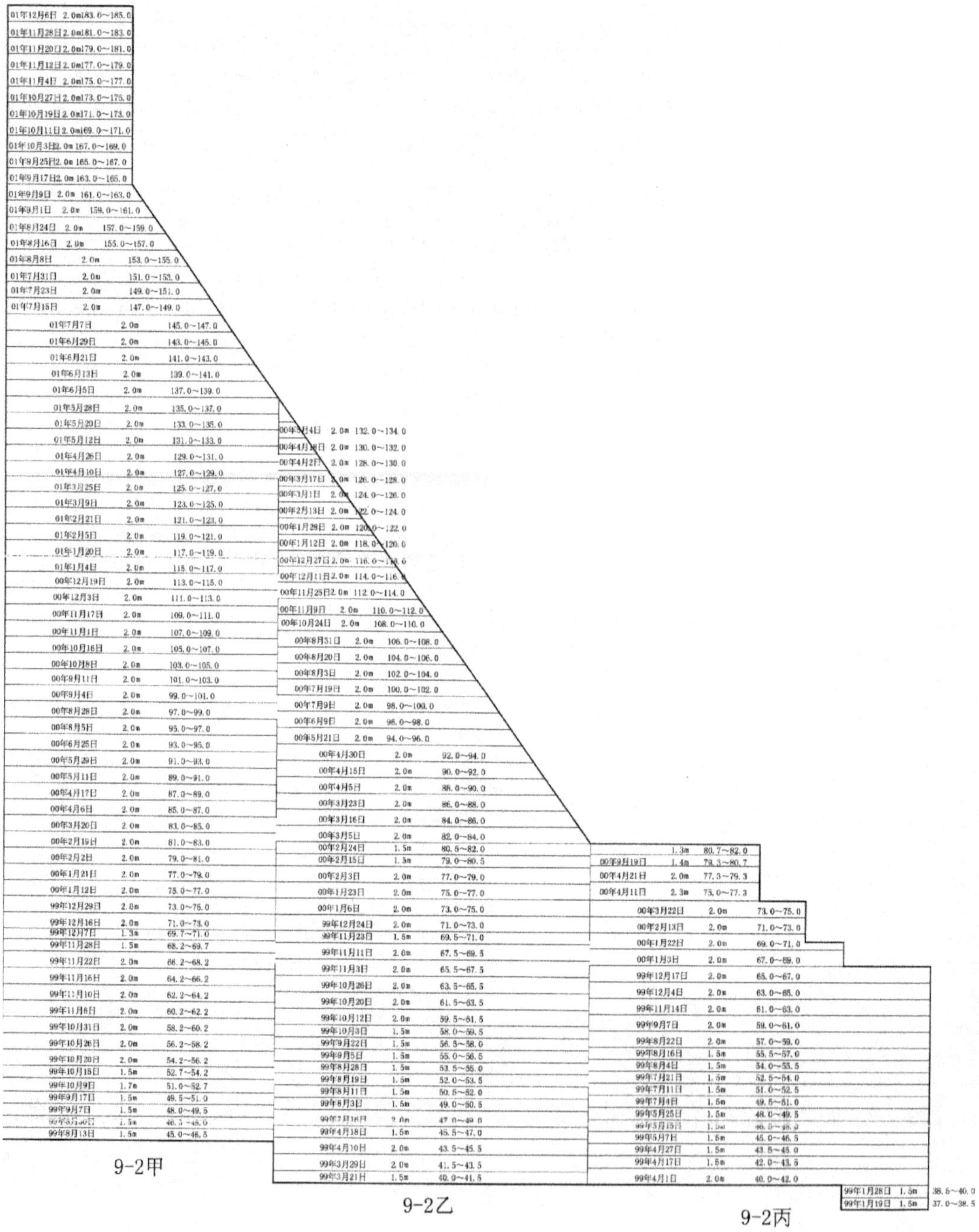

01年12月6日 2.0m 183.0~185.0
01年11月28日 2.0m 181.0~183.0
01年11月20日 2.0m 179.0~181.0
01年11月12日 2.0m 177.0~179.0
01年11月4日 2.0m 175.0~177.0
01年10月27日 2.0m 173.0~175.0
01年10月19日 2.0m 171.0~173.0
01年10月11日 2.0m 169.0~171.0
01年10月3日 2.0m 167.0~169.0
01年9月25日 2.0m 165.0~167.0
01年9月17日 2.0m 163.0~165.0
01年9月9日 2.0m 161.0~163.0
01年9月1日 2.0m 159.0~161.0
01年8月24日 2.0m 157.0~159.0
01年8月16日 2.0m 155.0~157.0
01年8月8日 2.0m 153.0~155.0
01年7月31日 2.0m 151.0~153.0
01年7月23日 2.0m 149.0~151.0
01年7月15日 2.0m 147.0~149.0
01年7月7日 2.0m 145.0~147.0
01年6月29日 2.0m 143.0~145.0
01年6月21日 2.0m 141.0~143.0
01年6月13日 2.0m 139.0~141.0
01年6月5日 2.0m 137.0~139.0
01年5月28日 2.0m 135.0~137.0
01年5月20日 2.0m 133.0~135.0
01年5月12日 2.0m 131.0~133.0
01年4月26日 2.0m 129.0~131.0
01年4月10日 2.0m 127.0~129.0
01年3月25日 2.0m 125.0~127.0
01年3月9日 2.0m 123.0~125.0
01年2月21日 2.0m 121.0~123.0
01年2月5日 2.0m 119.0~121.0
01年1月20日 2.0m 117.0~119.0
01年1月4日 2.0m 115.0~117.0
00年12月19日 2.0m 113.0~115.0
00年12月3日 2.0m 111.0~113.0
00年11月17日 2.0m 109.0~111.0
00年11月1日 2.0m 107.0~109.0
00年10月16日 2.0m 105.0~107.0
00年10月8日 2.0m 103.0~105.0
00年9月11日 2.0m 101.0~103.0
00年9月4日 2.0m 99.0~101.0
00年8月28日 2.0m 97.0~99.0
00年8月5日 2.0m 95.0~97.0
00年6月25日 2.0m 93.0~95.0
00年5月29日 2.0m 91.0~93.0
00年5月11日 2.0m 89.0~91.0
00年4月17日 2.0m 87.0~89.0
00年4月6日 2.0m 85.0~87.0
00年3月20日 2.0m 83.0~85.0
00年2月19日 2.0m 81.0~83.0
00年2月2日 2.0m 79.0~81.0
00年1月21日 2.0m 77.0~79.0
00年1月12日 2.0m 75.0~77.0
99年12月29日 2.0m 73.0~75.0
99年12月16日 2.0m 71.0~73.0
99年12月7日 1.3m 69.7~71.0
99年11月28日 1.5m 68.2~69.7
99年11月22日 2.0m 66.2~68.2
99年11月16日 2.0m 64.2~66.2
99年11月10日 2.0m 62.2~64.2
99年11月8日 2.0m 60.2~62.2
99年10月31日 2.0m 58.2~60.2
99年10月26日 2.0m 56.2~58.2
99年10月20日 2.0m 54.2~56.2
99年10月15日 1.5m 52.7~54.2
99年10月9日 1.7m 51.0~52.7
99年9月17日 1.5m 49.5~51.0
99年9月7日 1.5m 48.0~49.5
99年8月30日 1.5m 46.5~48.0
99年8月13日 1.5m 45.0~46.5

9-2甲

00年5月4日 2.0m 132.0~134.0
00年4月18日 2.0m 130.0~132.0
00年4月2日 2.0m 128.0~130.0
00年3月17日 2.0m 126.0~128.0
00年3月1日 2.0m 124.0~126.0
00年2月13日 2.0m 122.0~124.0
00年1月28日 2.0m 120.0~122.0
00年1月12日 2.0m 118.0~120.0
00年12月27日 2.0m 116.0~118.0
00年12月11日 2.0m 114.0~116.0
00年11月25日 2.0m 112.0~114.0
00年11月9日 2.0m 110.0~112.0
00年10月24日 2.0m 108.0~110.0
00年8月31日 2.0m 106.0~108.0
00年8月20日 2.0m 104.0~106.0
00年8月3日 2.0m 102.0~104.0
00年7月19日 2.0m 100.0~102.0
00年7月9日 2.0m 98.0~100.0
00年6月9日 2.0m 96.0~98.0
00年5月21日 2.0m 94.0~96.0
00年4月30日 2.0m 92.0~94.0
00年4月15日 2.0m 90.0~92.0
00年4月5日 2.0m 88.0~90.0
00年3月23日 2.0m 86.0~88.0
00年3月16日 2.0m 84.0~86.0
00年3月5日 2.0m 82.0~84.0
00年2月24日 1.5m 80.5~82.0
00年2月15日 1.5m 79.0~80.5
00年2月3日 2.0m 77.0~79.0
00年1月23日 2.0m 75.0~77.0
00年1月6日 2.0m 73.0~75.0
99年12月24日 2.0m 71.0~73.0
99年11月23日 1.5m 69.5~71.0
99年11月11日 2.0m 67.5~69.5
99年11月3日 2.0m 65.5~67.5
99年10月26日 2.0m 63.5~65.5
99年10月20日 2.0m 61.5~63.5
99年10月12日 2.0m 59.5~61.5
99年10月3日 1.5m 58.0~59.5
99年9月22日 1.5m 56.5~58.0
99年9月5日 1.5m 55.0~56.5
99年8月28日 1.5m 53.5~55.0
99年8月19日 1.5m 52.0~53.5
99年8月11日 1.5m 50.5~52.0
99年8月3日 1.5m 49.0~50.5
99年7月18日 2.0m 47.0~49.0
99年4月18日 1.5m 45.5~47.0
99年4月10日 2.0m 43.5~45.5
99年3月29日 2.0m 41.5~43.5
99年3月21日 1.5m 40.0~41.5

9-2乙

1.3m 80.7~82.0
00年9月19日 1.4m 79.3~80.7
00年4月21日 2.0m 77.3~79.3
00年4月11日 2.3m 75.0~77.3
00年3月22日 2.0m 73.0~75.0
00年2月13日 2.0m 71.0~73.0
00年1月22日 2.0m 69.0~71.0
00年1月3日 2.0m 67.0~69.0
99年12月17日 2.0m 65.0~67.0
99年12月4日 2.0m 63.0~65.0
99年11月14日 2.0m 61.0~63.0
99年9月7日 2.0m 59.0~61.0
99年8月22日 2.0m 57.0~59.0
99年8月16日 1.5m 55.5~57.0
99年8月4日 1.5m 54.0~55.5
99年7月21日 1.5m 52.5~54.0
99年7月11日 1.5m 51.0~52.5
99年7月4日 1.5m 49.5~51.0
99年5月25日 1.5m 48.0~49.5
99年5月15日 1.5m 46.5~48.0
99年5月7日 1.5m 45.0~46.5
99年4月27日 1.5m 43.5~45.0
99年4月17日 1.5m 42.0~43.5
99年4月1日 2.0m 40.0~42.0
99年1月28日 1.5m 38.5~40.0
99年1月19日 1.5m 37.0~38.5

9-2丙

图 2.1　实体坝段跳仓浇筑时间

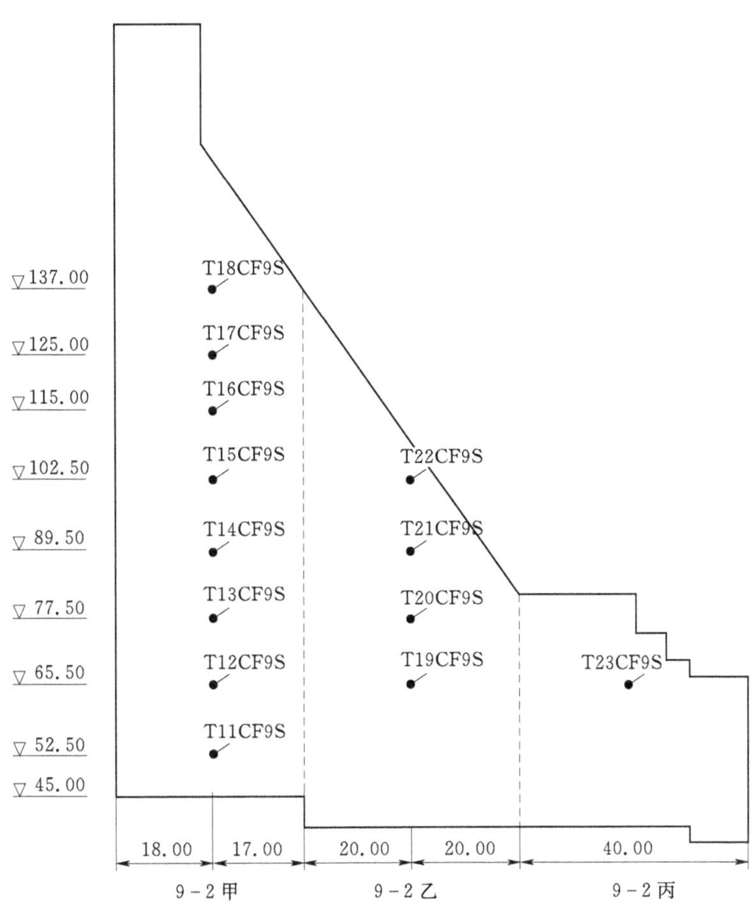

图 2.2　实体坝段仪器埋设位置

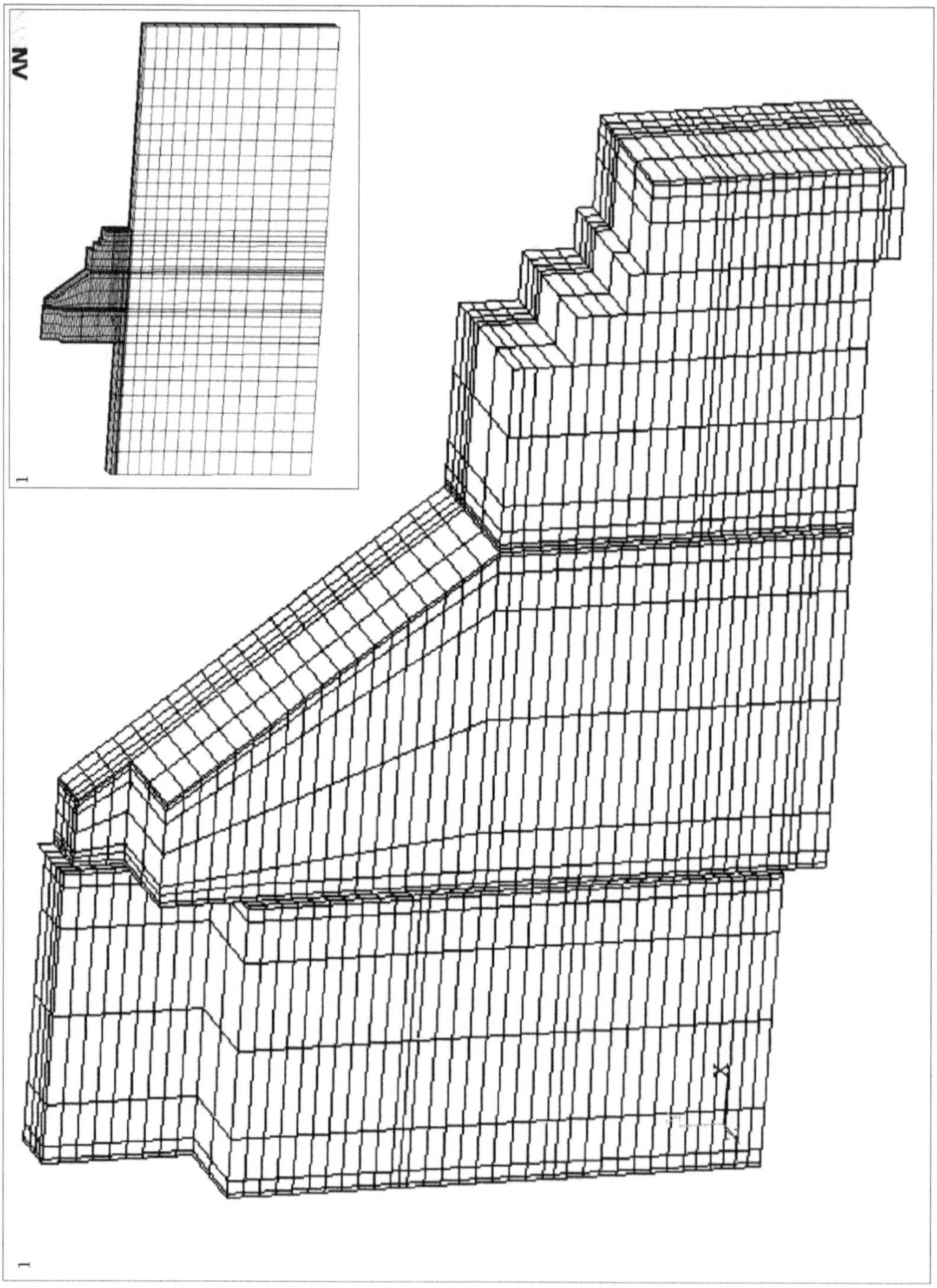

图 2.3　包括 10 号跳仓浇筑计算网格（坝体）

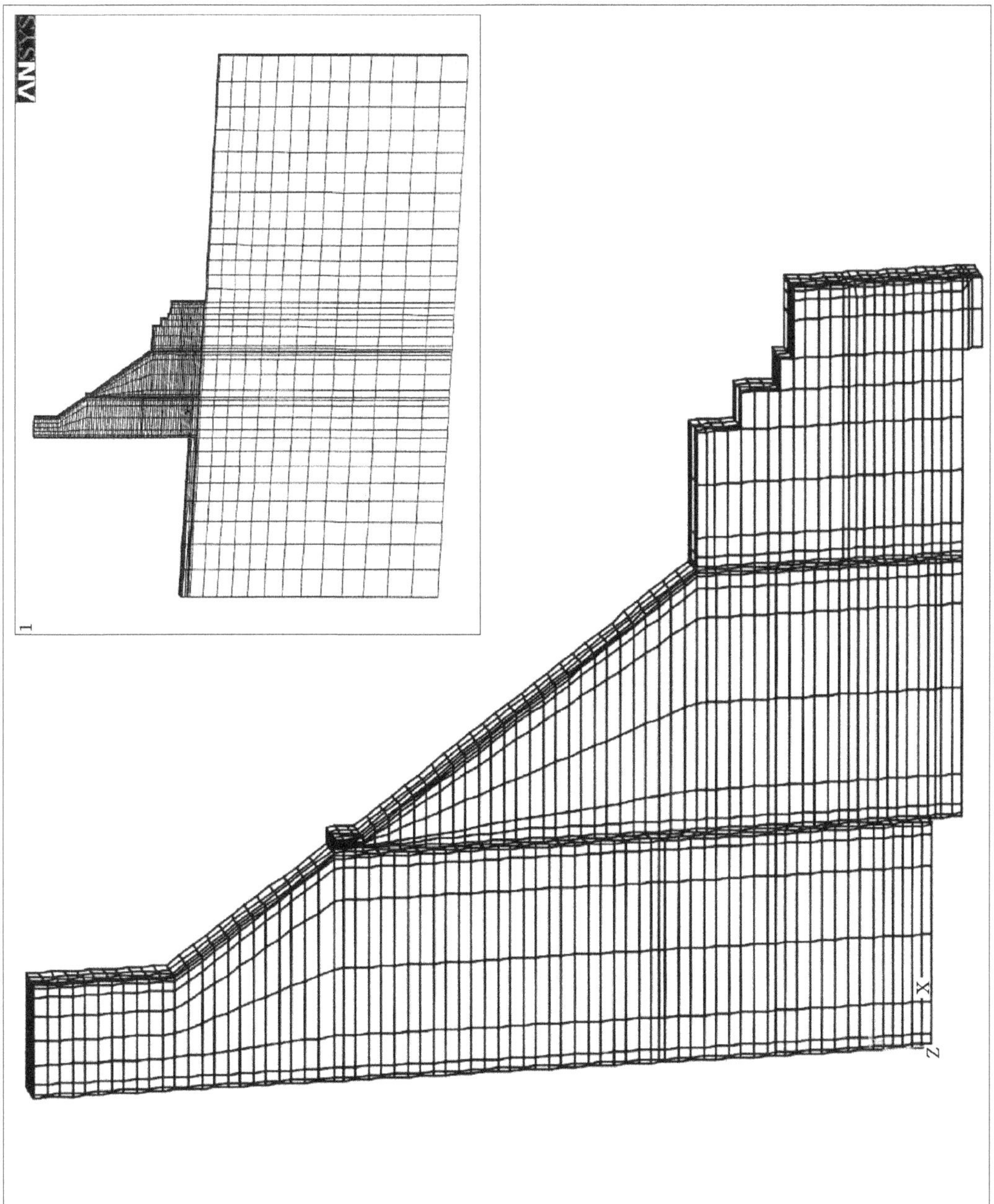

图 2.4　实体坝段计算网格（坝体）

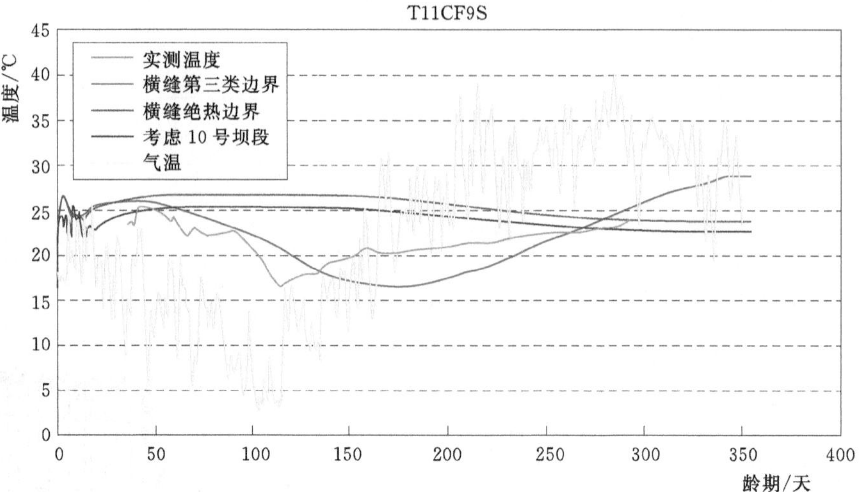

图 2.5　T11CF9S 实测温度与计算温度对比曲线

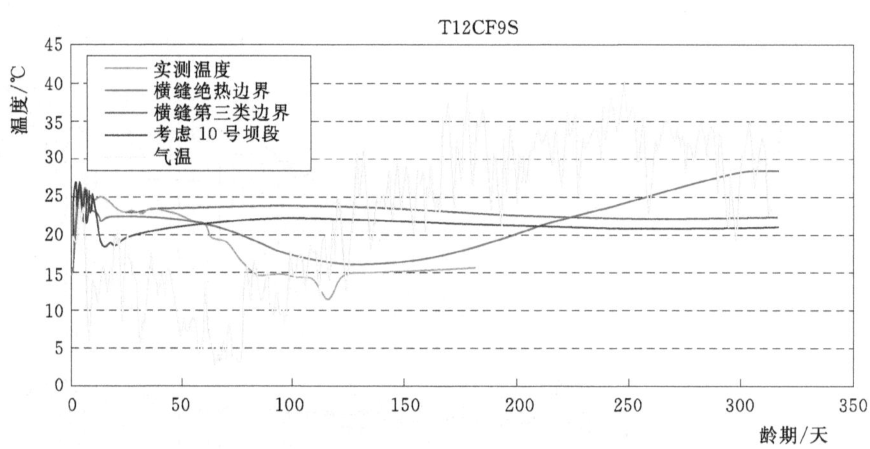

图 2.6　T12CF9S 实测温度与计算温度对比曲线

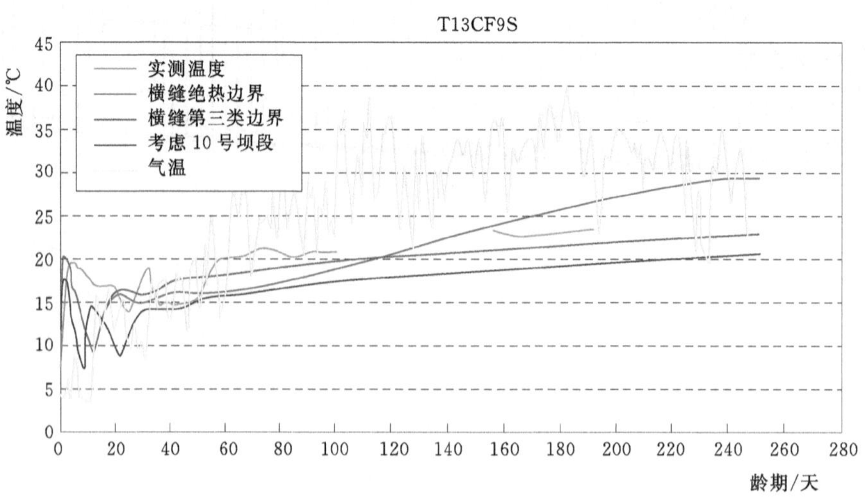

图 2.7　T13CF9S 实测温度与计算温度对比曲线

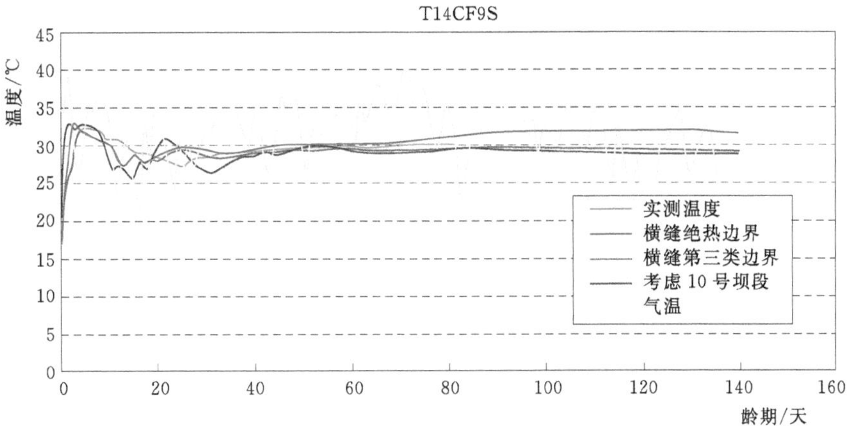

图 2.8　T14CF9S 实测温度与计算温度对比曲线

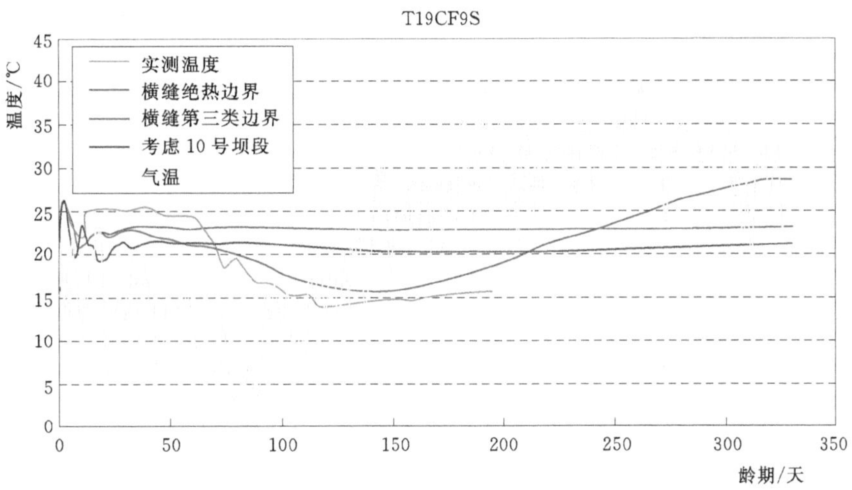

图 2.9　T19CF9S 实测温度与计算温度对比曲线

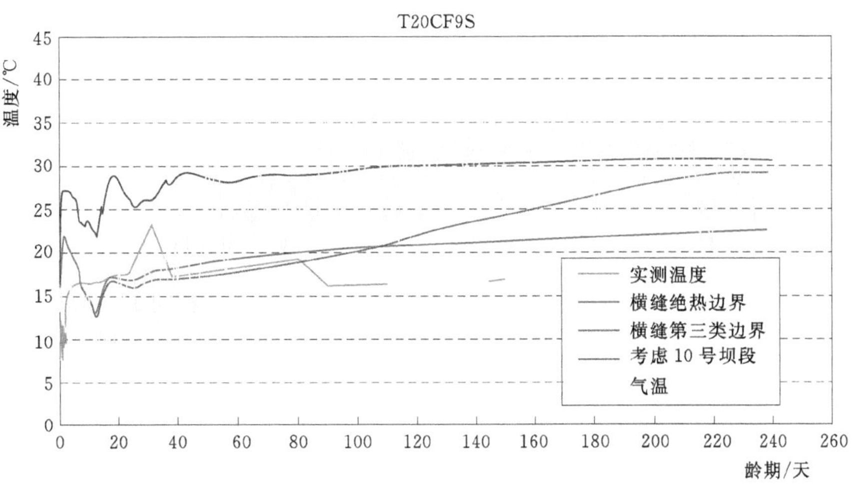

图 2.10　T20CF9S 实测温度与计算温度对比曲线

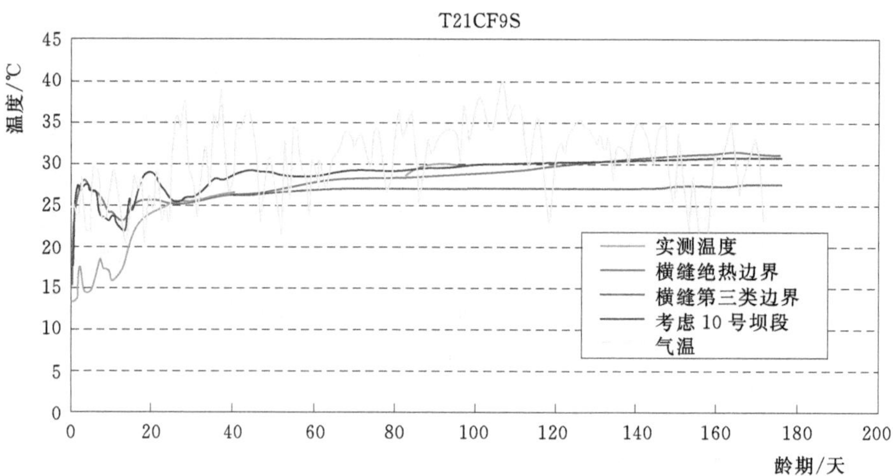

图 2.11　T21CF9S 实测温度与计算温度对比曲线

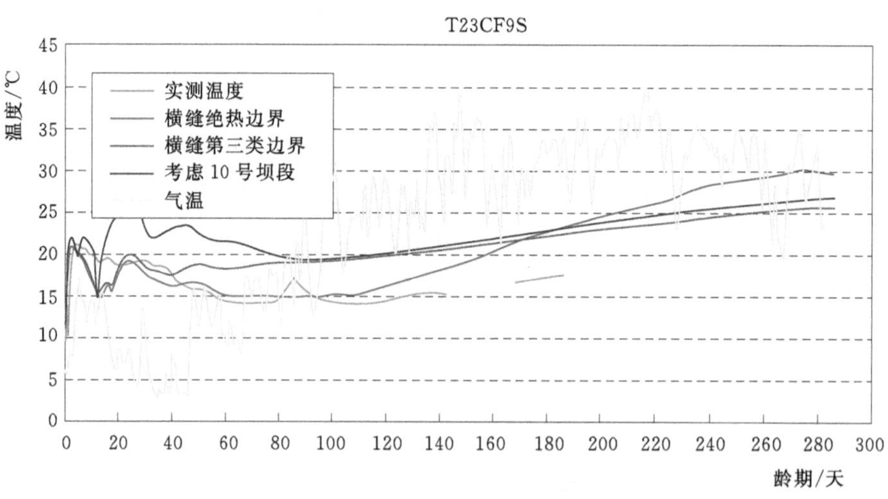

图 2.12　T23CF9S 实测温度与计算温度对比曲线

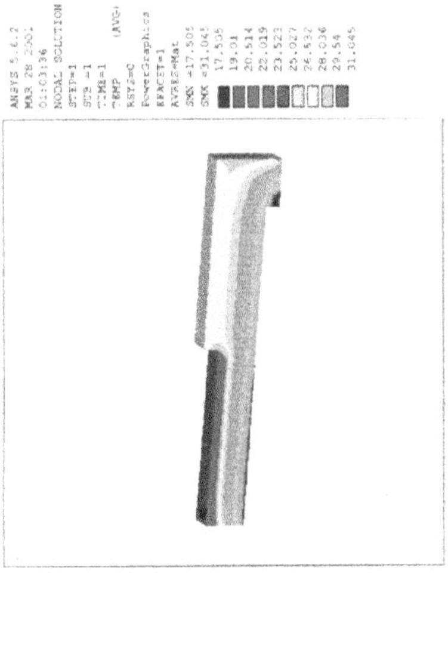

图 2.13　第 17 个仓位浇筑前坝体温度场(第 922 天)

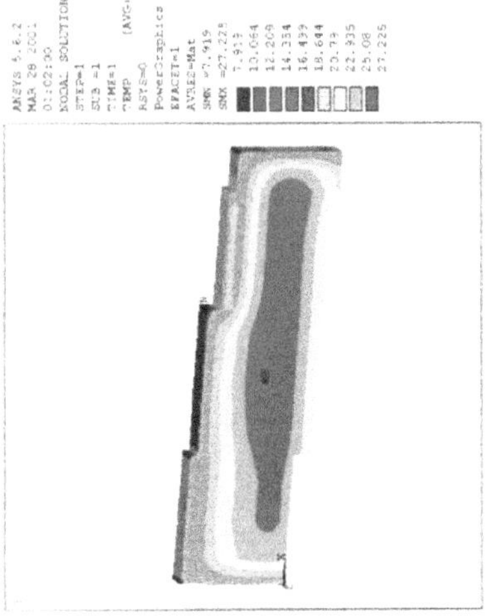

图 2.14　第 54 个仓位浇筑前坝体温度场(第 1090 天)

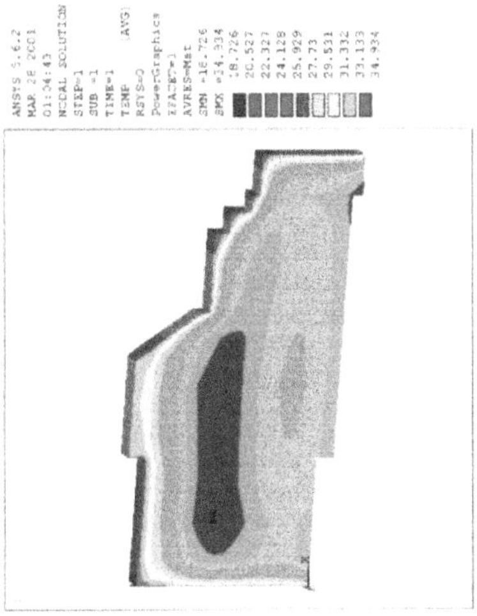

图 2.15　第 83 个仓位浇筑前坝体温度场(第 1285 天)

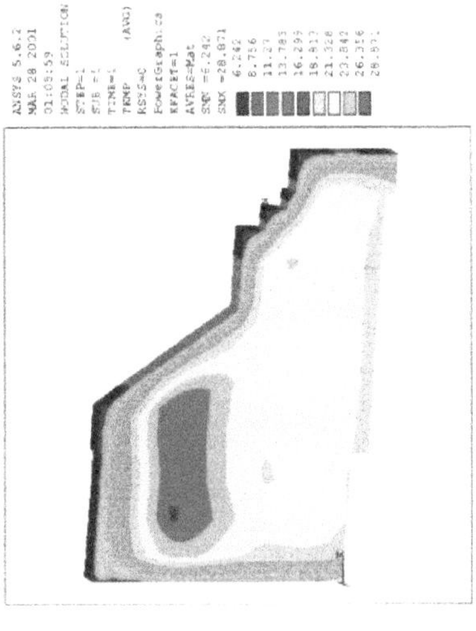

图 2.16　第 107 个仓位浇筑前坝体温度场(第 1469 天)

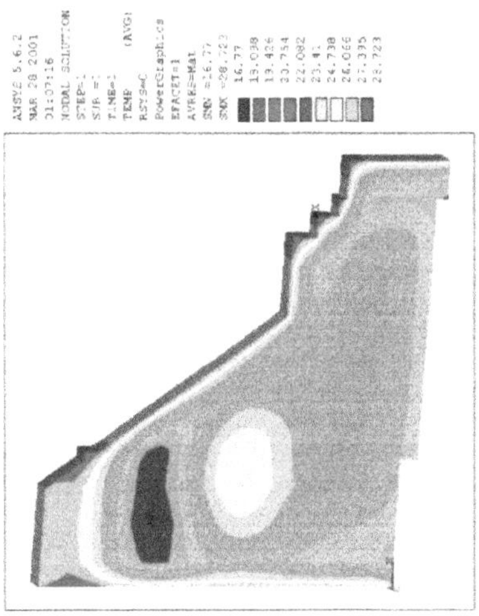

图 2.17　第 129 个仓位浇筑前坝体温度场(第 1645 天)

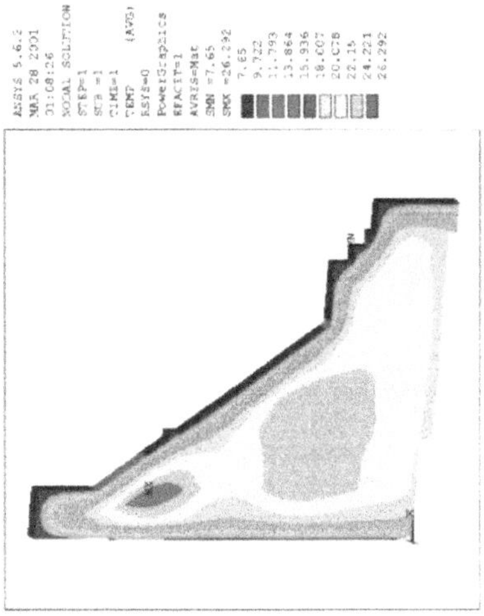

图 2.18　坝体浇筑完毕时温度场(第 1789 天)

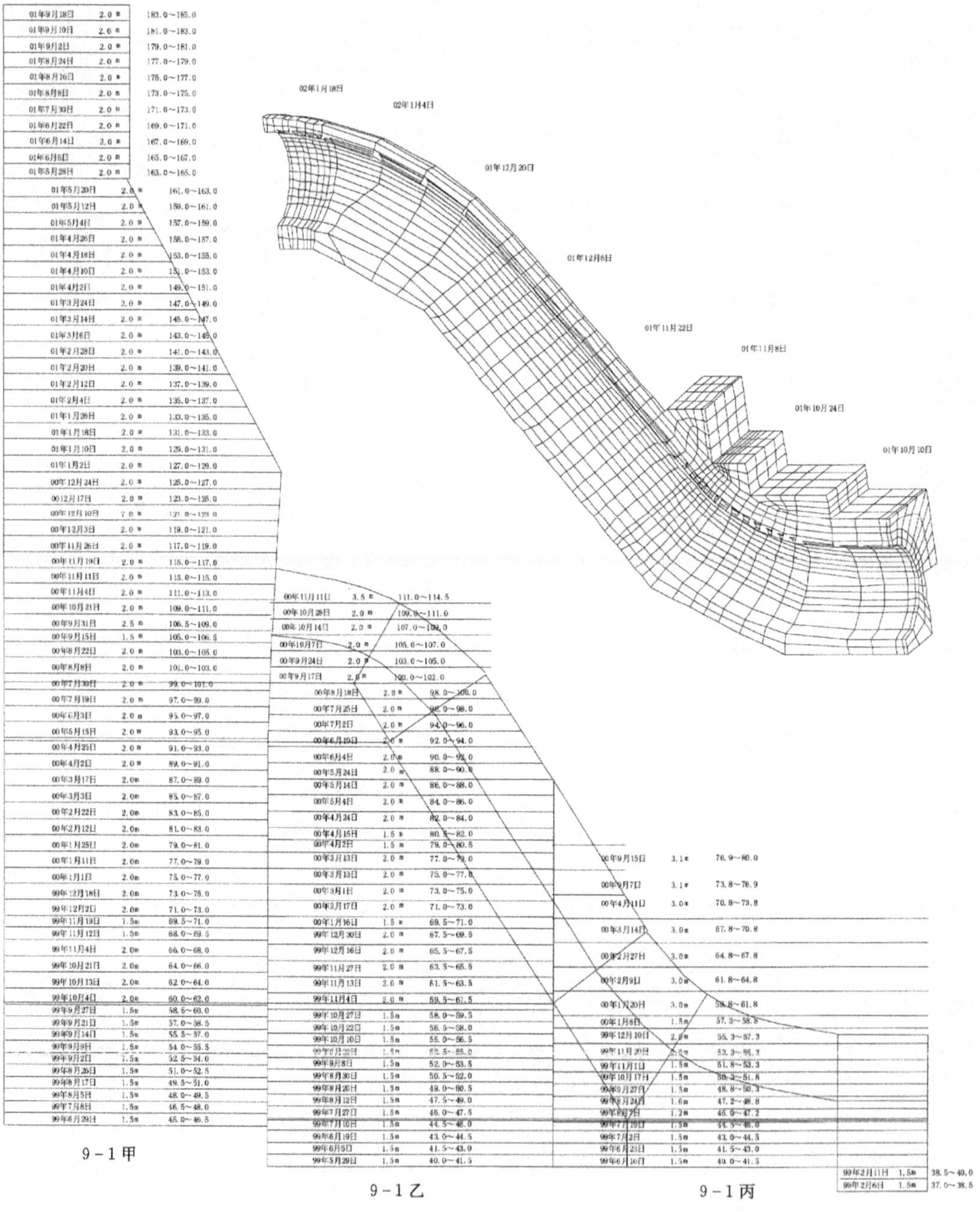

01年9月18日	2.0m	183.0~185.0
01年9月10日	2.0m	181.0~183.0
01年9月2日	2.0m	179.0~181.0
01年8月24日	2.0m	177.0~179.0
01年8月16日	2.0m	175.0~177.0
01年8月8日	2.0m	173.0~175.0
01年7月30日	2.0m	171.0~173.0
01年6月22日	2.0m	169.0~171.0
01年6月14日	2.0m	167.0~169.0
01年6月6日	2.0m	165.0~167.0
01年5月28日	2.0m	163.0~165.0
01年5月20日	2.0m	161.0~163.0
01年5月12日	2.0m	159.0~161.0
01年5月4日	2.0m	157.0~159.0
01年4月26日	2.0m	155.0~157.0
01年4月18日	2.0m	153.0~155.0
01年4月10日	2.0m	151.0~153.0
01年4月2日	2.0m	149.0~151.0
01年3月24日	2.0m	147.0~149.0
01年3月14日	2.0m	145.0~147.0
01年3月6日	2.0m	143.0~145.0
01年2月28日	2.0m	141.0~143.0
01年2月20日	2.0m	139.0~141.0
01年2月12日	2.0m	137.0~139.0
01年2月4日	2.0m	135.0~137.0
01年1月26日	2.0m	133.0~135.0
01年1月18日	2.0m	131.0~133.0
01年1月10日	2.0m	129.0~131.0
01年1月2日	2.0m	127.0~129.0
00年12月24日	2.0m	125.0~127.0
0012月17日	2.0m	123.0~125.0
00年12月10日	2.0m	121.0~123.0
00年12月3日	2.0m	119.0~121.0
00年11月26日	2.0m	117.0~119.0
00年11月19日	2.0m	115.0~117.0
00年11月11日	2.0m	113.0~115.0
00年11月4日	2.0m	111.0~113.0
00年10月21日	2.0m	109.0~111.0
00年9月31日	2.5m	106.5~109.0
00年9月15日	1.5m	105.0~106.5
00年8月22日	2.0m	103.0~105.0
00年8月8日	2.0m	101.0~103.0
00年7月30日	2.0m	99.0~101.0
00年7月19日	2.0m	97.0~99.0
00年6月3日	2.0m	95.0~97.0
00年5月15日	2.0m	93.0~95.0
00年4月25日	2.0m	91.0~93.0
00年4月2日	2.0m	89.0~91.0
00年3月17日	2.0m	87.0~89.0
00年3月3日	2.0m	85.0~87.0
00年2月22日	2.0m	83.0~85.0
00年2月12日	2.0m	81.0~83.0
00年1月25日	2.0m	79.0~81.0
00年1月11日	2.0m	77.0~79.0
00年1月1日	2.0m	75.0~77.0
99年12月18日	2.0m	73.0~75.0
99年12月2日	2.0m	71.0~73.0
99年11月19日	1.5m	69.5~71.0
99年11月12日	1.5m	68.0~69.5
99年11月4日	2.0m	66.0~68.0
99年10月21日	2.0m	64.0~66.0
99年10月13日	2.0m	62.0~64.0
99年10月4日	2.0m	60.0~62.0
99年9月27日	1.5m	58.5~60.0
99年9月21日	1.5m	57.0~58.5
99年9月14日	1.5m	55.5~57.0
99年9月9日	1.5m	54.0~55.5
99年9月2日	1.5m	52.5~54.0
99年8月26日	1.5m	51.0~52.5
99年8月17日	1.5m	49.5~51.0
99年8月5日	1.5m	48.0~49.5
99年7月8日	1.5m	46.5~48.0
99年6月29日	1.5m	45.0~46.5

9-1甲

00年11月11日	3.5m	111.0~114.5
00年10月28日	2.0m	109.0~111.0
00年10月14日	2.0m	107.0~109.0
00年10月7日	2.0m	105.0~107.0
00年9月24日	2.0m	103.0~105.0
00年9月17日	2.0m	100.0~102.0
00年8月18日	2.0m	98.0~100.0
00年7月25日	2.0m	96.0~98.0
00年7月2日	2.0m	94.0~96.0
00年6月19日	2.0m	92.0~94.0
00年6月4日	2.0m	90.0~92.0
00年5月24日	2.0m	88.0~90.0
00年5月14日	2.0m	86.0~88.0
00年5月4日	2.0m	84.0~86.0
00年4月24日	2.0m	82.0~84.0
00年4月15日	1.5m	80.5~82.0
00年4月2日	1.5m	79.0~80.5
00年3月13日	2.0m	77.0~79.0
00年3月13日	2.0m	75.0~77.0
00年3月1日	2.0m	73.0~75.0
00年2月17日	2.0m	71.0~73.0
00年1月16日	1.5m	69.5~71.0
99年12月30日	2.0m	67.5~69.5
99年12月16日	2.0m	65.5~67.5
99年11月27日	2.0m	63.5~65.5
99年11月13日	2.0m	61.5~63.5
99年11月4日	2.0m	59.5~61.5
99年10月27日	1.5m	58.0~59.5
99年10月22日	1.5m	56.5~58.0
99年10月10日	1.5m	55.0~56.5
99年9月22日	1.5m	53.5~55.0
99年9月8日	1.5m	52.0~53.5
99年8月30日	1.5m	50.5~52.0
99年8月20日	1.5m	49.0~50.5
99年8月12日	1.5m	47.5~49.0
99年7月27日	1.5m	46.0~47.5
99年7月10日	1.5m	44.5~46.0
99年6月19日	1.5m	43.0~44.5
99年6月5日	1.5m	41.5~43.0
99年5月29日	1.5m	40.0~41.5

9-1乙

00年9月15日	3.1m	76.9~80.0
00年9月7日	3.1m	73.8~76.9
00年4月11日	3.0m	70.8~73.8
00年3月14日	3.0m	67.8~70.8
00年2月27日	3.0m	64.8~67.8
00年2月9日	3.0m	61.8~64.8
00年1月20日	3.0m	58.8~61.8
00年1月8日	1.5m	57.3~58.8
99年12月10日	2.0m	55.3~57.3
99年11月20日	2.0m	53.3~55.3
99年11月1日	1.5m	51.8~53.3
99年10月17日	1.5m	50.3~51.8
99年9月27日	1.5m	48.8~50.3
99年8月24日	1.6m	47.2~48.8
99年8月7日	1.2m	46.0~47.2
99年7月19日	1.5m	44.5~46.0
99年7月2日	1.5m	43.0~44.5
99年6月23日	1.5m	41.5~43.0
99年6月16日	1.5m	40.0~41.5

9-1丙

99年2月11日	1.5m	38.5~40.0
99年2月6日	1.5m	37.0~38.5

02年1月18日
02年1月4日
01年12月20日
01年12月6日
01年11月22日
01年11月8日
01年10月24日
01年10月10日

图 2.19　钢管坝段跳仓浇筑时间

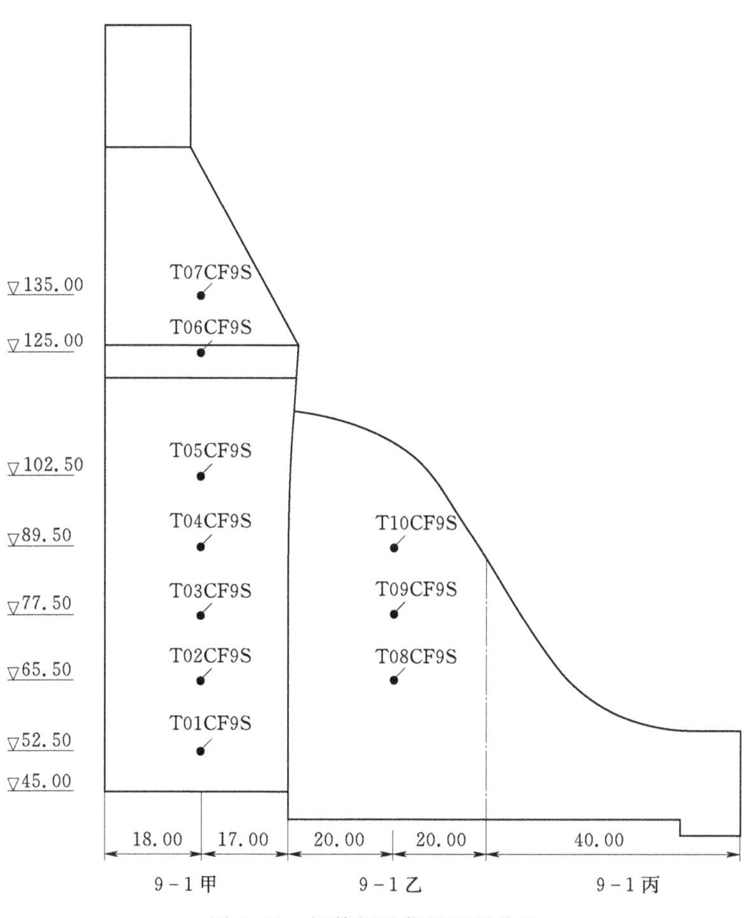

图2.20　钢管坝段仪器埋设位置

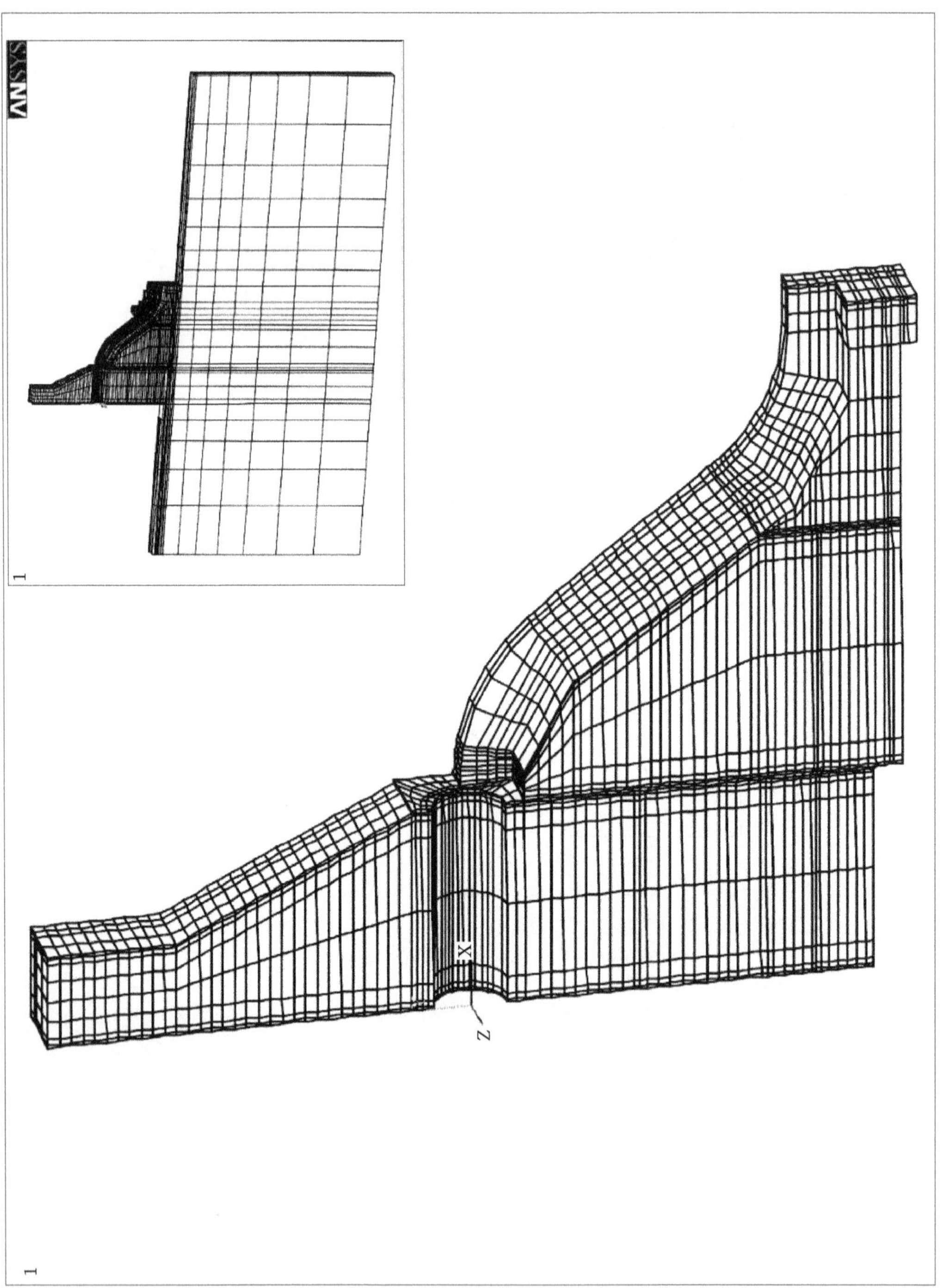

图 2.21　钢管坝段计算网格（坝体）

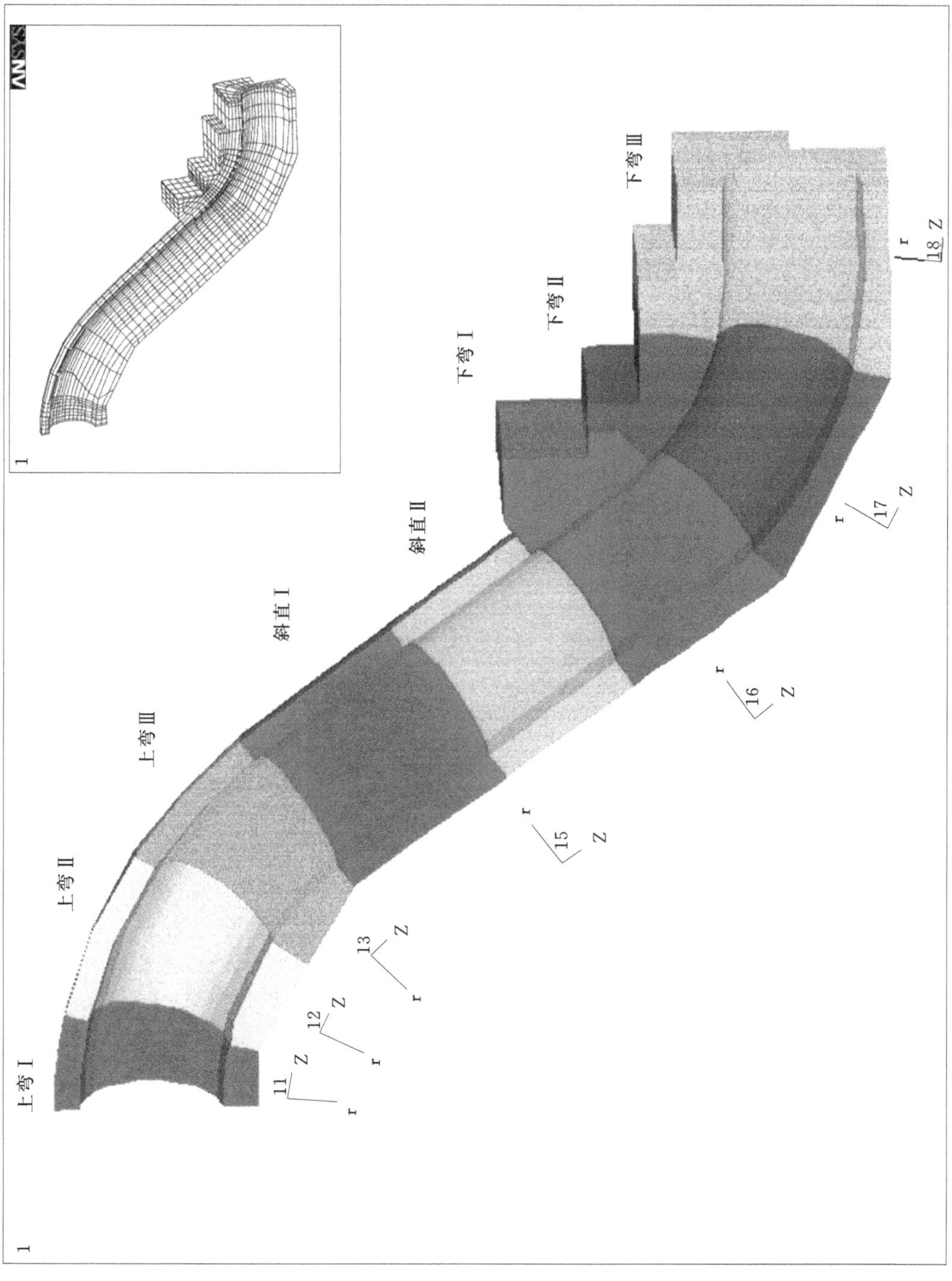

图 2.22　管道浇筑顺序及管道各部分局部坐标系

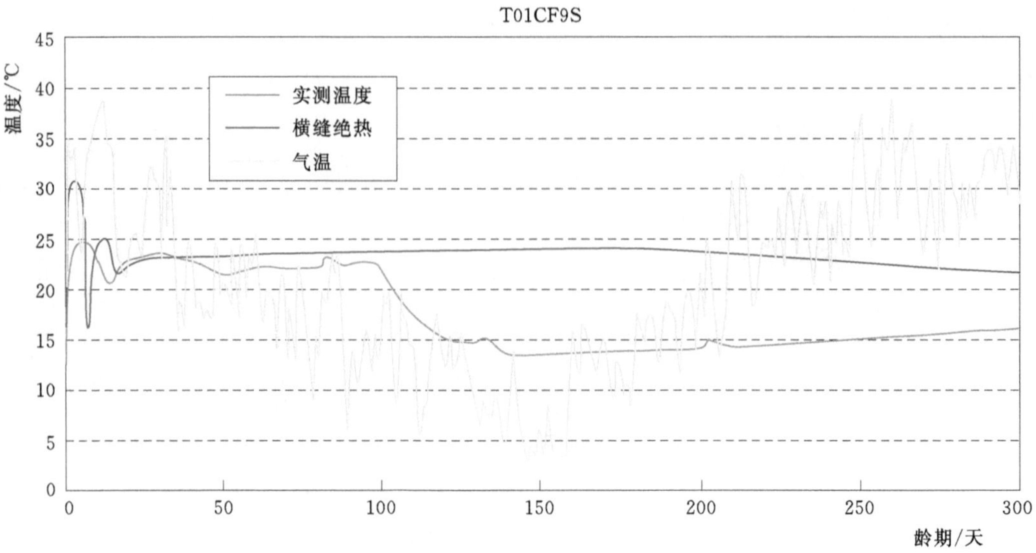

图 2.23　T01CF9S 实测温度与计算温度对比曲线

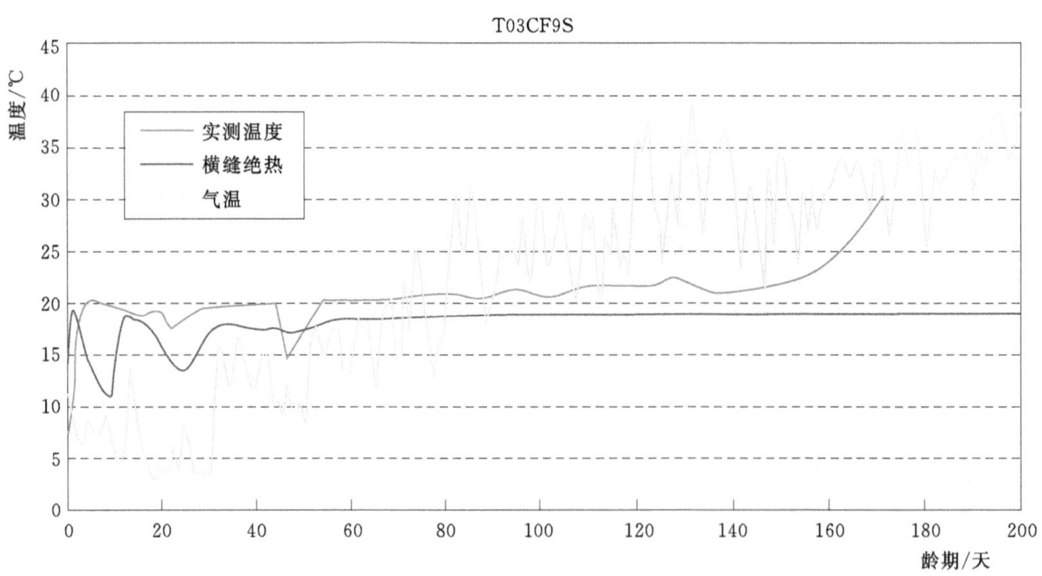

图 2.24　T03CF9S 实测温度与计算温度对比曲线

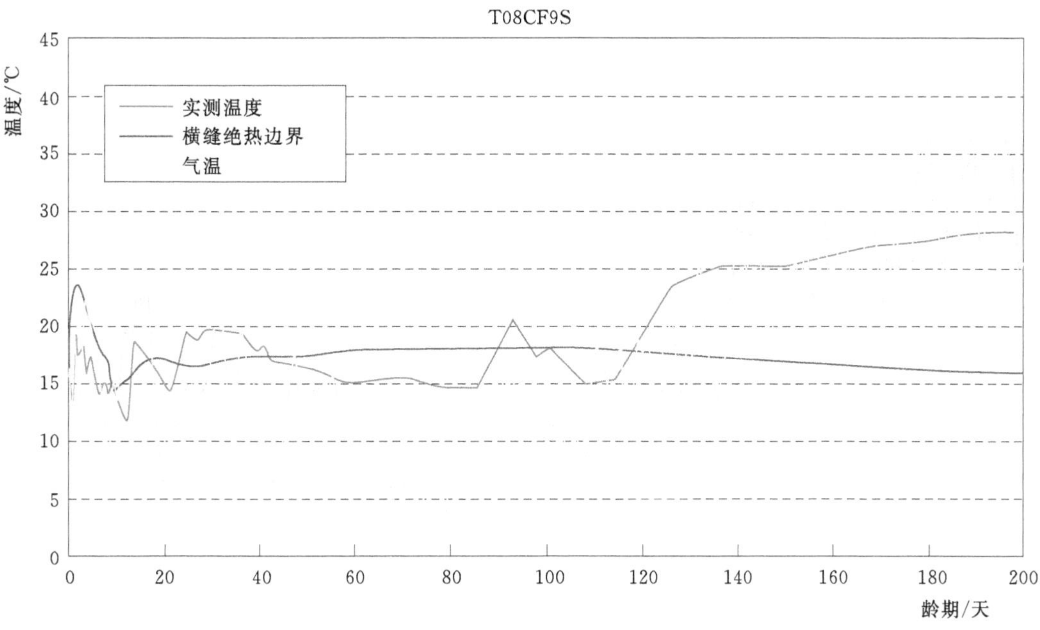

图 2.25　T08CF9S 实测温度与计算温度对比曲线

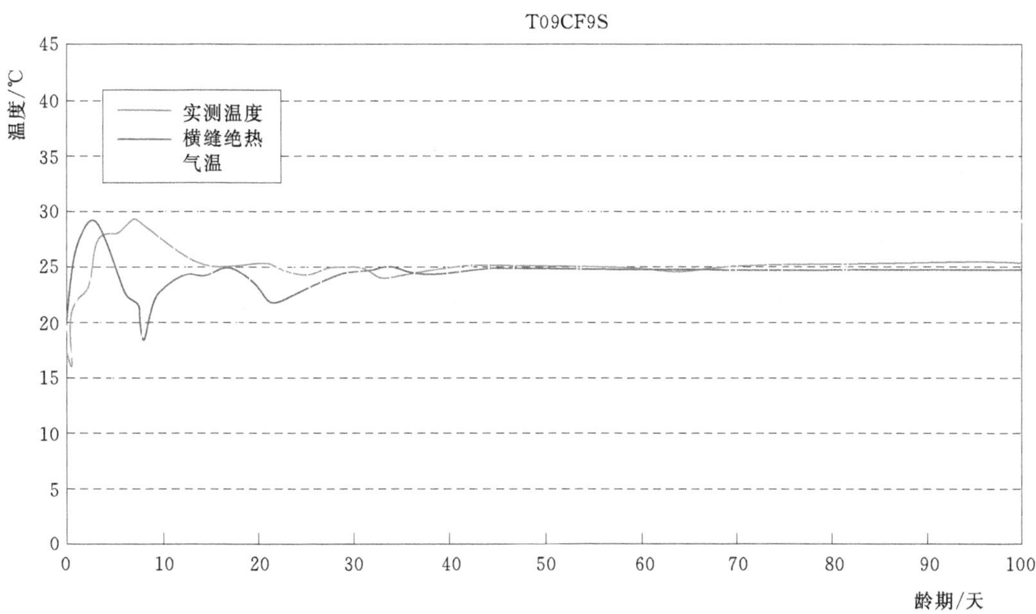

图 2.26　T09CF9S 实测温度与计算温度对比曲线

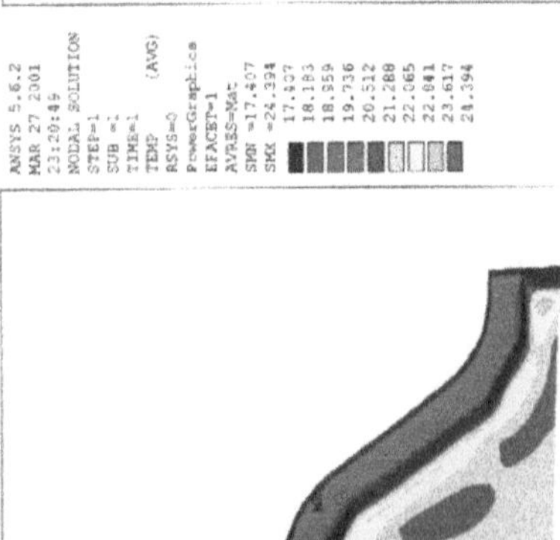
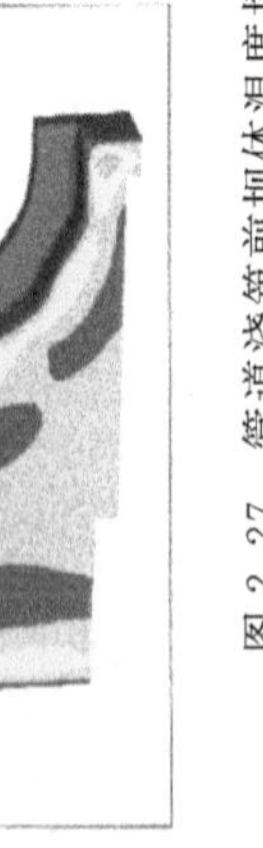

图 2.27　管道浇筑前坝体温度场

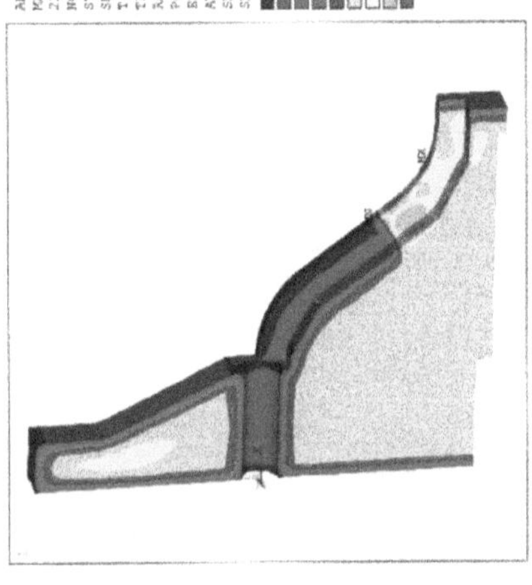

图 2.28　下弯Ⅰ浇筑完毕 14 天坝体温度场

图 2.29　斜直Ⅱ浇筑完毕 14 天坝体温度场

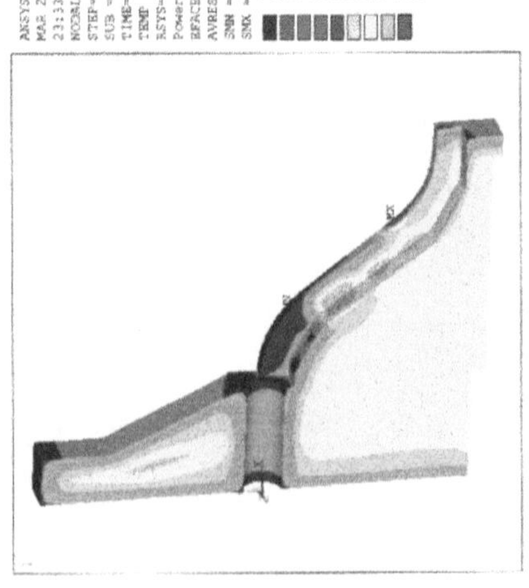

图 2.30　斜直Ⅰ浇筑完毕 14 天坝体温度场

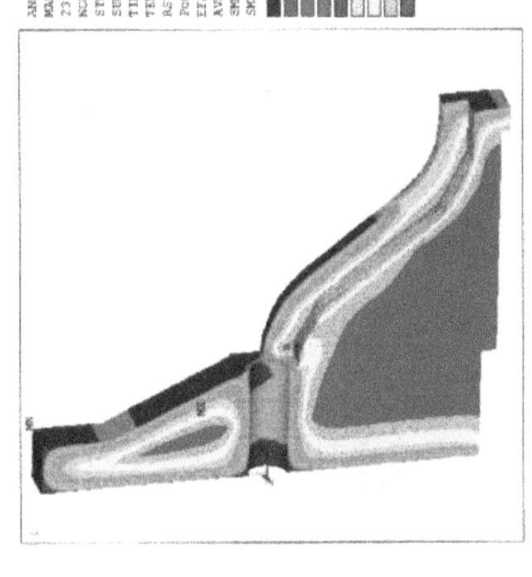

图 2.31　上弯Ⅰ浇筑完毕 14 天坝体温度场

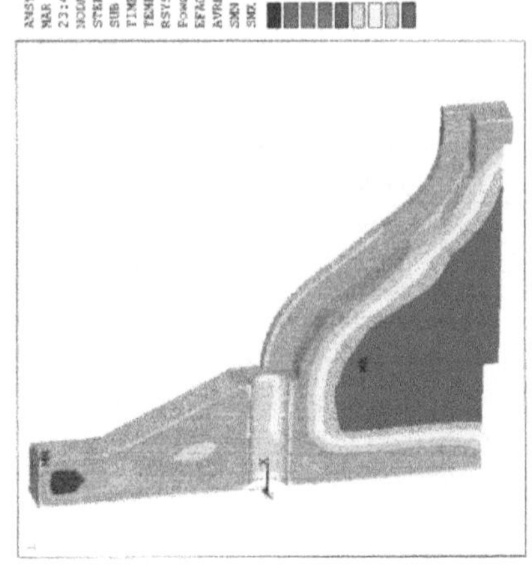

图 2.32　管道浇筑完毕 28 天坝体温度场

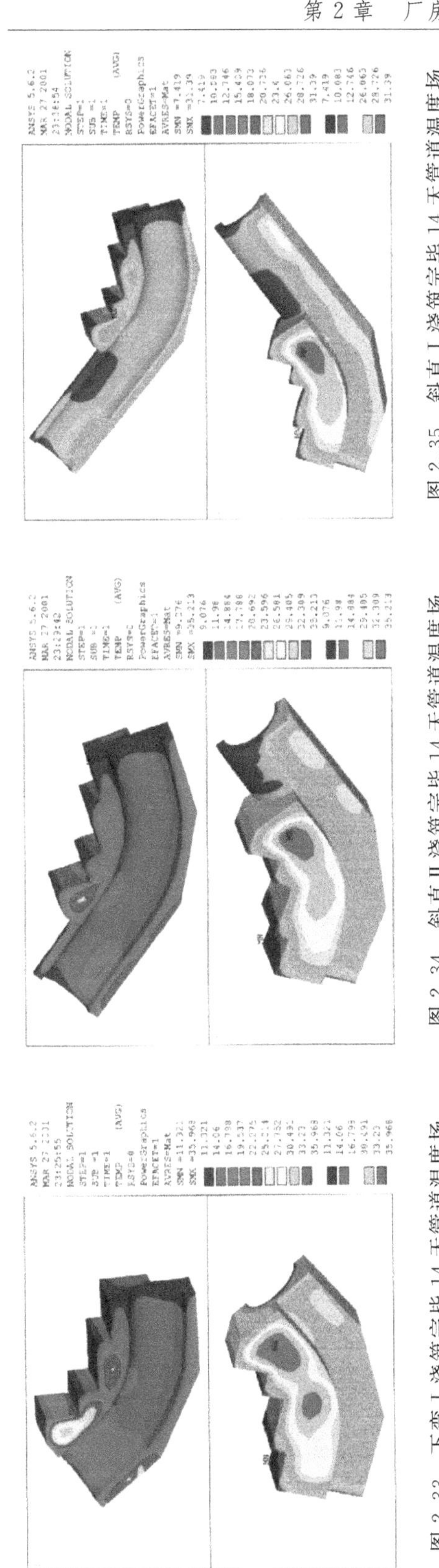

图 2.33　下弯 I 浇筑完毕 14 天管道温度场

图 2.34　斜直 II 浇筑完毕 14 天管道温度场

图 2.35　斜直 I 浇筑完毕 14 天管道温度场

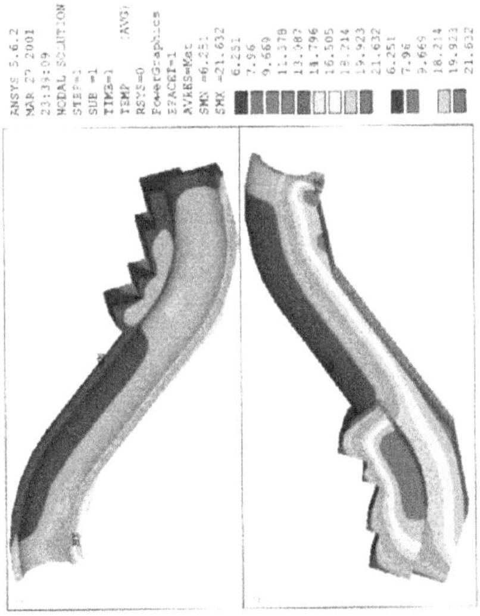

图 2.36　上弯 I 浇筑完毕 14 天管道温度场

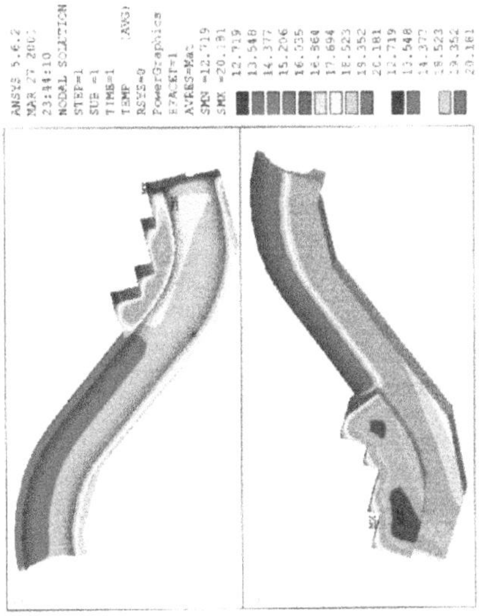

图 2.37　管道浇筑完毕 28 天管道温度场

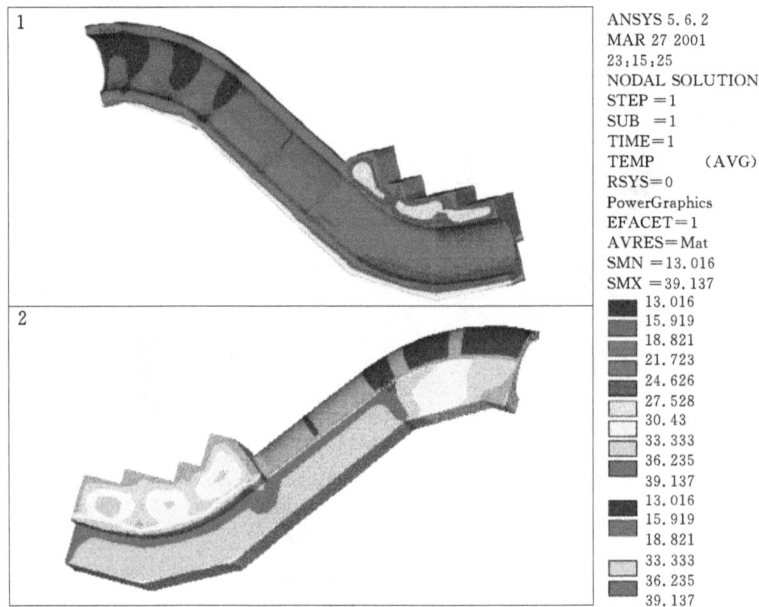

图 2.38　管道施工期间各个位置出现的最大温度

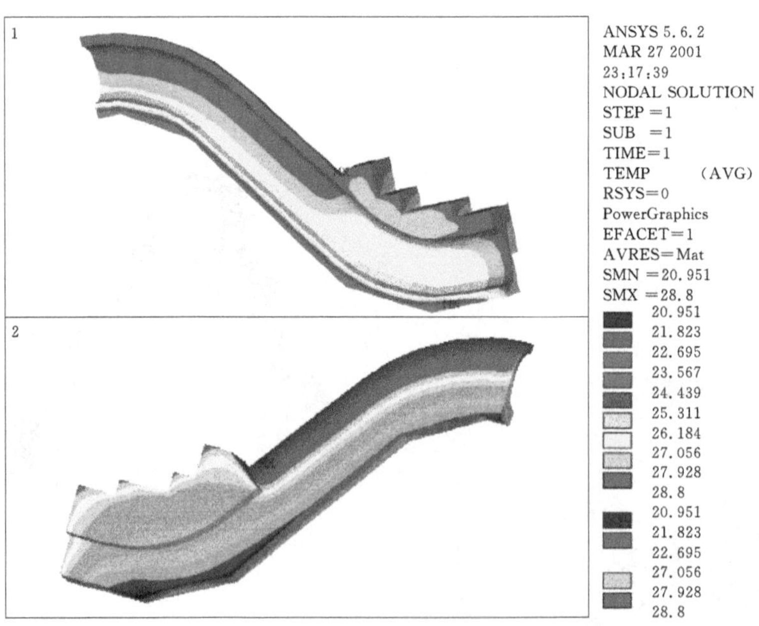

图 2.39　运行期间管道各个位置出现的最大温度

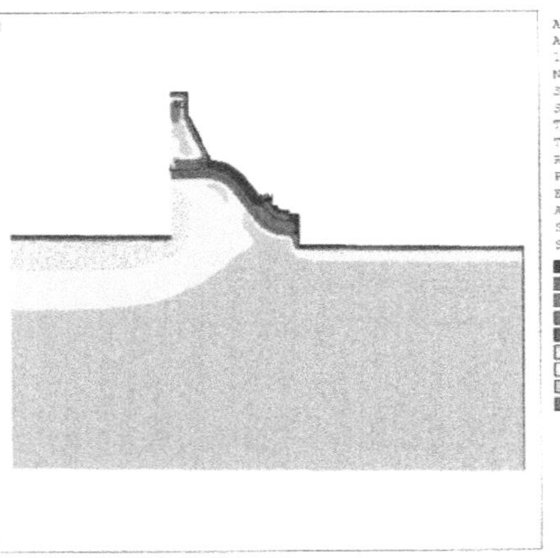

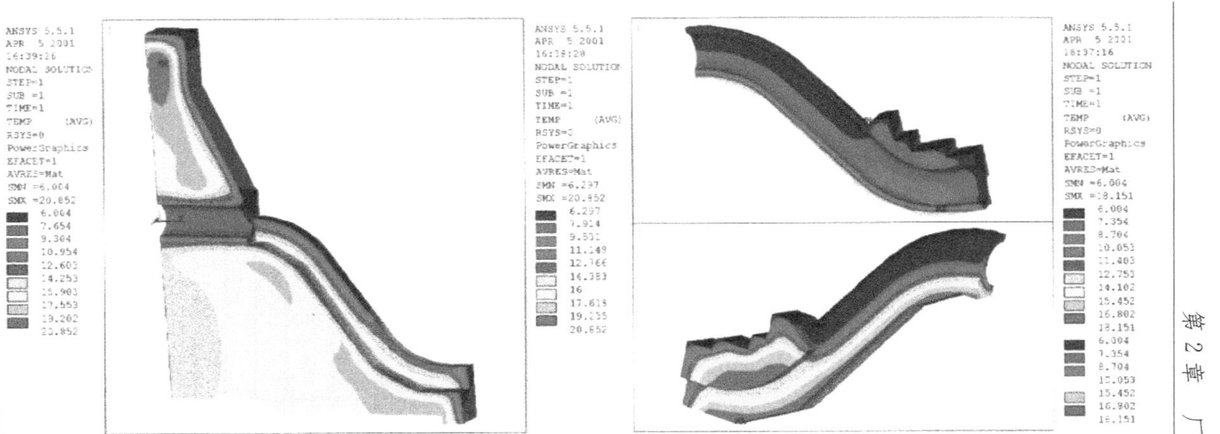

图 2.40　9 号钢管坝段准稳定温度场(1 月)

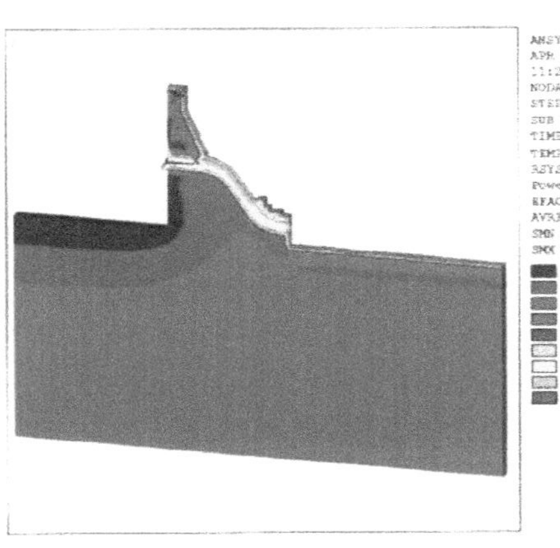

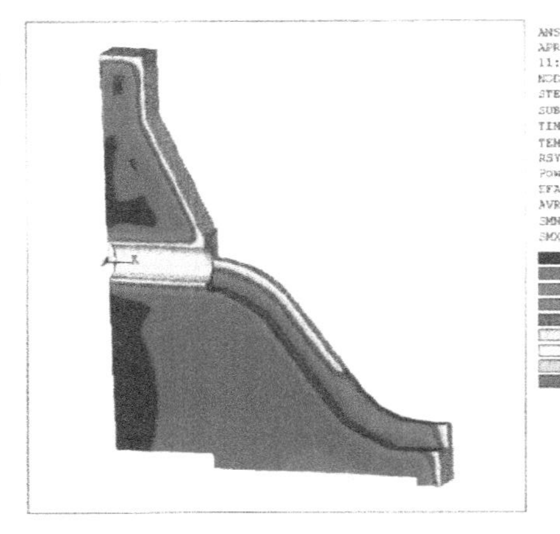

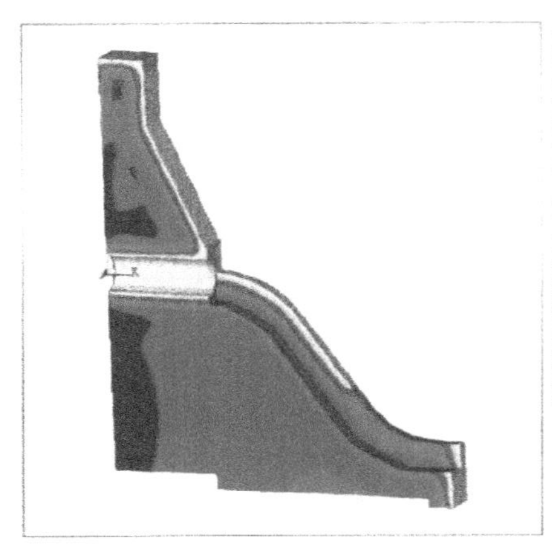

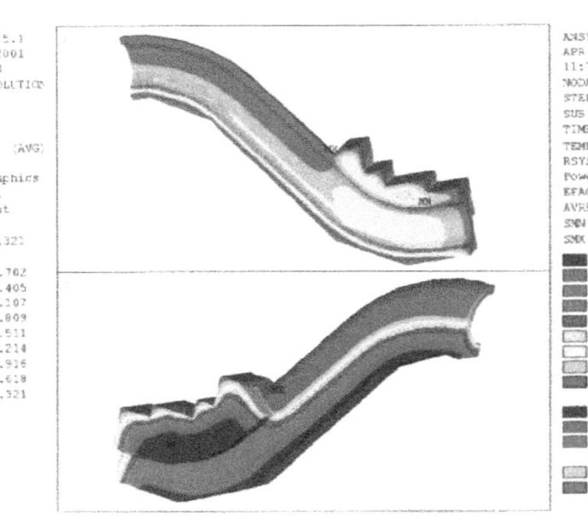

图 2.41　9 号钢管坝段准稳定温度场(7 月)

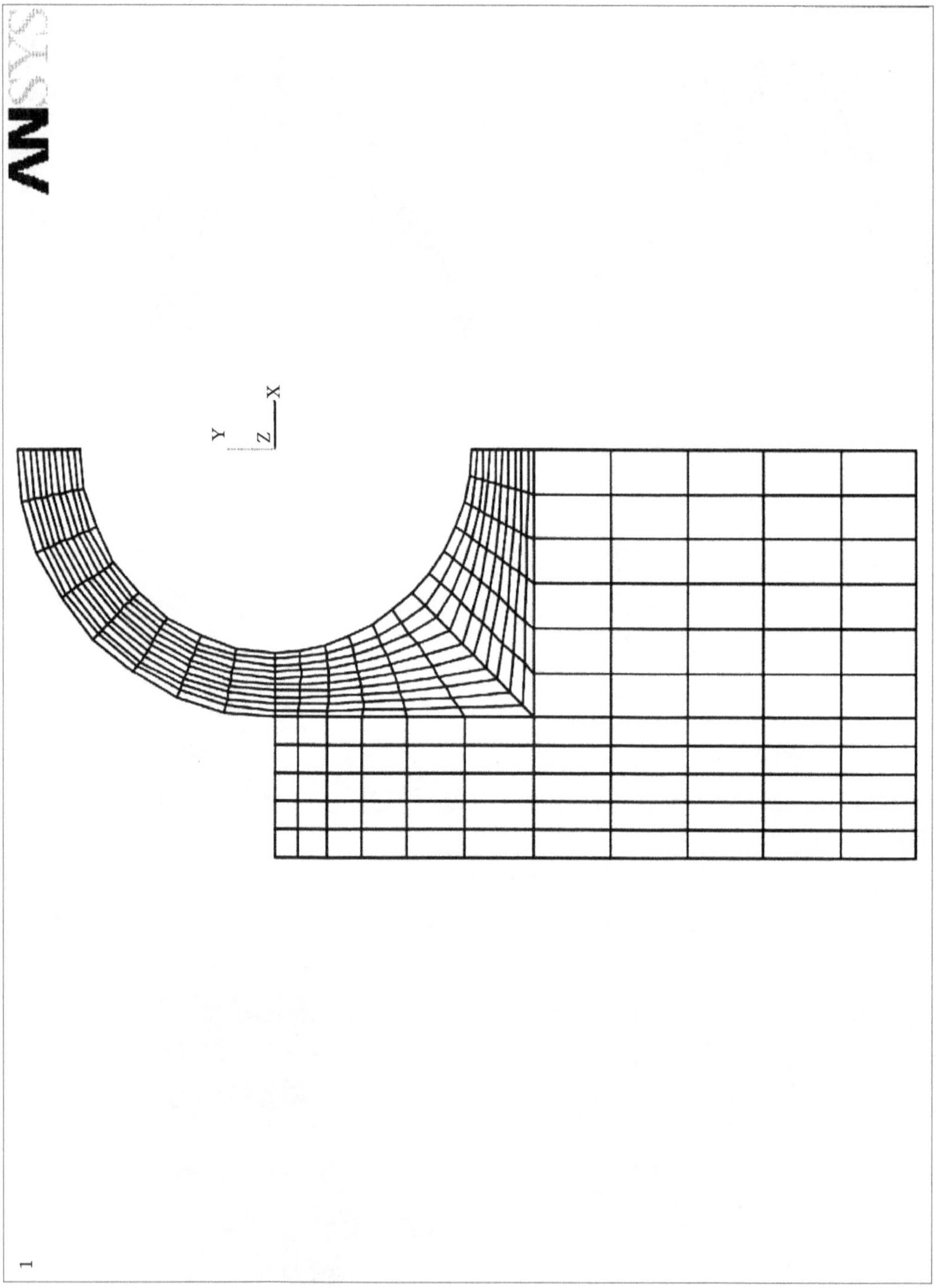

图 2.42　钢管坝段计算网格（管道）

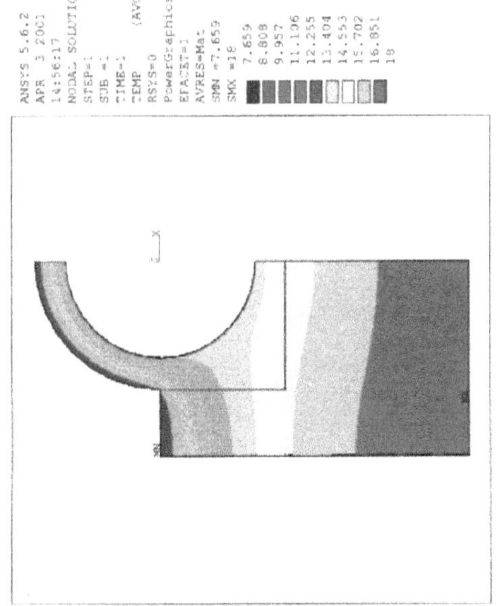

图 2.43　斜直段准稳定温度场剖面（1 月）

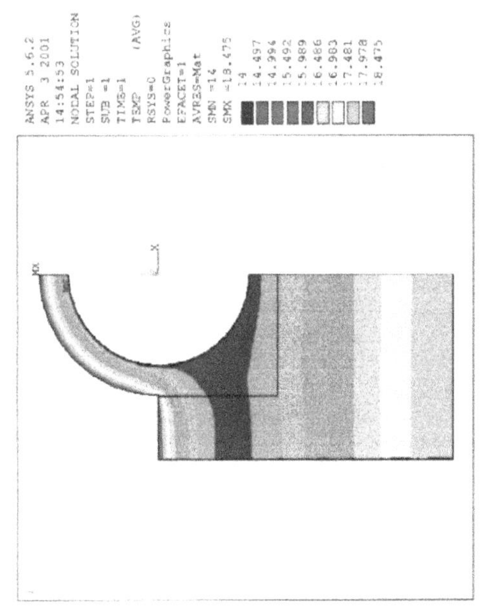

图 2.44　斜直段准稳定温度场剖面（4 月）

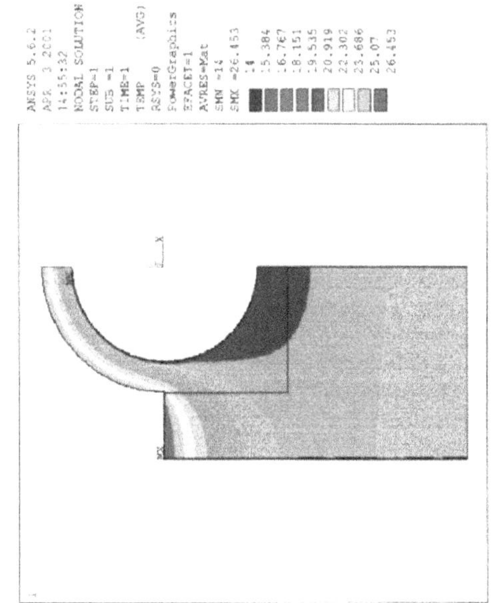

图 2.45　斜直段准稳定温度场剖面（7 月）

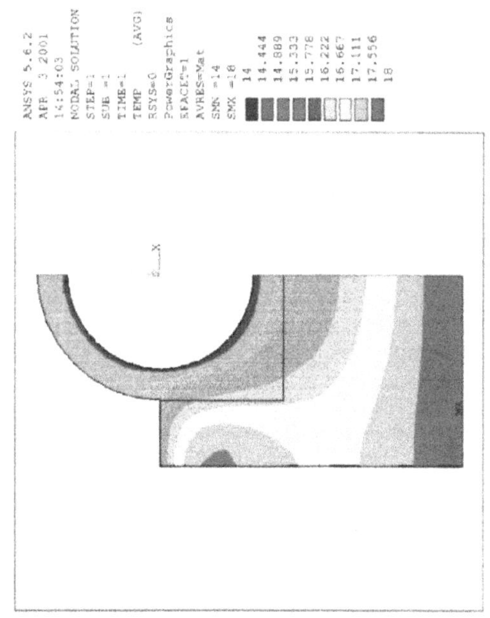

图 2.46　斜直段准稳定温度场剖面（10 月）

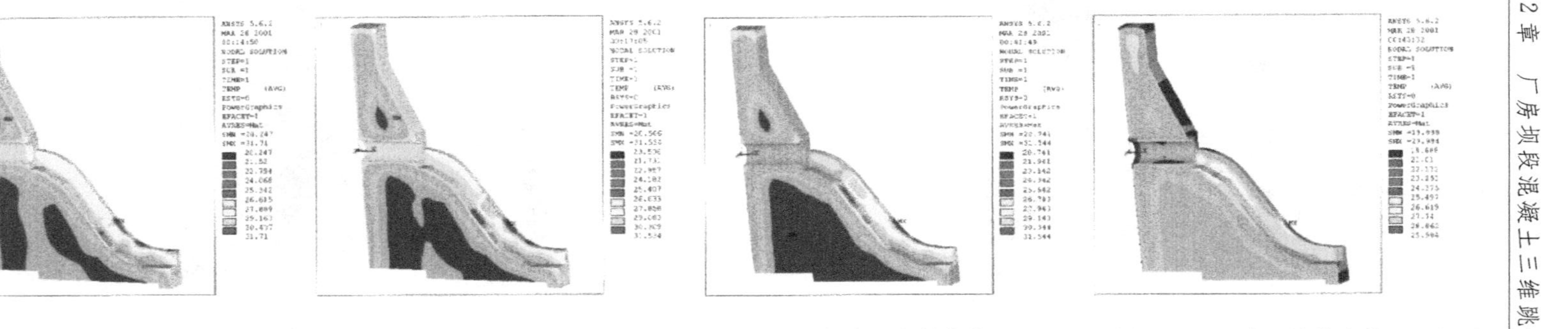

图 2.47　下弯Ⅰ浇筑完毕 14 天坝体温度场

图 2.48　斜直Ⅱ浇筑完毕 14 天坝体温度场

图 2.49　斜直Ⅰ浇筑完毕 14 天坝体温度场

图 2.50　上弯Ⅰ浇筑完毕 14 天坝体温度场

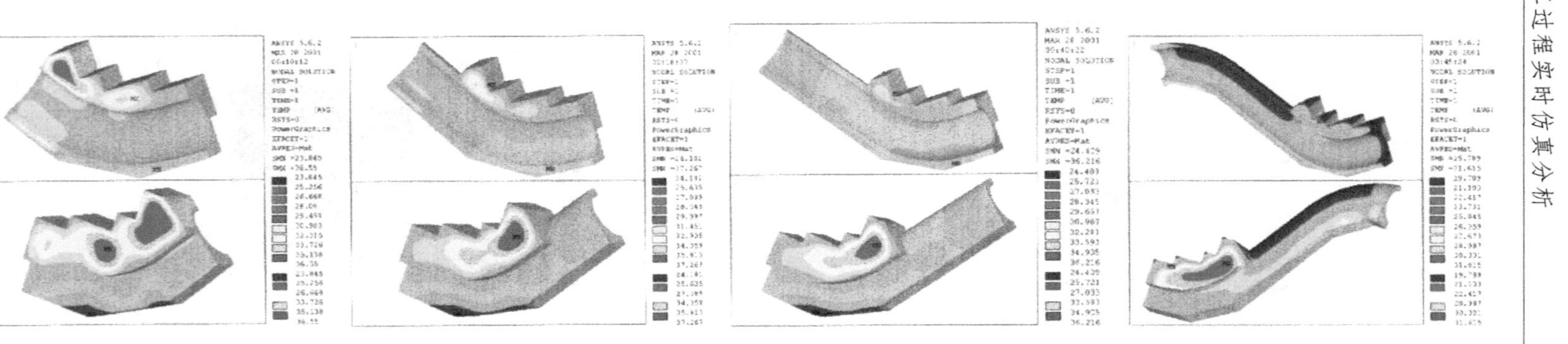

图 2.51　下弯Ⅰ浇筑完毕 14 天管道温度场

图 2.52　斜直Ⅱ浇筑完毕 14 天管道温度场

图 2.53　斜直Ⅰ浇筑完毕 14 天管道温度场

图 2.54　上弯Ⅰ浇筑完毕 14 天管道温度场

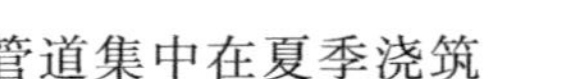

管道集中在夏季浇筑

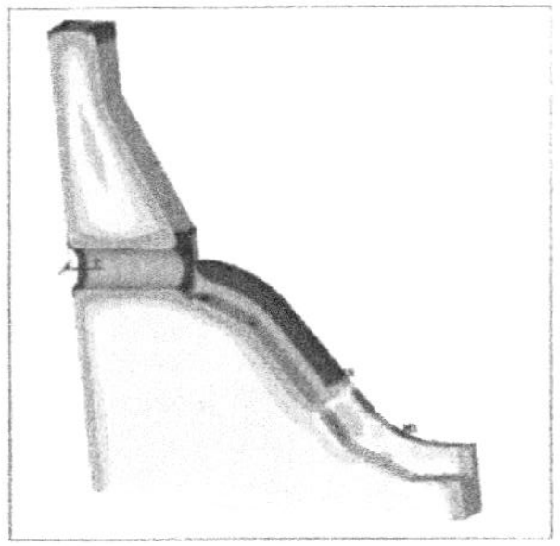

图 2.55　下弯Ⅰ浇筑完毕 14 天坝体温度场

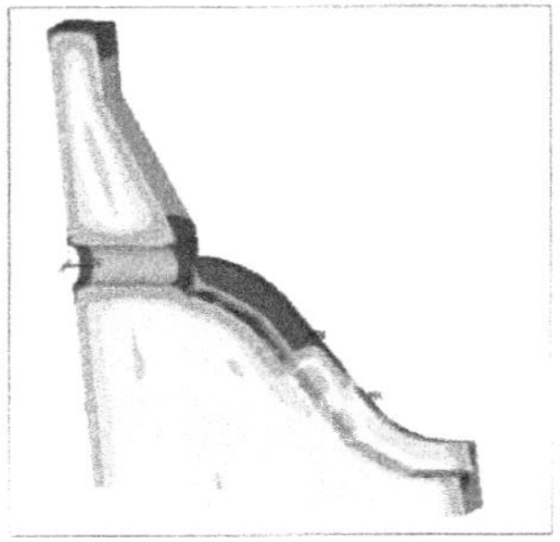

图 2.56　斜直Ⅱ浇筑完毕 14 天坝体温度场

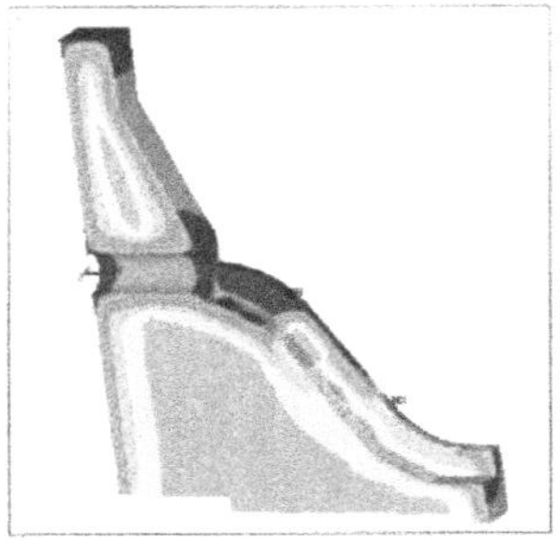

图 2.57　斜直Ⅰ浇筑完毕 14 天坝体温度场

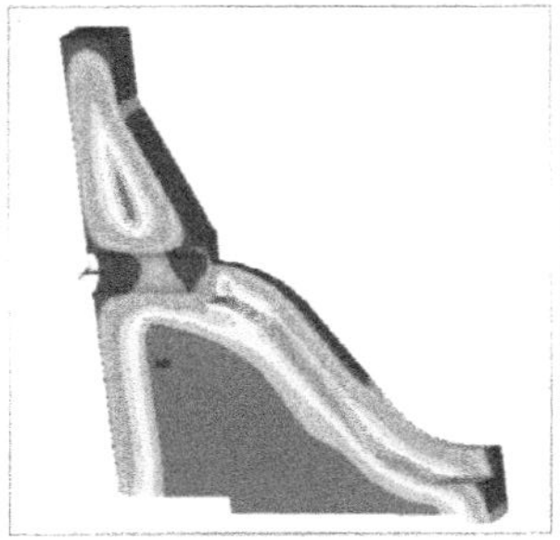

图 2.58　上弯Ⅰ浇筑完毕 14 天坝体温度场

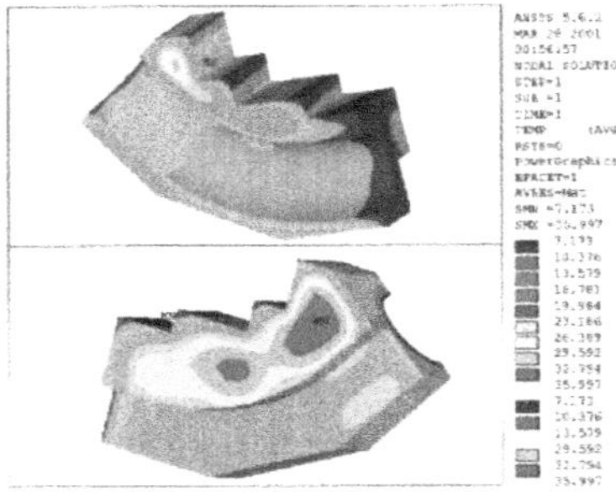

图 2.59　下弯Ⅰ浇筑完毕 14 天管道温度场

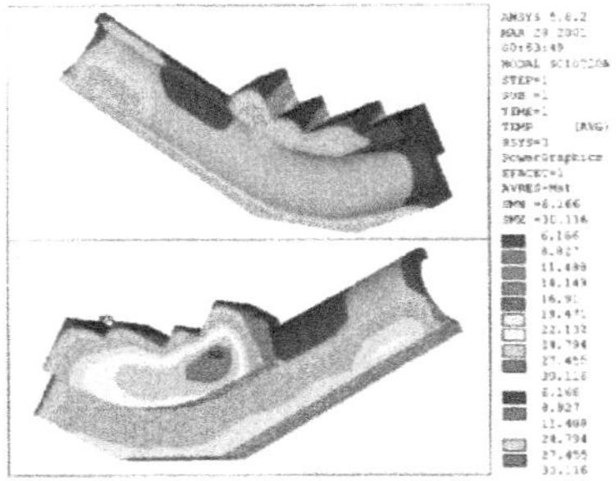

图 2.60　斜直Ⅱ浇筑完毕 14 天管道温度场

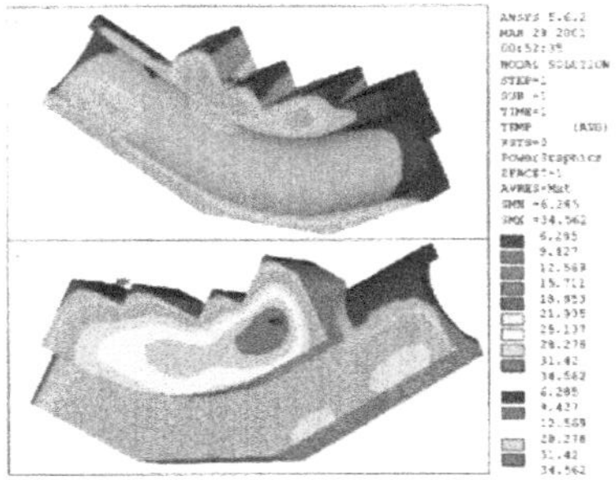

图 2.61　斜直Ⅰ浇筑完毕 14 天管道温度场

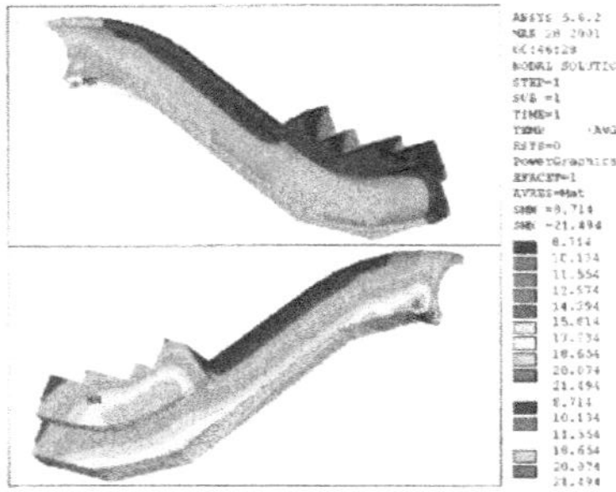

图 2.62　上弯Ⅰ浇筑完毕 14 天管道温度场

管道集中在冬季浇筑

图 2.63　管道浇筑前坝体 X 方向应力

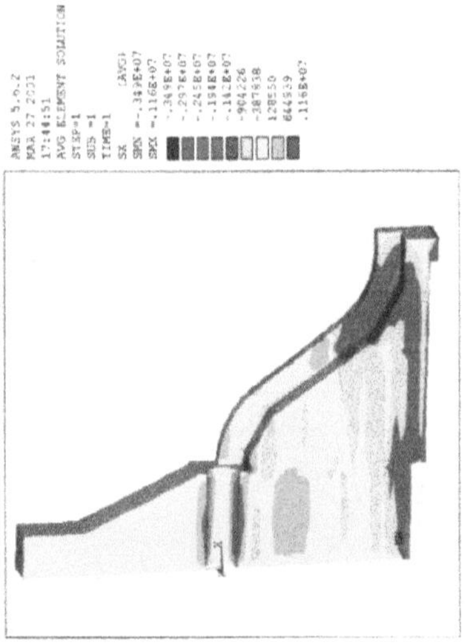

图 2.64　下弯Ⅰ浇筑完毕 14 天坝体 X 方向应力

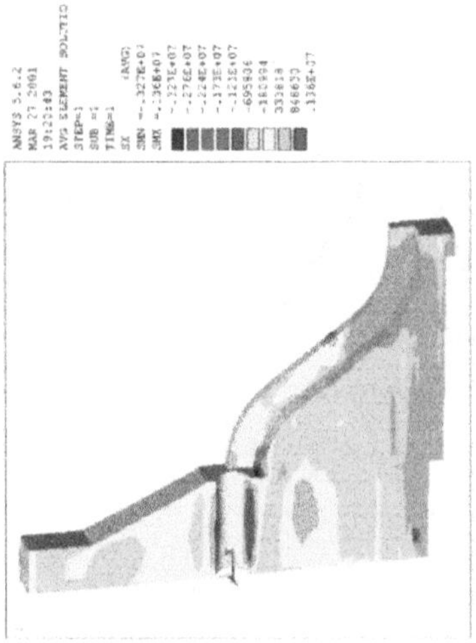

图 2.65　斜直Ⅱ浇筑完毕 14 天坝体 X 方向应力

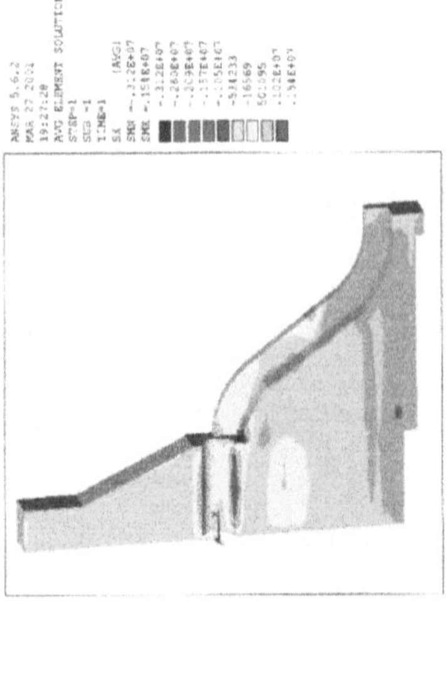

图 2.66　斜直Ⅰ浇筑完毕 14 天坝体 X 方向应力

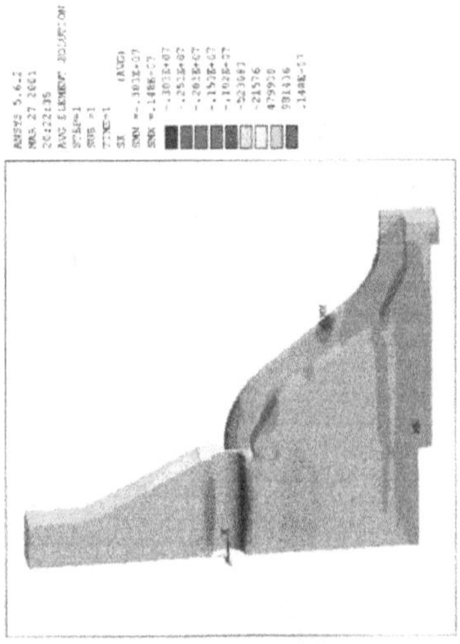

图 2.67　上弯Ⅰ浇筑完毕 14 天坝体 X 方向应力

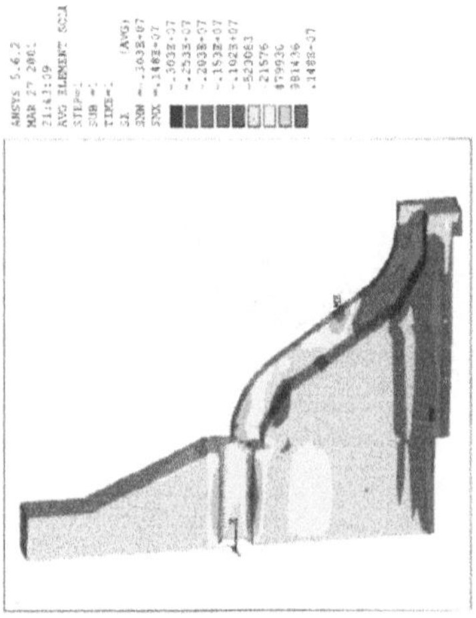

图 2.68　管道浇筑完毕 28 天坝体 X 方向应力

图 2.69　管道浇筑前坝体 Y 方向应力

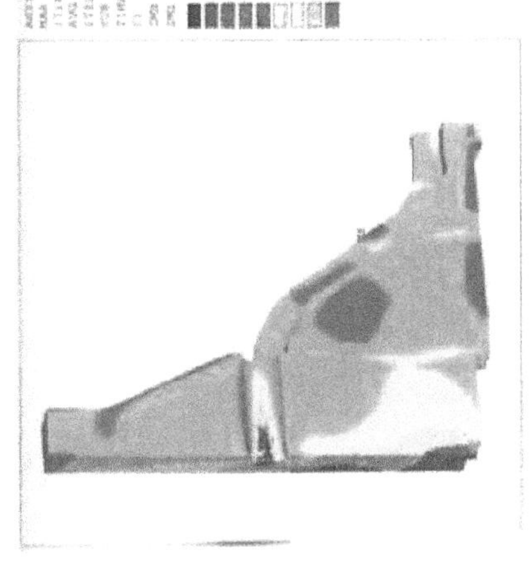

图 2.70　下弯Ⅰ浇筑完毕 14 天坝体 Y 方向应力

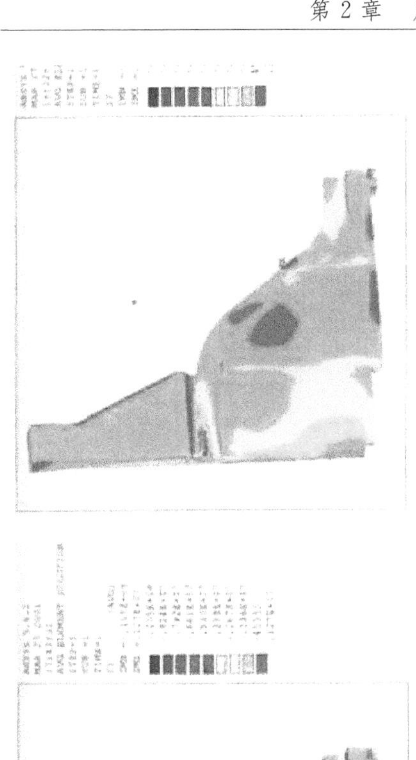

图 2.71　斜直Ⅱ浇筑完毕 14 天坝体 Y 方向应力

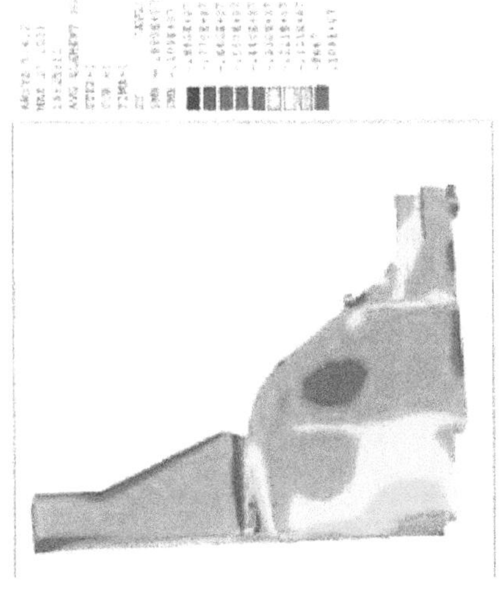

图 2.72　斜直Ⅰ浇筑完毕 14 天坝体 Y 方向应力

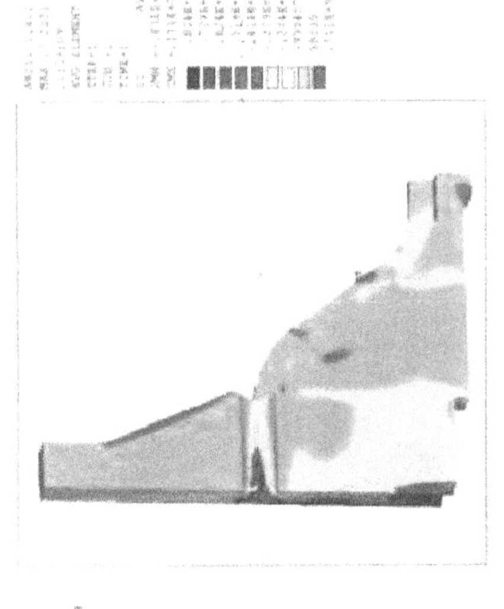

图 2.73　上弯Ⅰ浇筑完毕 14 天坝体 Y 方向应力

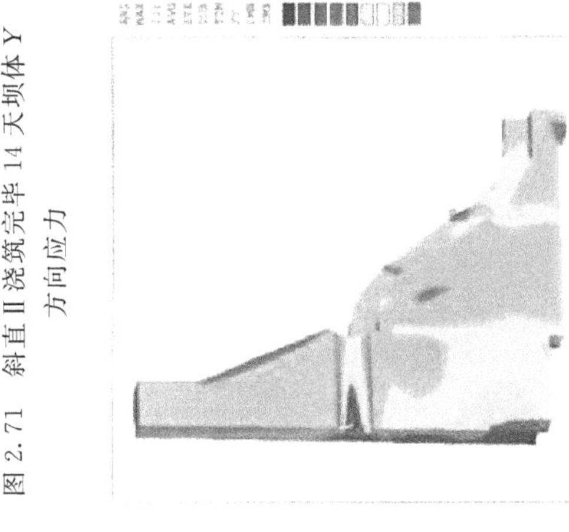

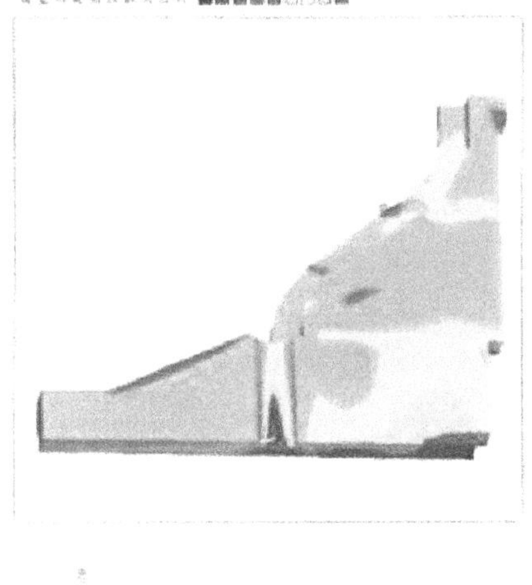

图 2.74　管道浇筑完毕 28 天坝体 Y 方向应力

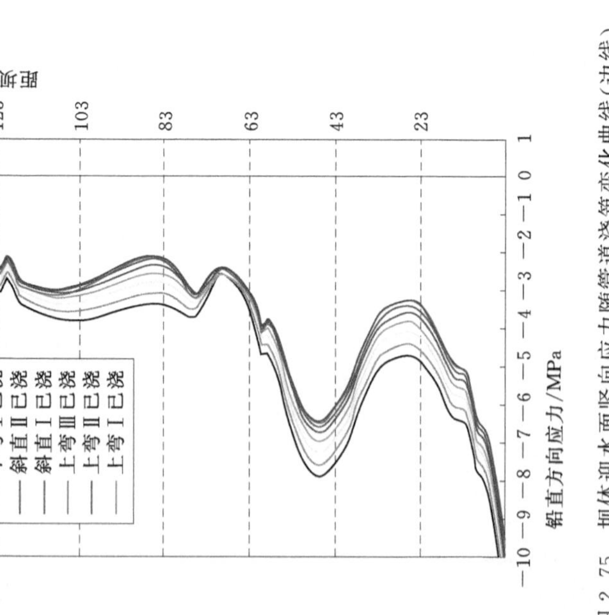

图 2.75　坝体迎水面竖向应力随管道浇筑变化曲线(边线)

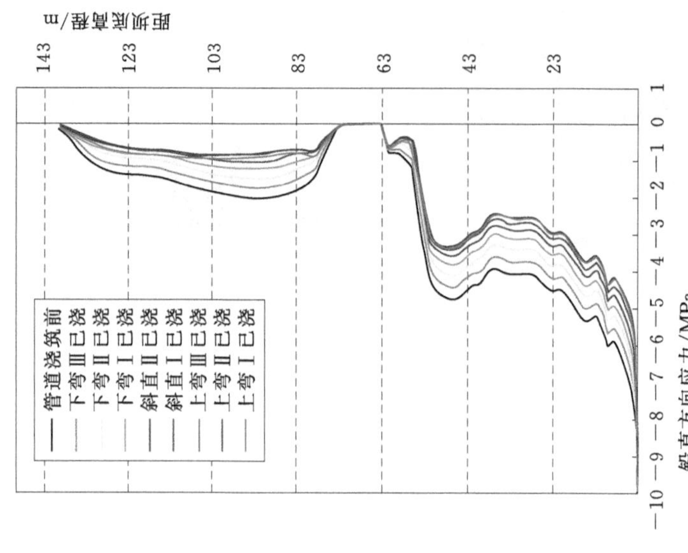

图 2.76　坝体迎水面竖向应力随管道浇筑变化曲线(对称线)

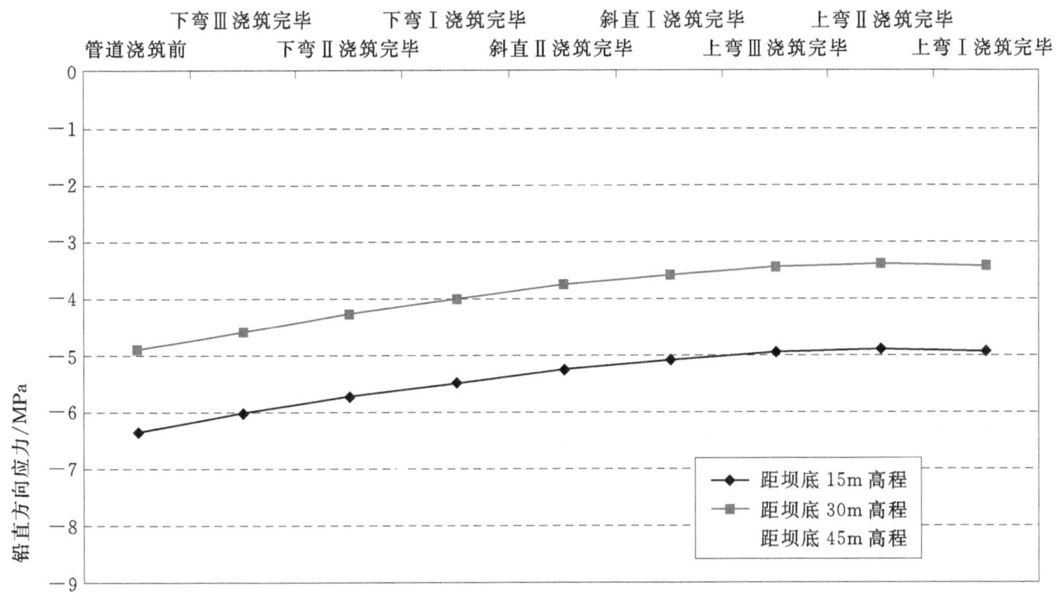

图 2.77 坝体迎水面边线不同高程竖向应力随管道浇筑变化曲线

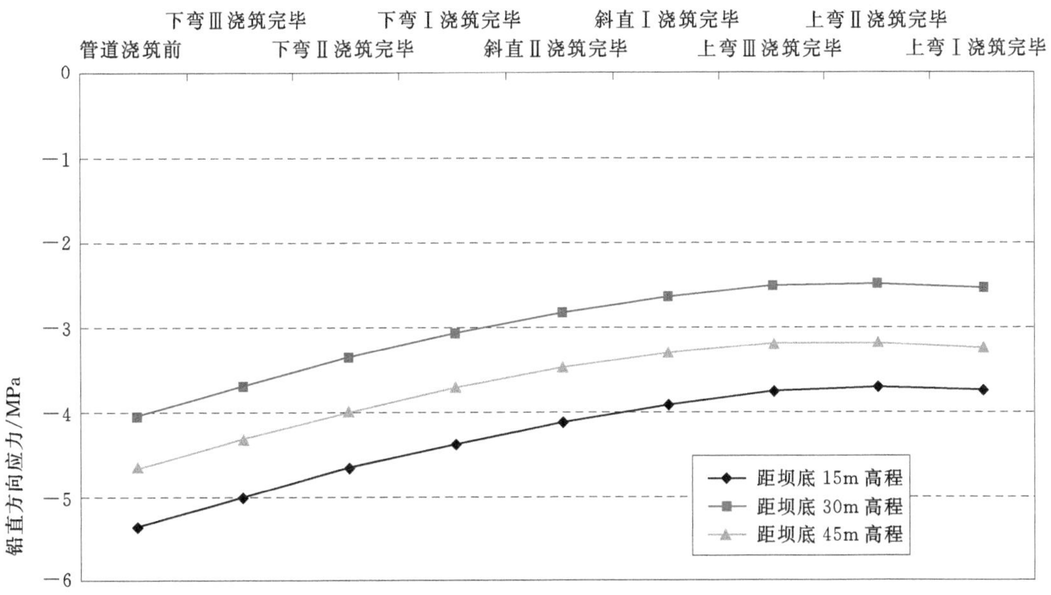

图 2.78 坝体迎水面对称线不同高程竖向应力随管道浇筑变化曲线

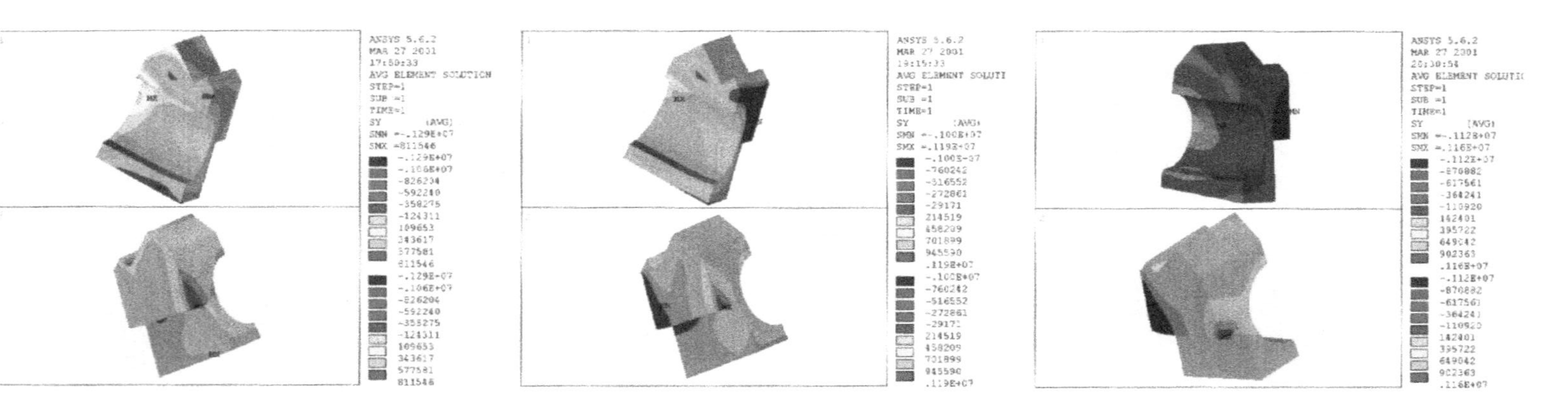

图 2.79　下弯段Ⅰ浇筑完毕 14 天其环向应力

图 2.80　下弯段Ⅰ浇筑完毕 28 天其环向应力

图 2.81　管道浇筑完毕 14 天下弯段Ⅰ环向应力

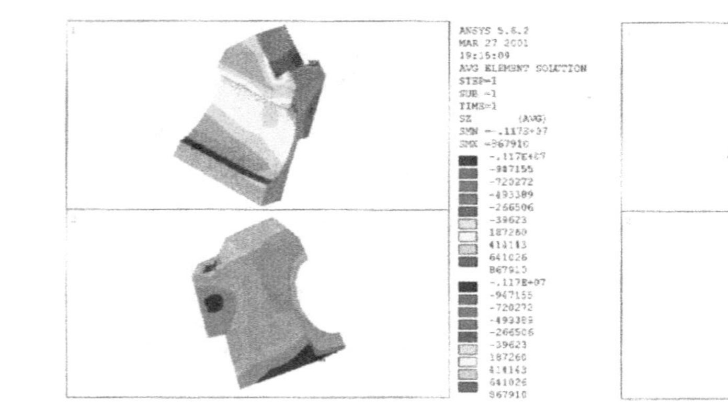

图 2.82　下弯段Ⅰ浇筑完毕 14 天其轴向应力

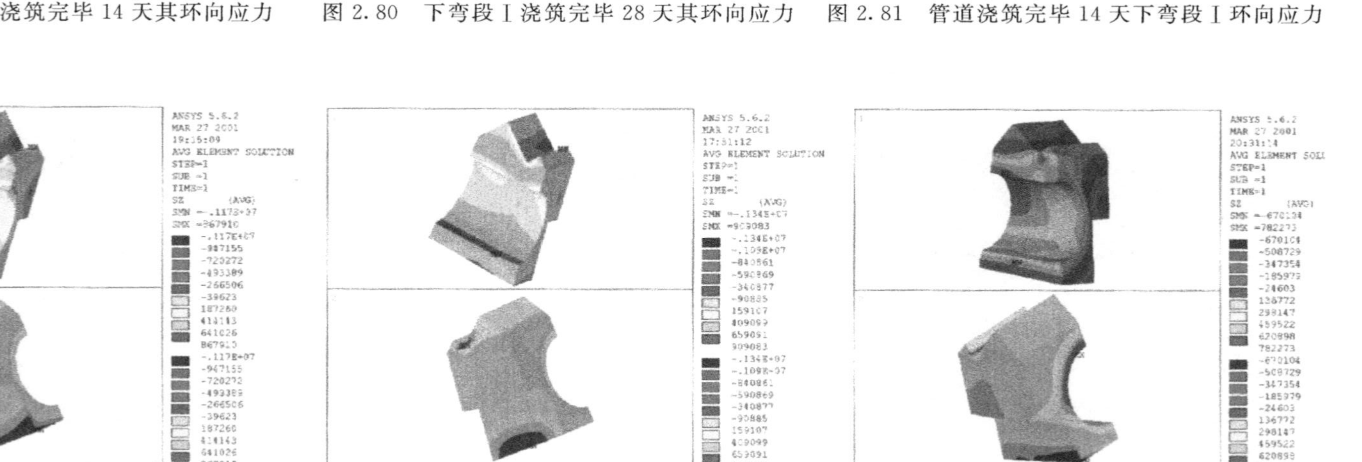

图 2.83　下弯段Ⅰ浇筑完毕 28 天其轴向应力

图 2.84　管道浇筑完毕 14 天下弯段Ⅰ轴向应力

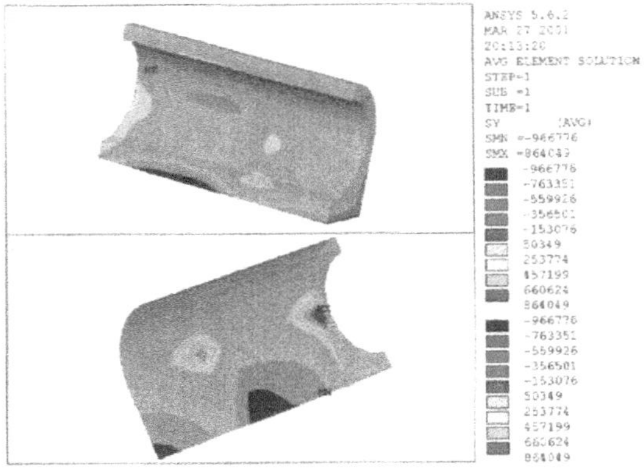

图 2.85　斜直Ⅰ浇筑完毕 14 天斜直段环向应力

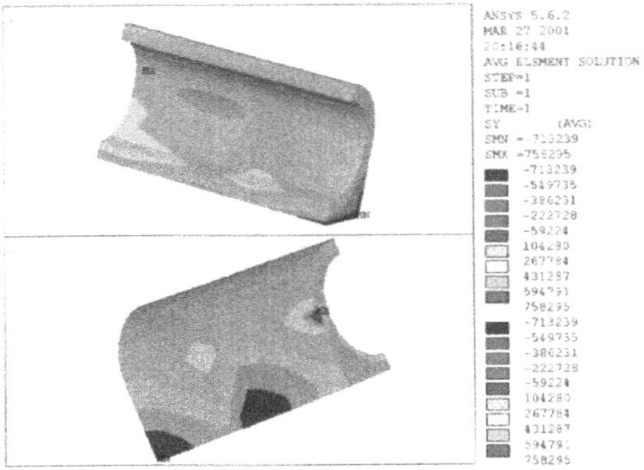

图 2.86　斜直Ⅰ浇筑完毕 28 天斜直段环向应力

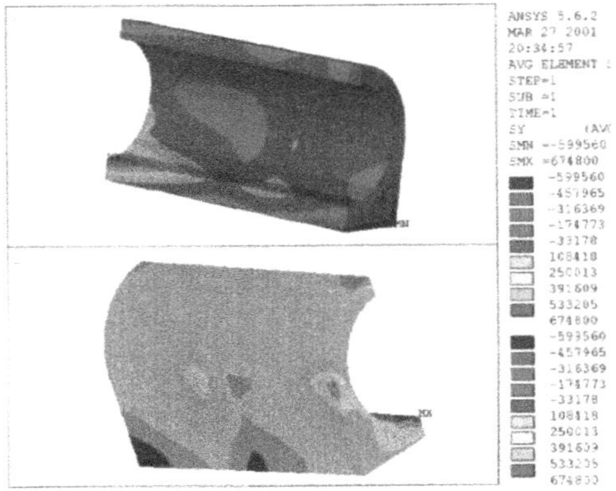

图 2.87　管道浇筑完毕 14 天斜直段环向应力

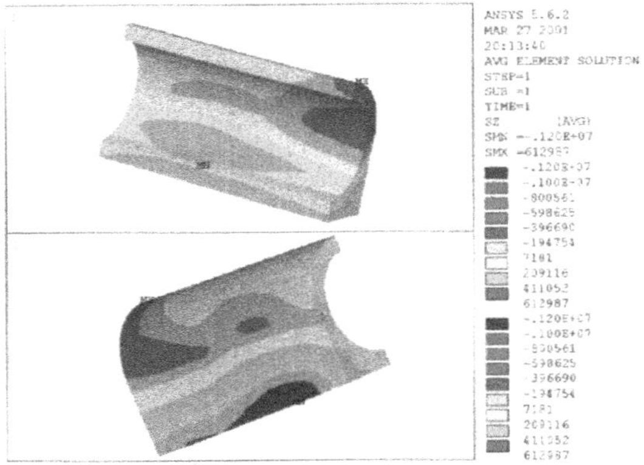

图 2.88　斜直Ⅰ浇筑完毕 14 天斜直段轴向应力

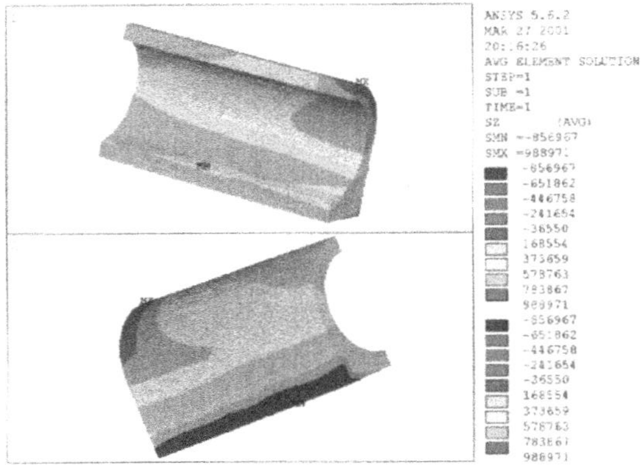

图 2.89　斜直Ⅰ浇筑完毕 28 天斜直段轴向应力

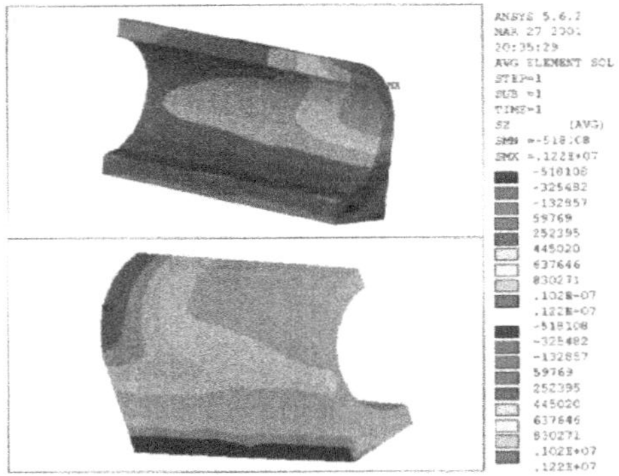

图 2.90　管道浇筑完毕 14 天斜直段轴向应力

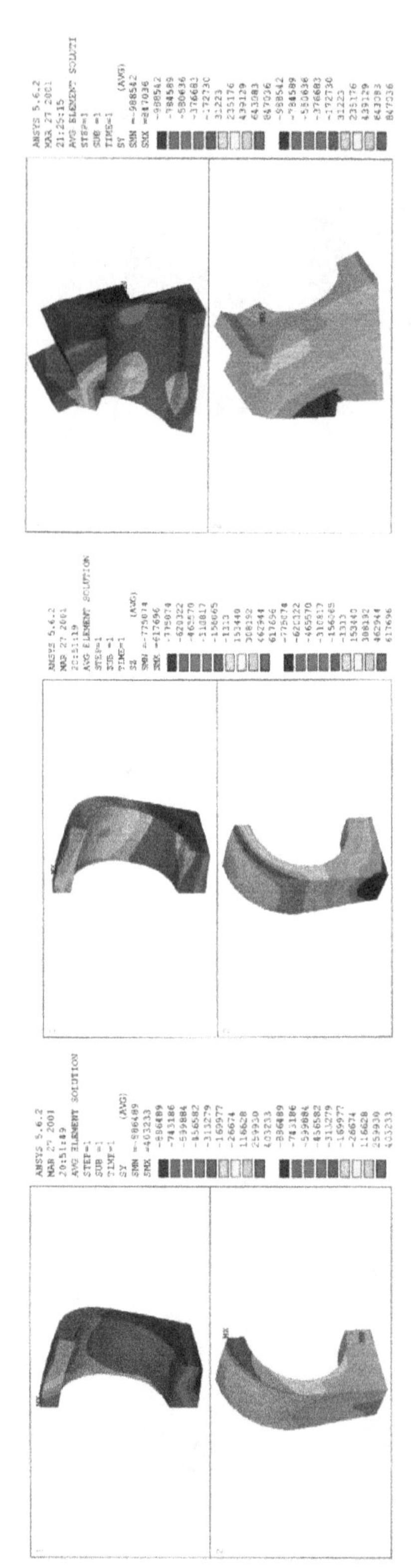

图 2.91　管道浇筑完毕 14 天上弯段Ⅰ环向应力

图 2.92　管道浇筑完毕 14 天上弯段Ⅰ轴向应力

图 2.93　钢管坝段浇筑完毕 28 天下弯Ⅲ环向应力

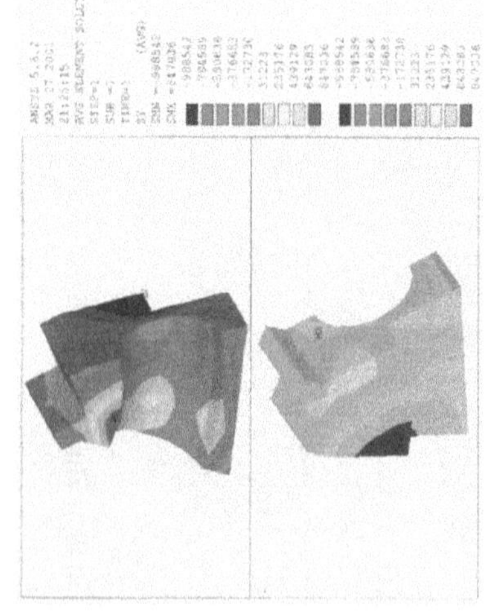

图 2.94　钢管坝段浇筑完毕 28 天下弯Ⅱ环向应力

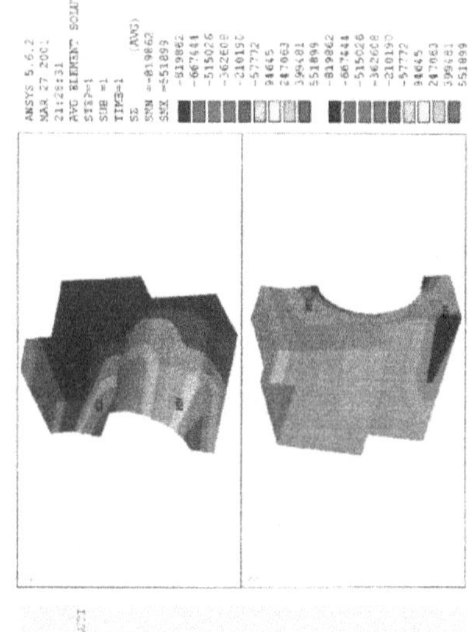

图 2.95　钢管坝段浇筑完毕 28 天下弯Ⅲ轴向应力

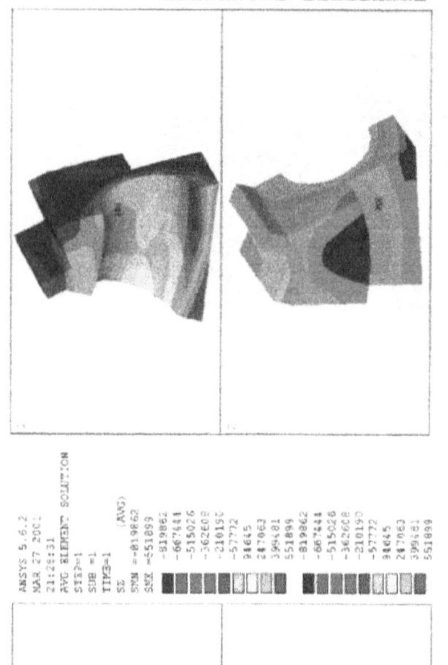

图 2.96　钢管坝段浇筑完毕 28 天下弯Ⅱ轴向应力

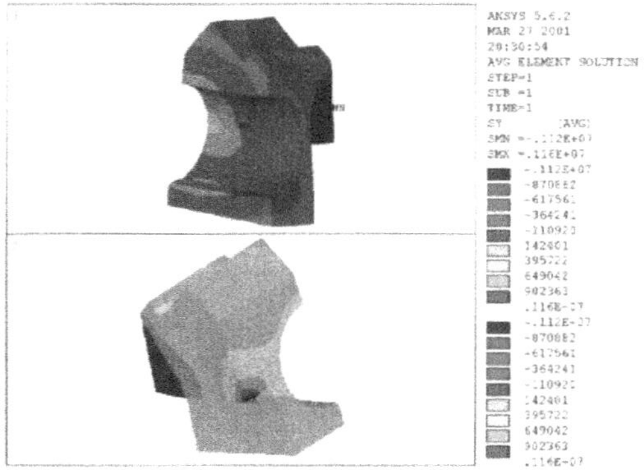

图 2.97　管道浇筑完毕 28 天下弯Ⅰ环向应力

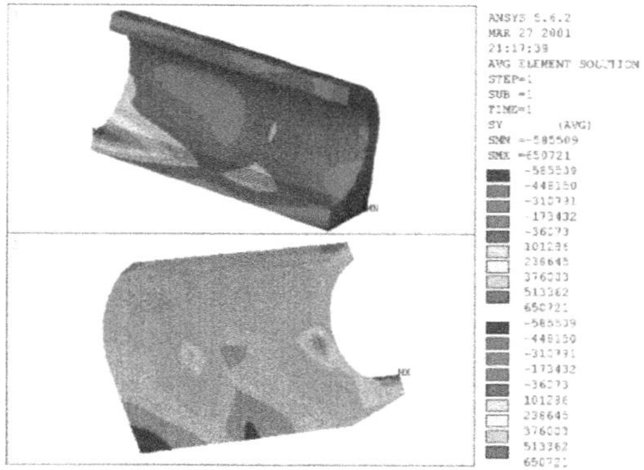

图 2.98　管道浇筑完毕 28 天斜直段环向应力

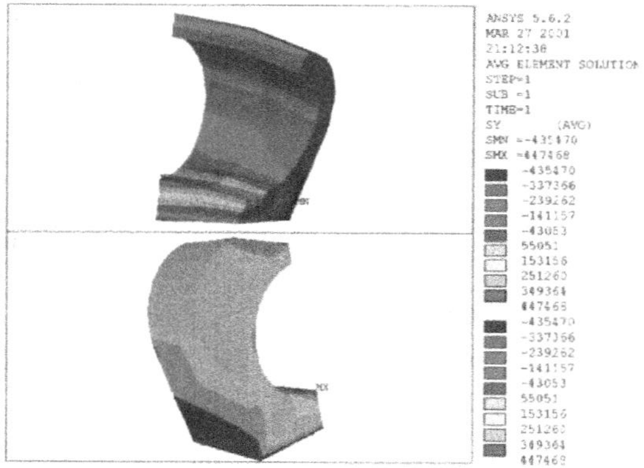

图 2.99　管道浇筑完毕 28 天上弯Ⅲ环向应力

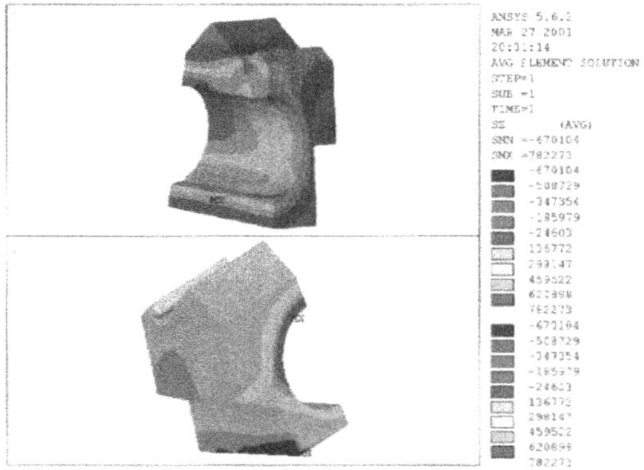

图 2.100　管道浇筑完毕 28 天下弯段Ⅰ轴向应力

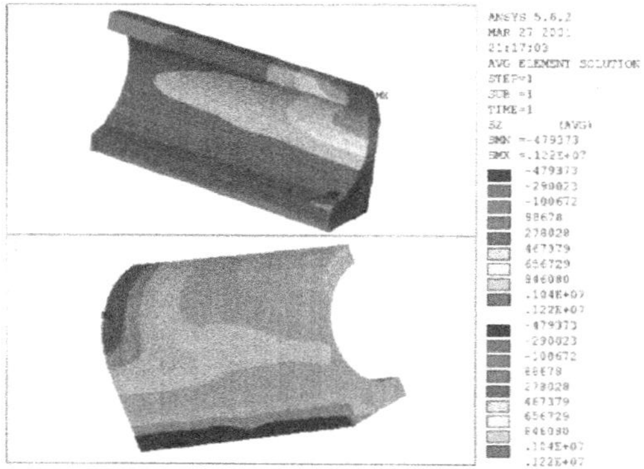

图 2.101　管道浇筑完毕 28 天斜直段轴向应力

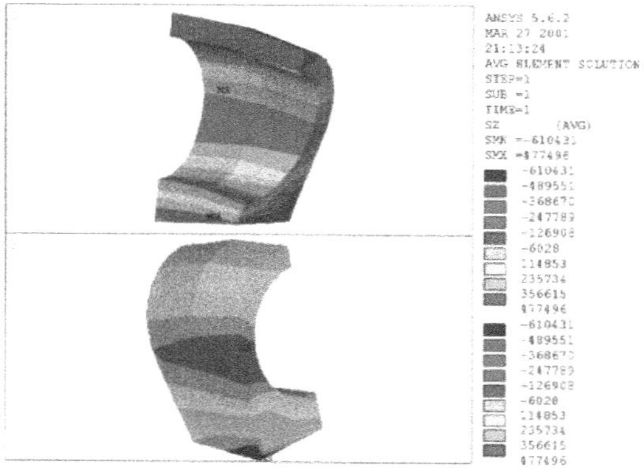

图 2.102　管道浇筑完毕 28 天上弯Ⅲ轴向应力

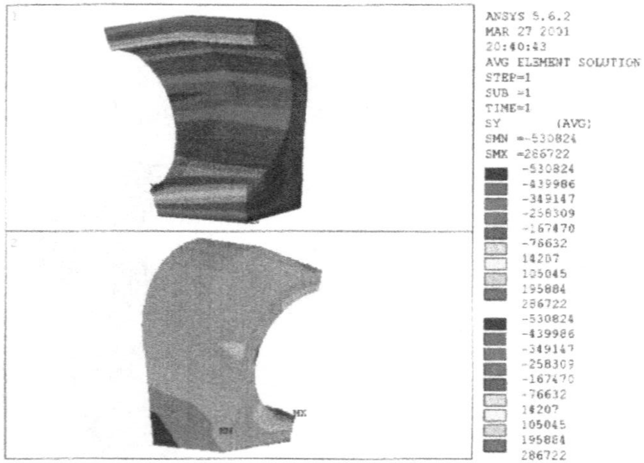

图 2.103　钢管坝段浇筑完毕 28 天上弯 II 轴向应力

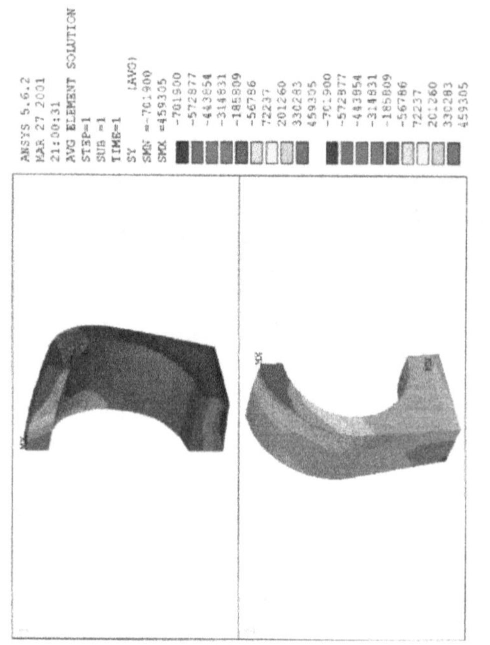

图 2.104　管道浇筑完毕 28 天上弯段 I 轴向应力

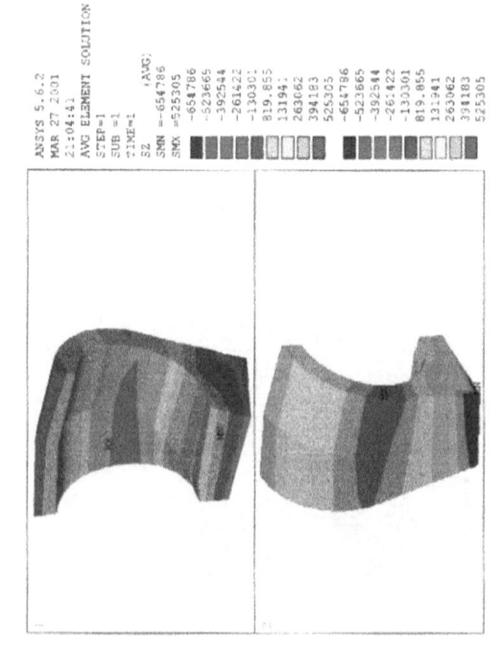

图 2.105　钢管坝段浇筑完毕 28 天上弯 II 轴向应力

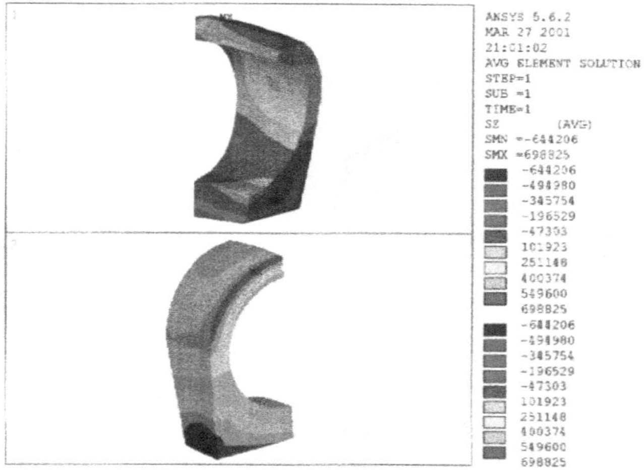

图 2.106　管道浇筑完毕 28 天上弯段 I 轴向应力

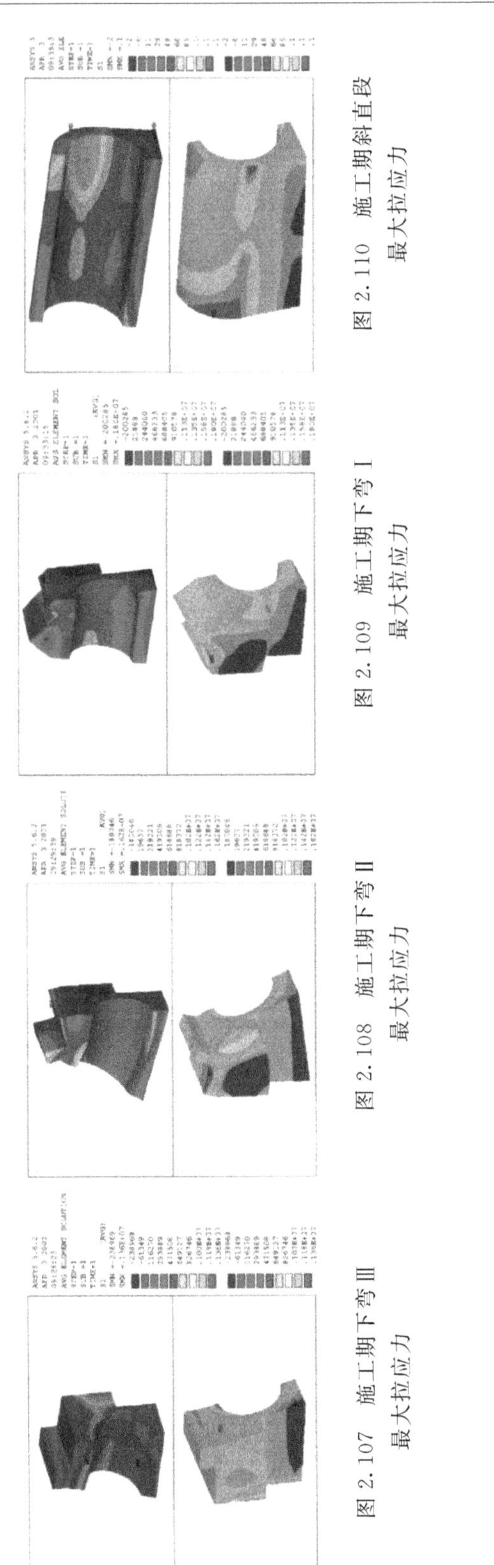

图2.107　施工期下弯Ⅲ最大拉应力

图2.108　施工期下弯Ⅱ最大拉应力

图2.109　施工期下弯Ⅰ最大拉应力

图2.110　施工期斜直段最大拉应力

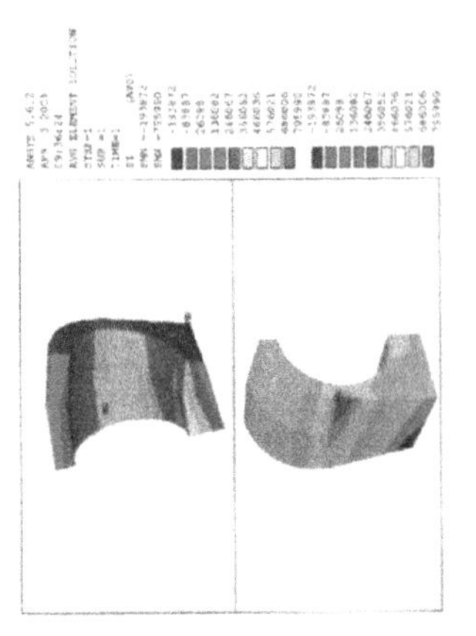

图2.111　施工期上弯Ⅲ最大拉应力

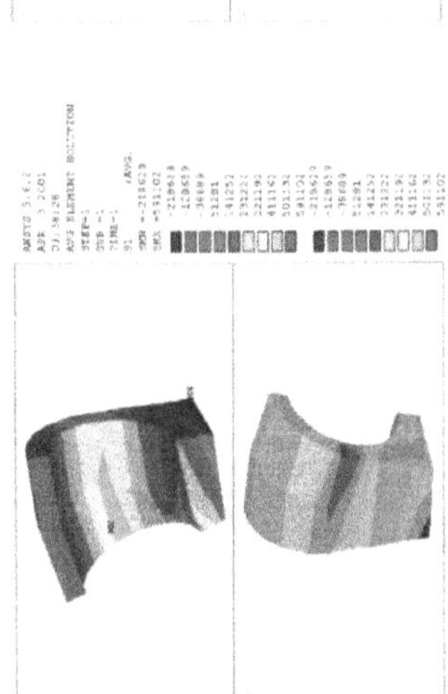

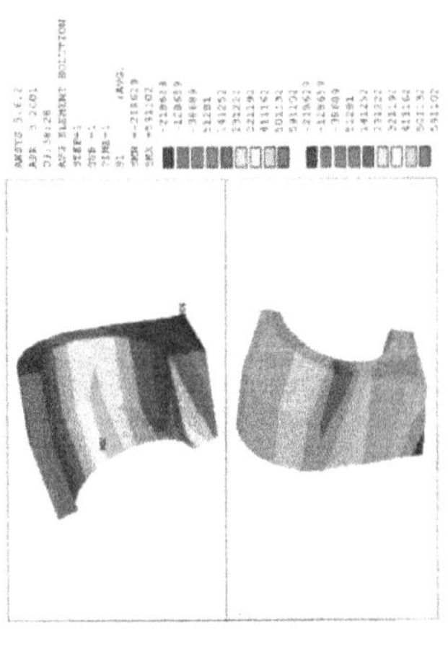

图2.112　施工期上弯Ⅱ最大拉应力

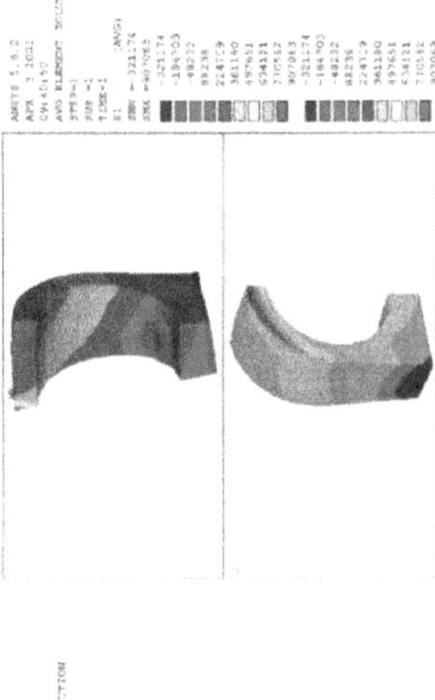

图2.113　施工期上弯Ⅰ最大拉应力

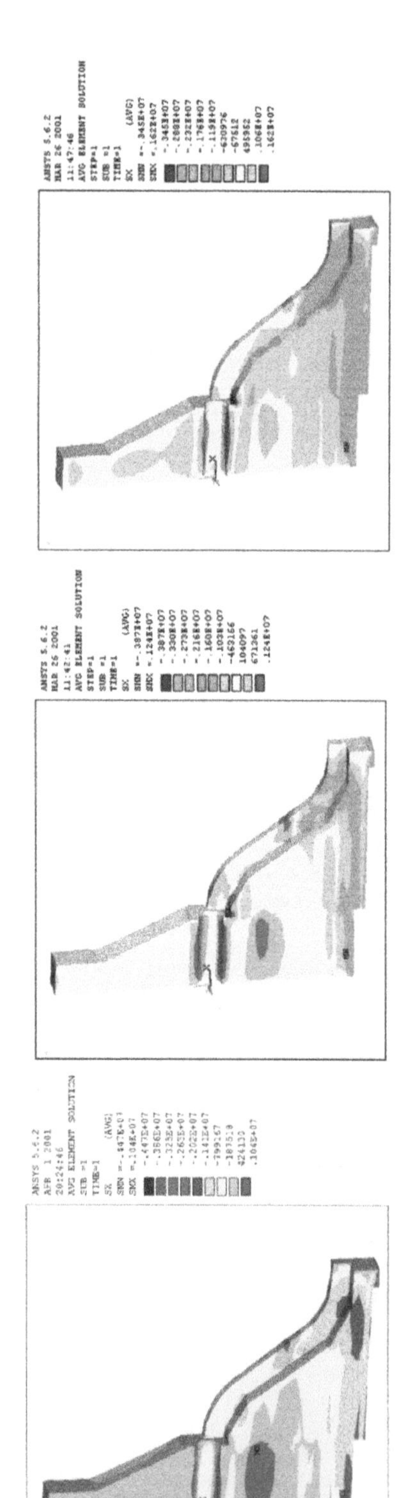

图 2.114　管道浇筑前坝体 X 方向应力

图 2.115　下弯Ⅰ浇筑完毕 14 天坝体 X 方向应力

图 2.116　斜直Ⅱ浇筑完毕 14 天坝体 X 方向应力

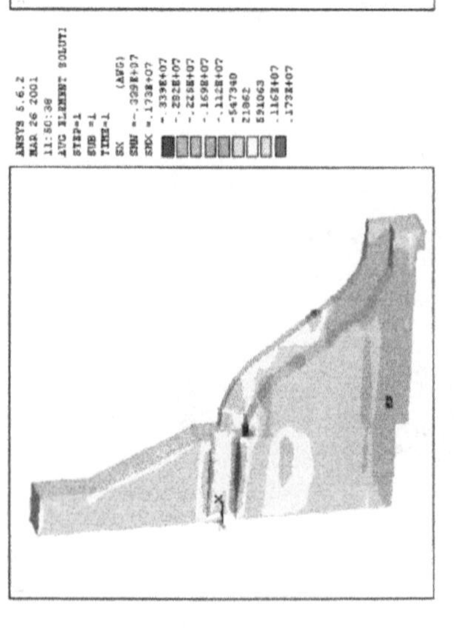

图 2.117　斜直Ⅰ筑完毕 14 天坝体 X 方向应力

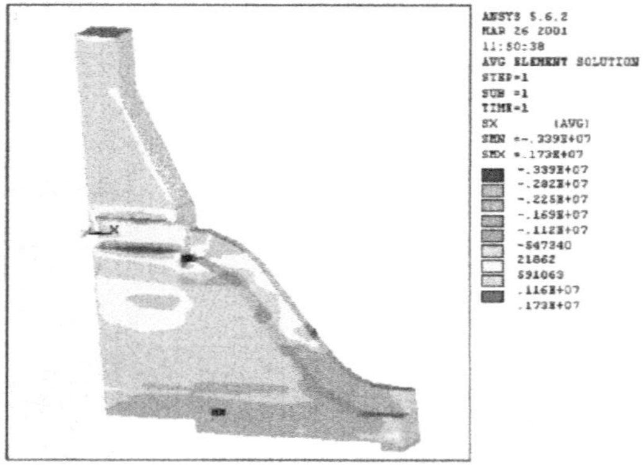

图 2.118　上弯Ⅰ浇筑完毕 14 天坝体 X 方向应力

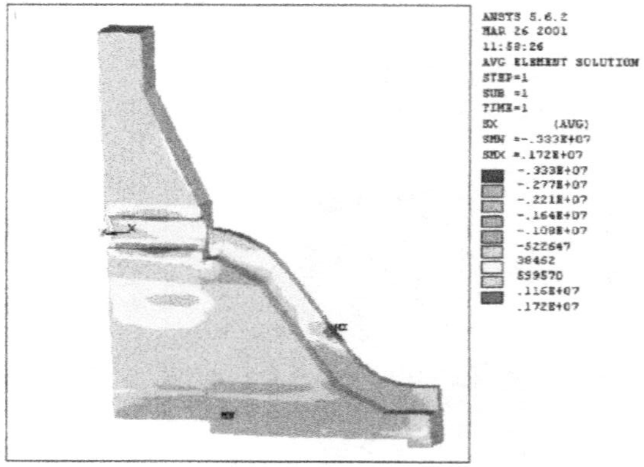

图 2.119　管道浇筑完毕 28 天坝体 X 方向应力

不考虑混凝土徐变特性

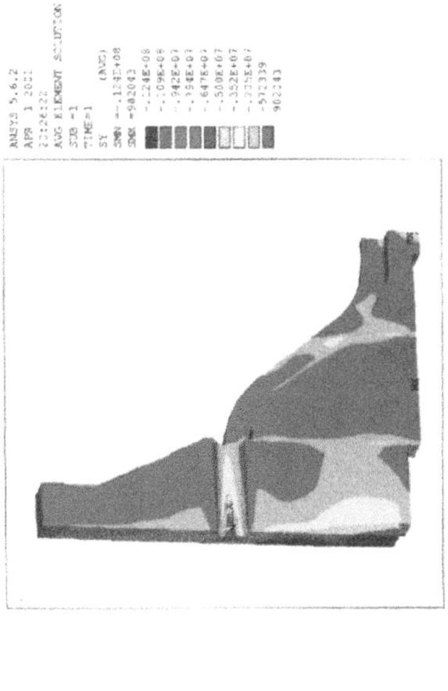

图 2.120　管道浇筑前坝体
Y 方向应力

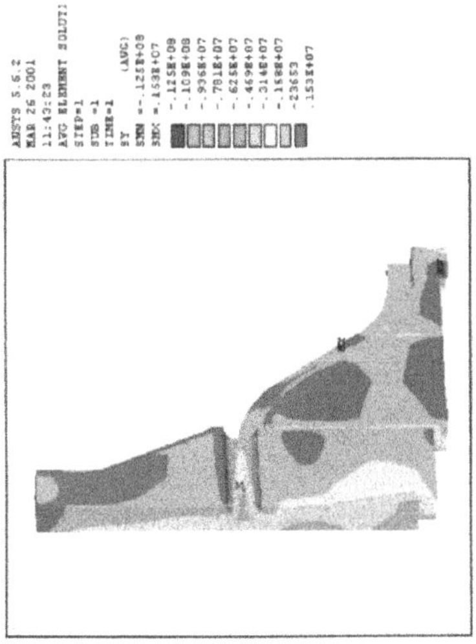

图 2.121　下弯Ⅰ浇筑完毕 14 天坝体
Y 方向应力

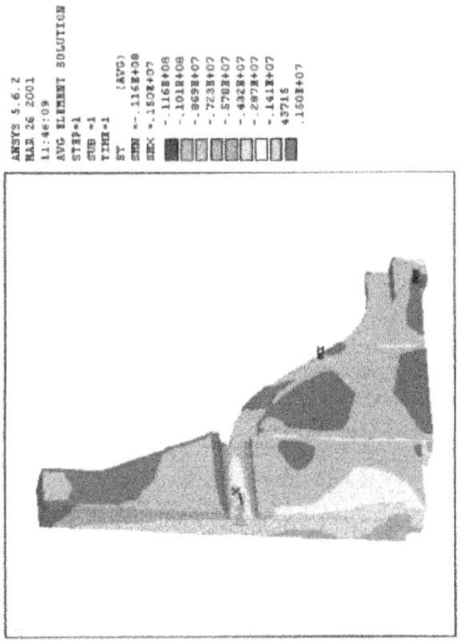

图 2.122　斜直Ⅱ浇筑完毕 14 天坝体
Y 方向应力

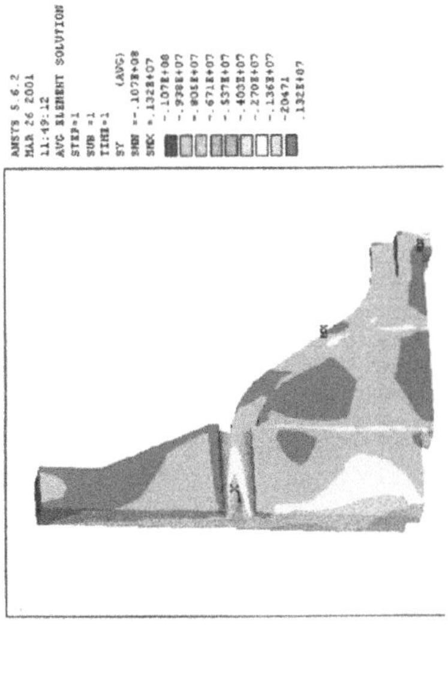

图 2.123　斜直Ⅰ浇筑完毕 14 天坝体
Y 方向应力

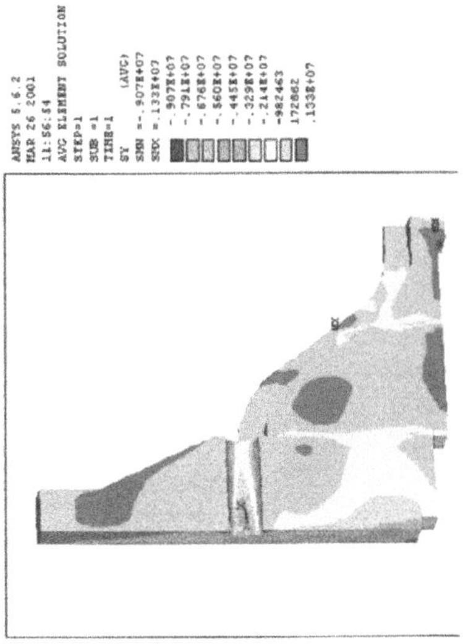

图 2.124　上弯Ⅰ浇筑完毕 14 天坝体
Y 方向应力

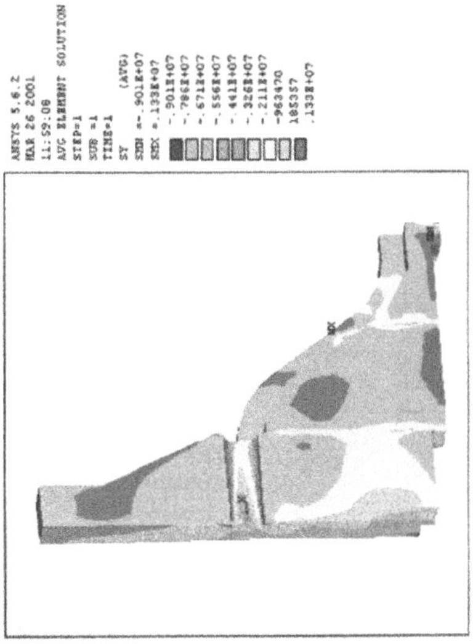

图 2.125　管道浇筑完毕 28 天坝体
Y 方向应力

不考虑混凝土徐变特性

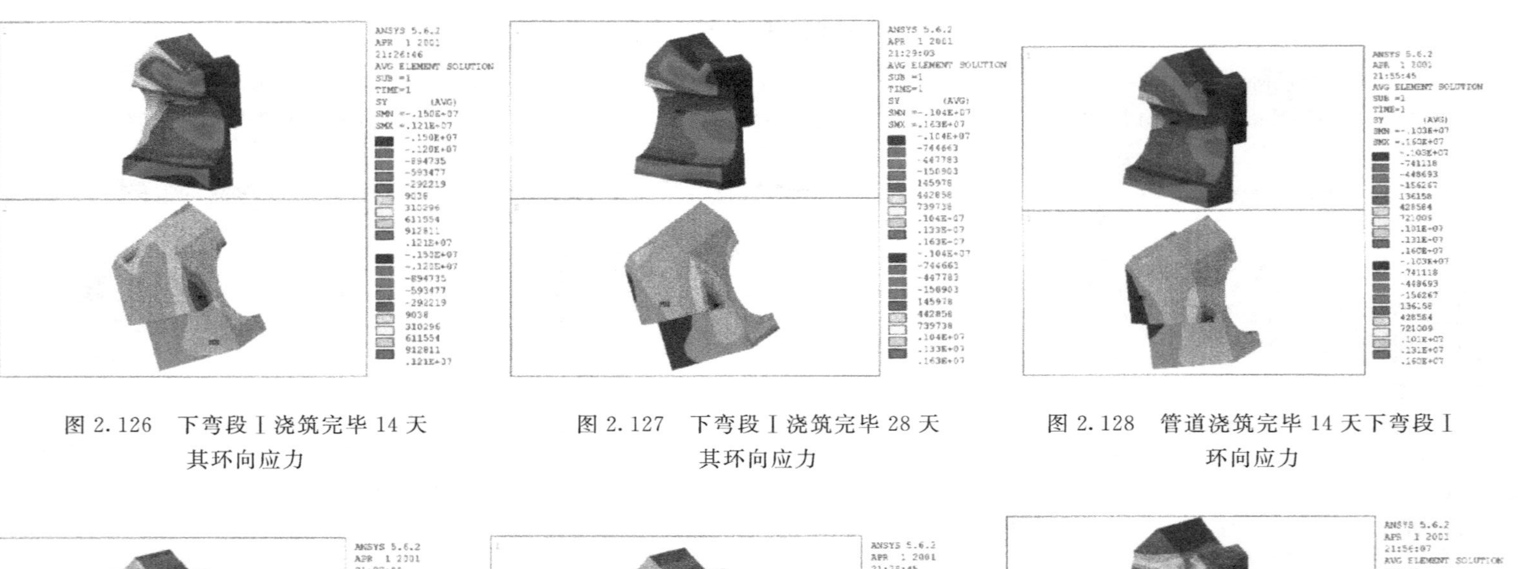

图 2.126　下弯段Ⅰ浇筑完毕 14 天其环向应力

图 2.127　下弯段Ⅰ浇筑完毕 28 天其环向应力

图 2.128　管道浇筑完毕 14 天下弯段Ⅰ环向应力

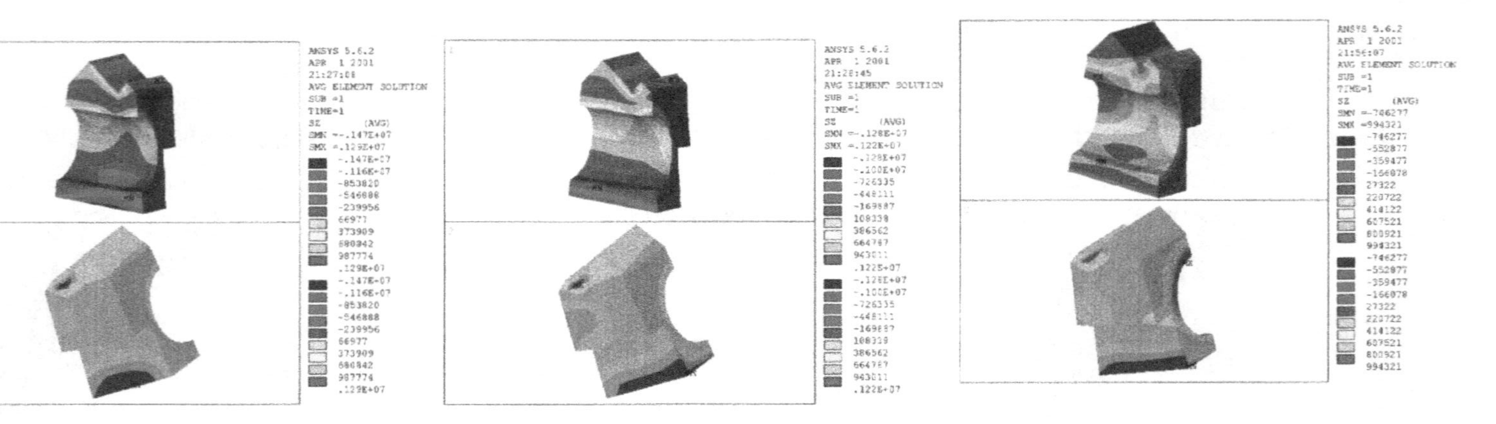

图 2.129　下弯段Ⅰ浇筑完毕 14 天其轴向应力

图 2.130　下弯段Ⅰ浇筑完毕 28 天其轴向应力

图 2.131　管道浇筑完毕 14 天下弯段Ⅰ轴向应力

不考虑混凝土徐变特性

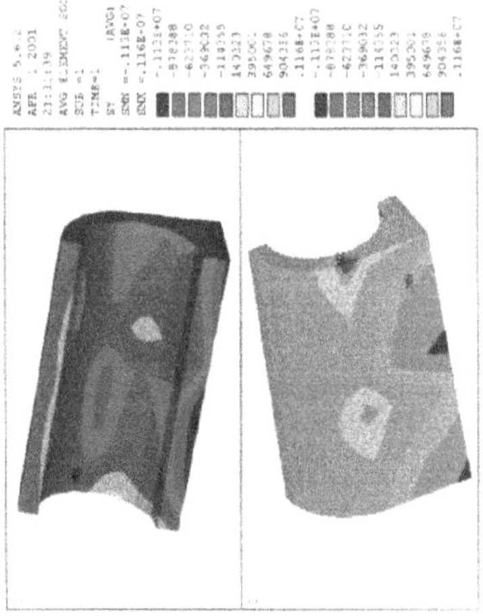

图 2.132　斜直Ⅰ浇筑完毕 14 天斜直段环向应力

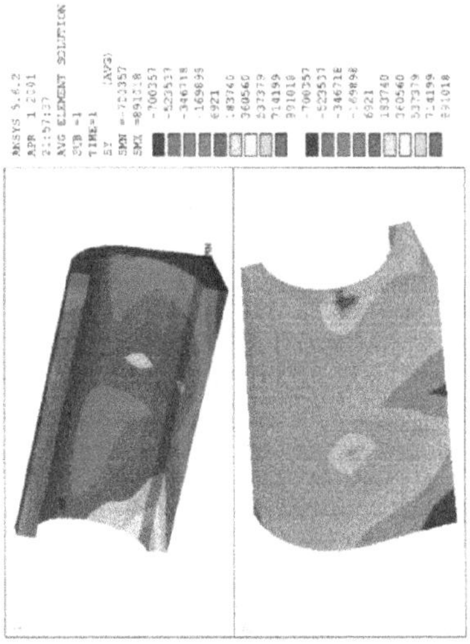

图 2.133　斜直Ⅰ浇筑完毕 28 天斜直段环向应力

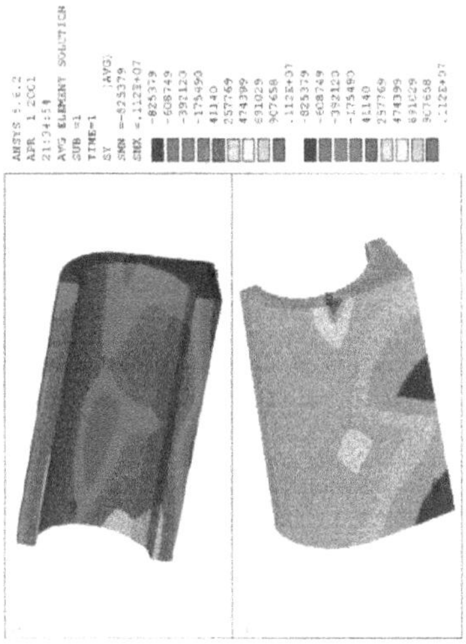

图 2.134　管道浇筑完毕 14 天斜直段环向应力

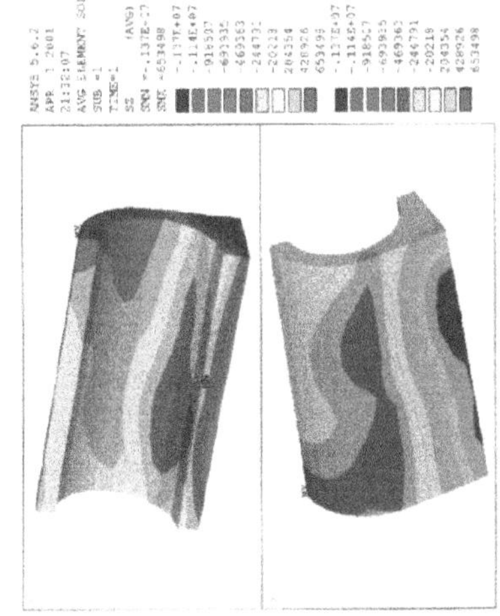

图 2.135　斜直Ⅰ浇筑完毕 14 天斜直段轴向应力

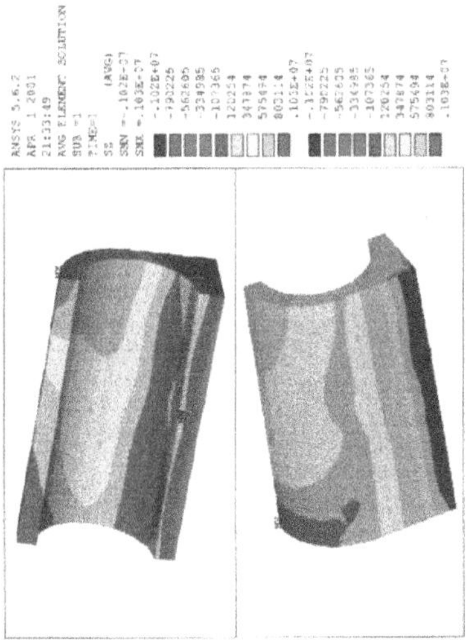

图 2.136　斜直Ⅰ浇筑完毕 28 天斜直段轴向应力

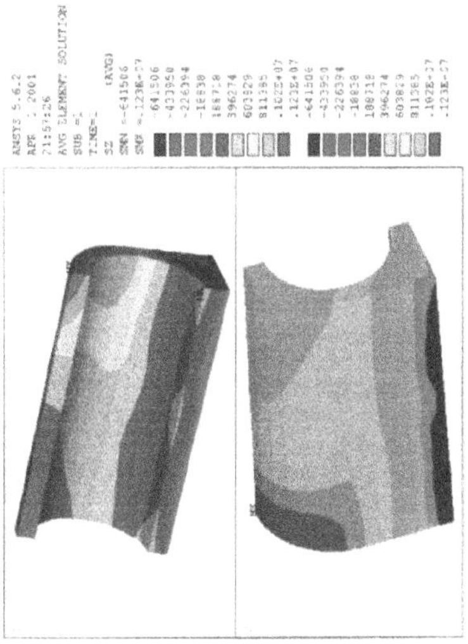

图 2.137　管道浇筑完毕 14 天斜直段轴向应力

不考虑混凝土徐变特性

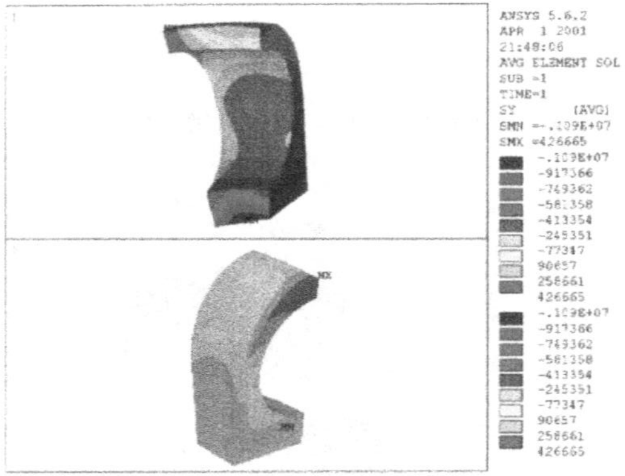

图 2.138　管道浇筑完毕14天上弯段Ⅰ环向应力

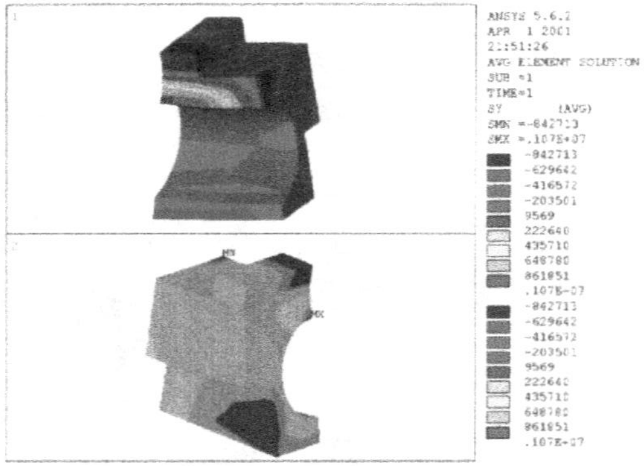

图 2.139　钢管坝段浇筑完毕28天下弯Ⅲ环向应力

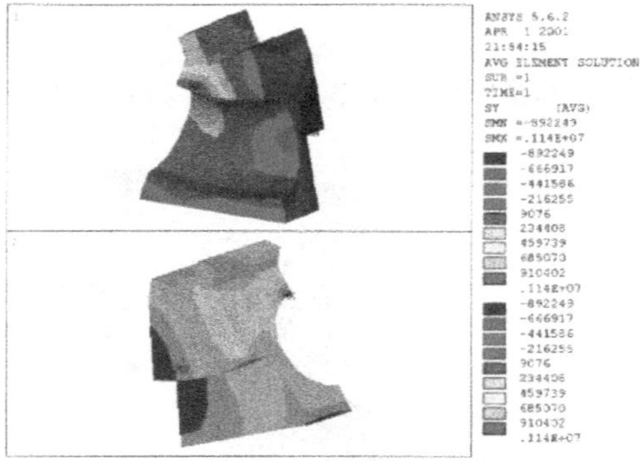

图 2.140　钢管坝段浇筑完毕28天下弯Ⅱ环向应力

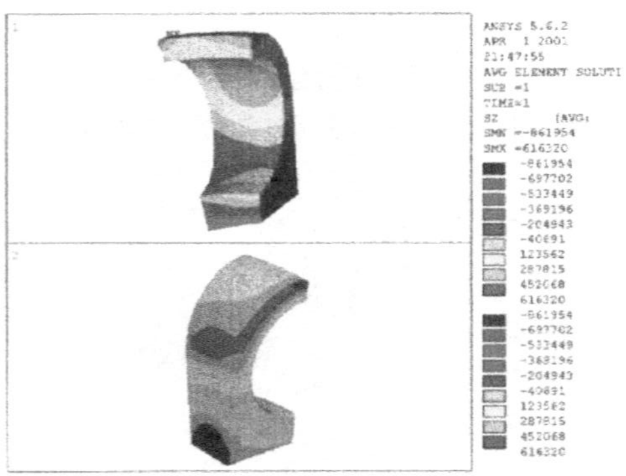

图 2.141　管道浇筑完毕14天上弯段Ⅰ轴向应力

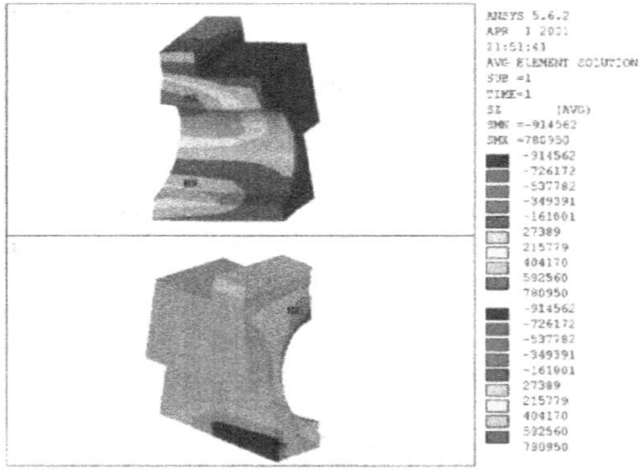

图 2.142　钢管坝段浇筑完毕28天下弯Ⅲ轴向应力

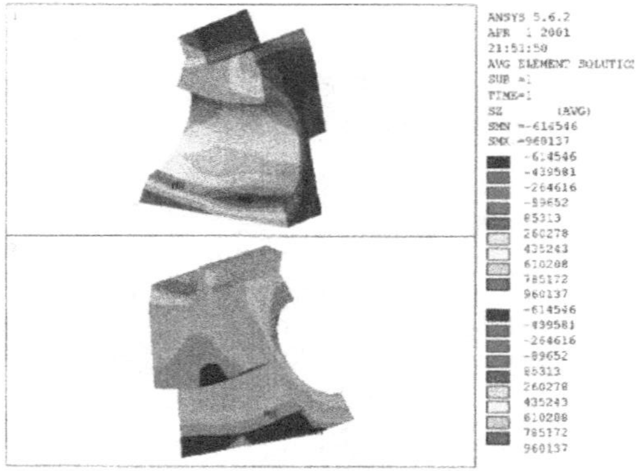

图 2.143　钢管坝段浇筑完毕28天下弯Ⅱ轴向应力

不考虑混凝土徐变特性

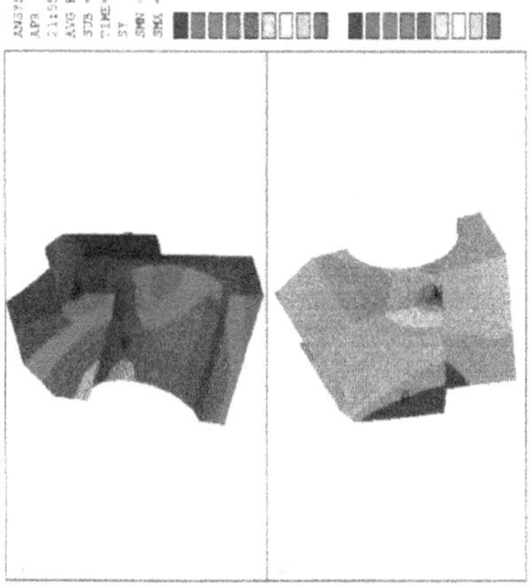

图 2.144　管道浇筑完毕 90 天下弯Ⅰ环向应力

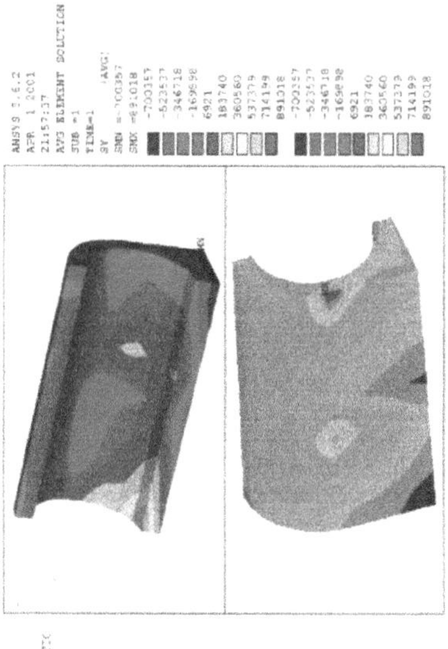

图 2.145　管道浇筑完毕 90 天斜直段环向应力

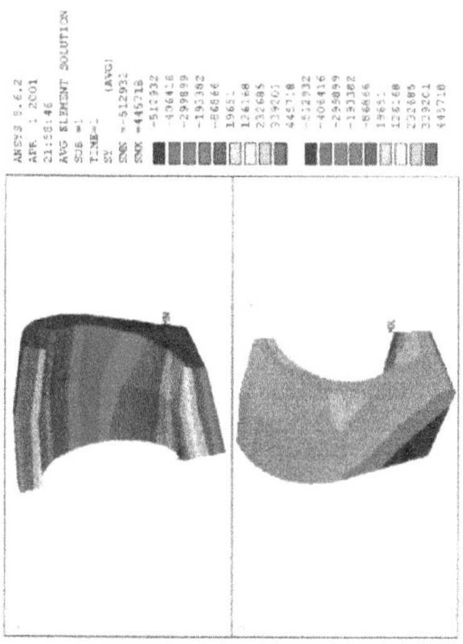

图 2.146　管道浇筑完毕 90 天上弯Ⅲ环向应力

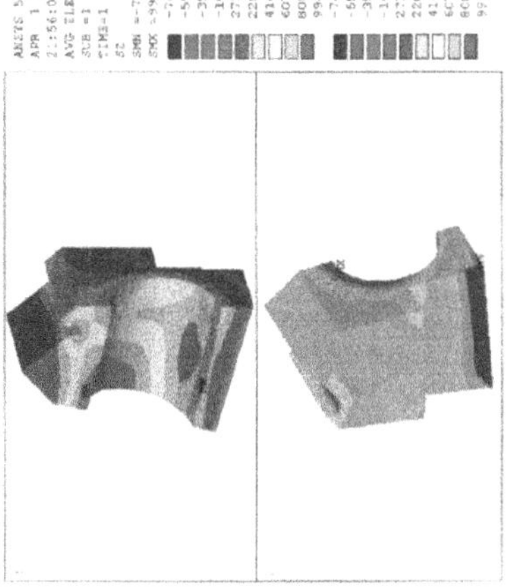

图 2.147　管道浇筑完毕 90 天下弯段Ⅰ轴向应力

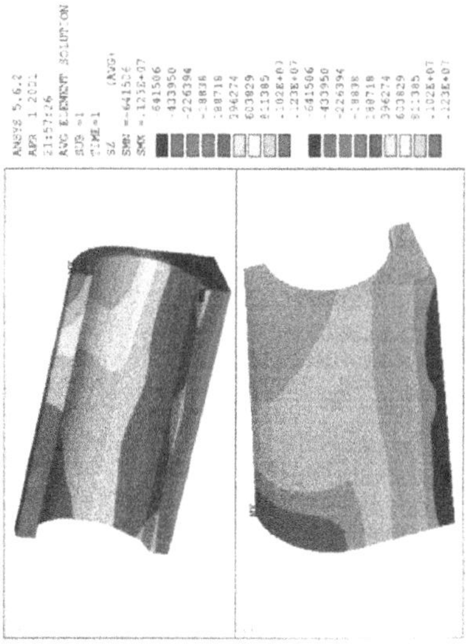

图 2.148　管道浇筑完毕 90 天斜直段轴向应力

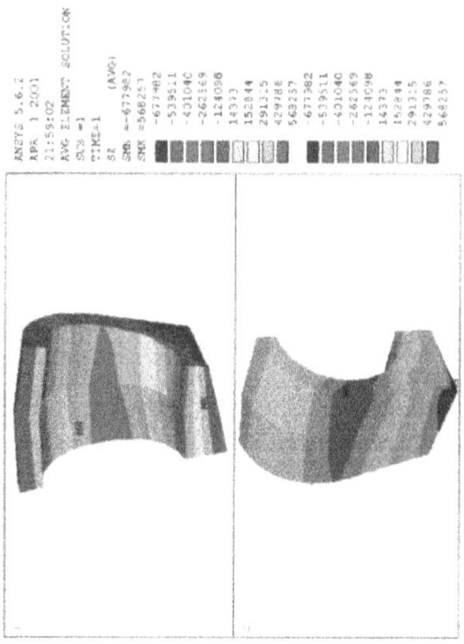

图 2.149　管道浇筑完毕 90 天上弯Ⅲ轴向应力

不考虑混凝土徐变特性

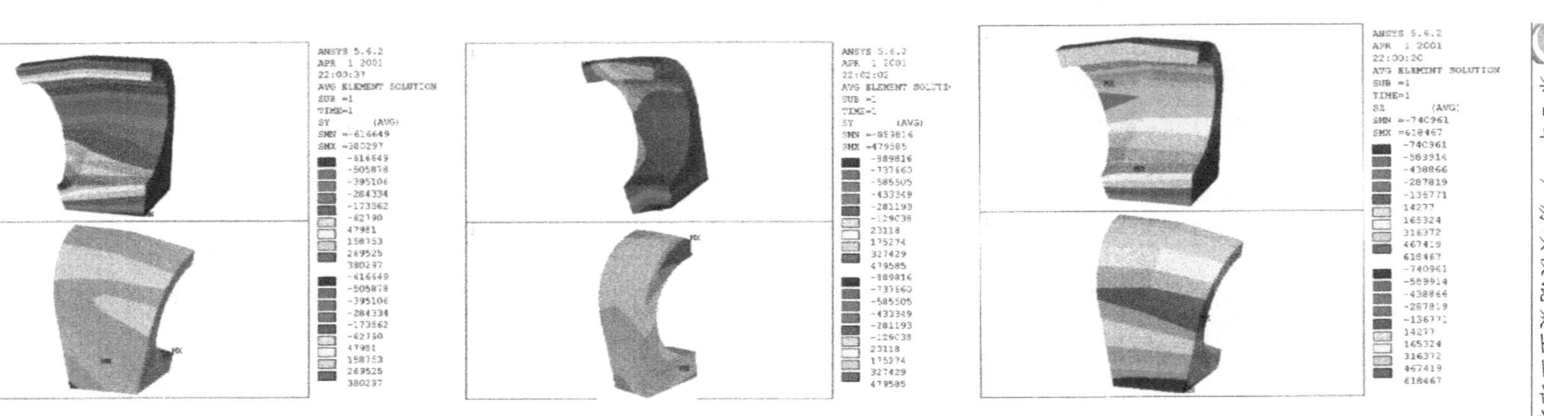

图 2.150　钢管坝段浇筑完毕 90 天上弯Ⅱ轴向应力

图 2.151　管道浇筑完毕 90 天上弯段Ⅰ轴向应力

图 2.152　钢管坝段浇筑完毕 90 天上弯Ⅱ轴向应力

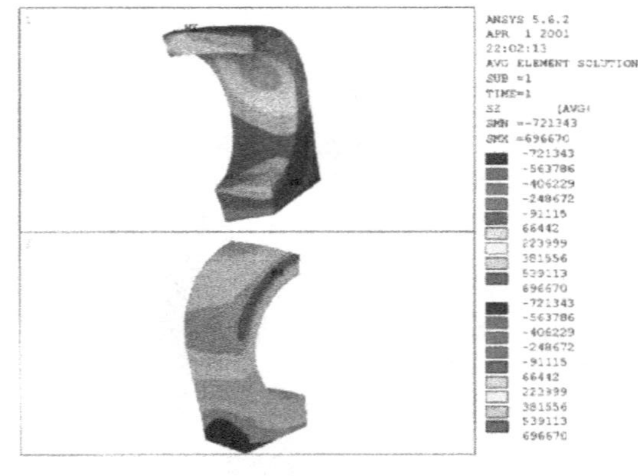

图 2.153　管道浇筑完毕 90 天上弯段Ⅰ轴向应力

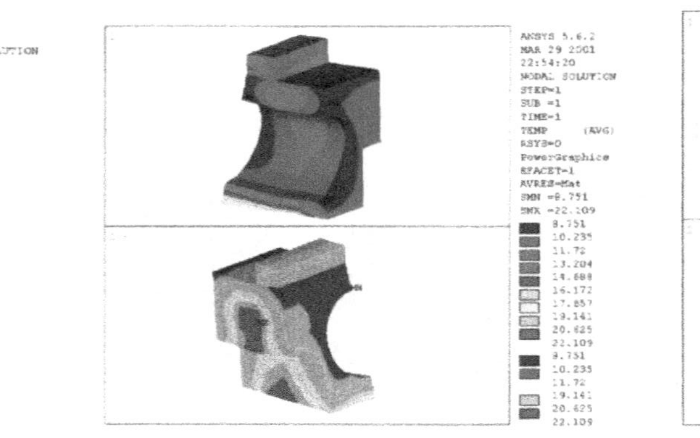

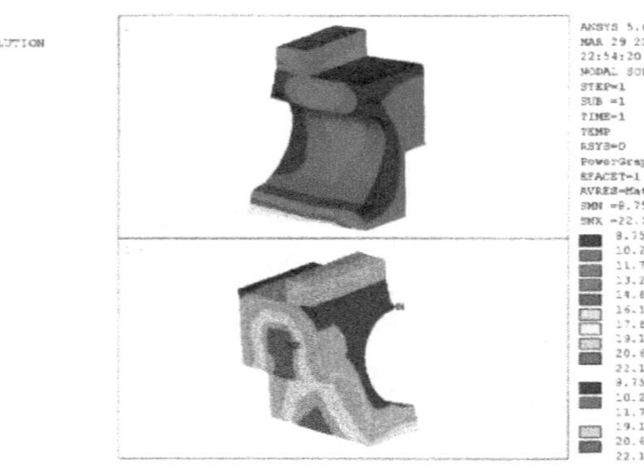

图 2.154　下弯Ⅲ浇筑完毕 14 天温度场（调整浇筑计划后）

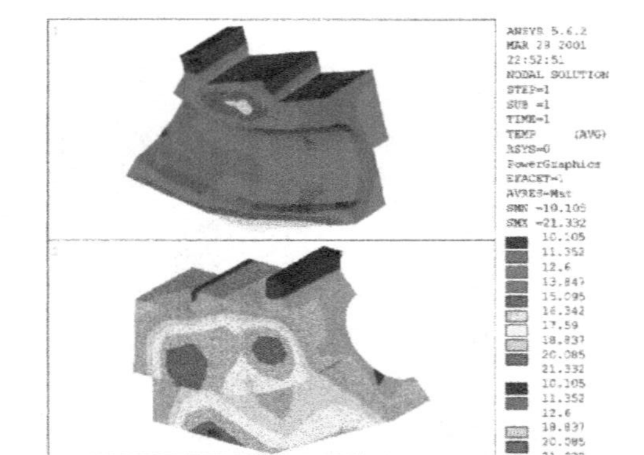

图 2.155　下弯Ⅱ浇筑完毕 14 天温度场（调整浇筑计划后）

不考虑混凝土徐变特性

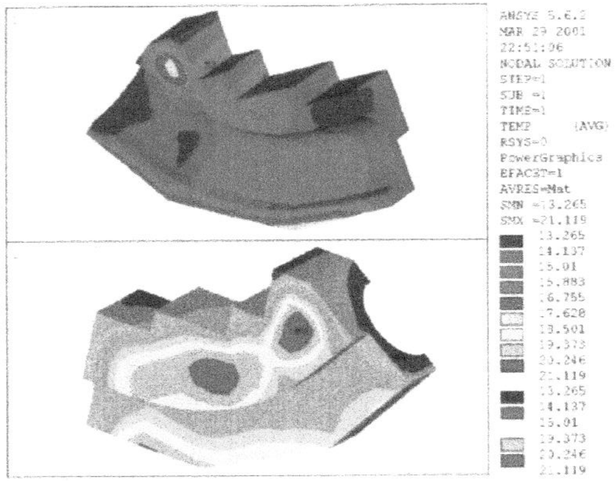

图 2.156　下弯Ⅰ浇筑完毕 14 天温度场
（调整浇筑计划后）

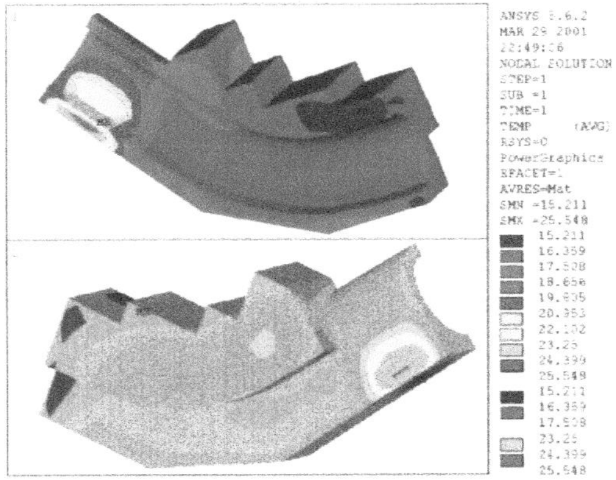

图 2.157　斜直Ⅱ浇筑完毕 14 天温度场
（调整浇筑计划后）

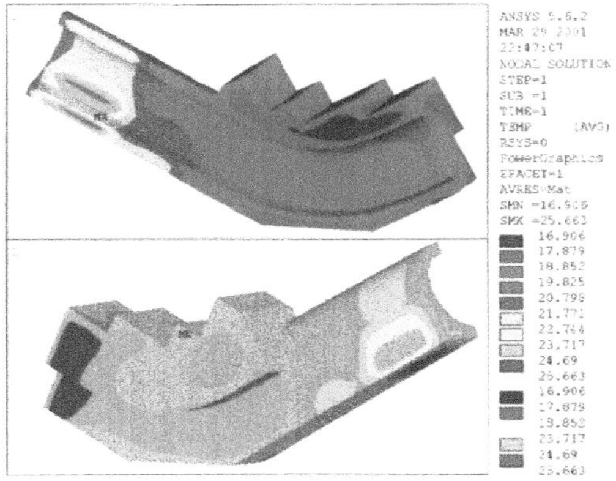

图 2.158　斜直Ⅰ浇筑完毕 14 天温度场
（调整浇筑计划后）

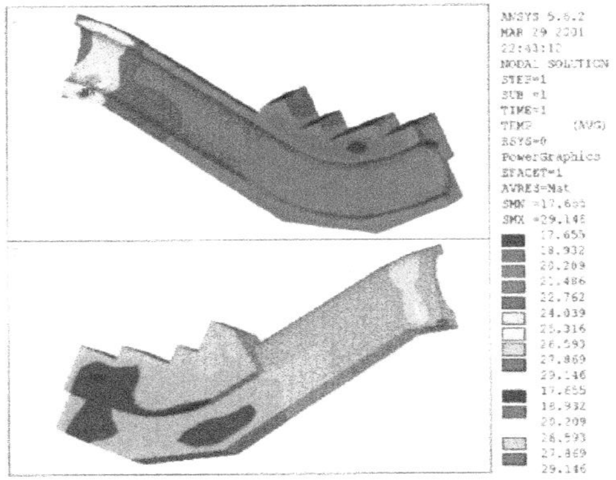

图 2.159　上弯Ⅰ浇筑完毕 14 天温度场
（调整浇筑计划后）

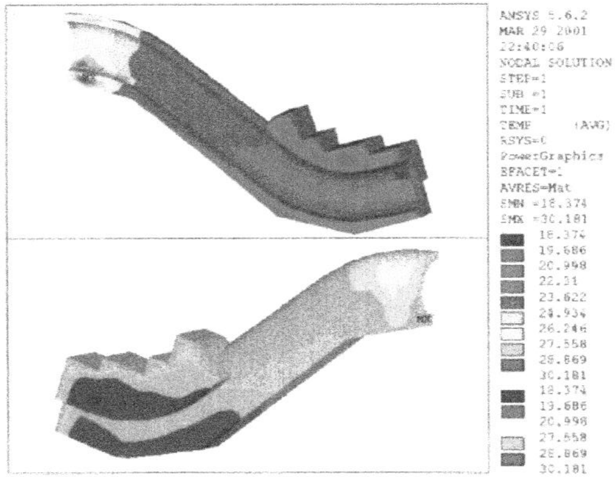

图 2.160　上弯Ⅱ浇筑完毕 14 天温度场
（调整浇筑计划后）

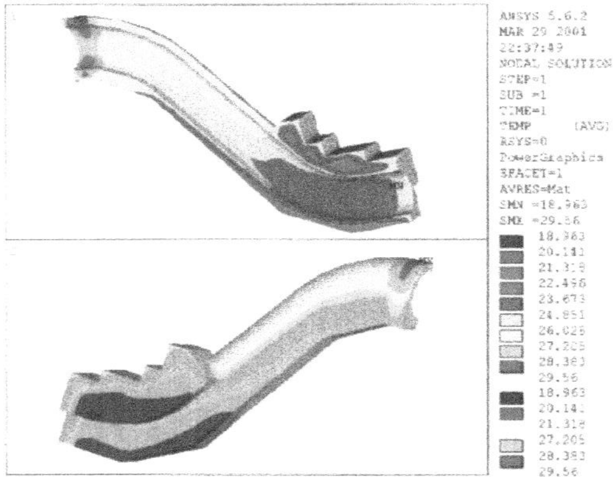

图 2.161　上弯Ⅰ浇筑完毕 14 天温度场
（调整浇筑计划后）

第3章　水电站钢衬钢筋混凝土压力管道运行期温度影响研究

水电站钢衬钢筋混凝土压力管道是一种新型结构。由于这种结构具有一系列技术经济先进性，已被一批水电站工程采用，如已建成的东江、紧水滩、李家峡、五强溪、桃林口、三峡水电站等。

这种新型结构的设计原则是：钢衬与钢筋混凝土联合工作承受内水压力，允许混凝土出现径向裂缝以发挥钢筋的作用，但应限制裂缝宽度在相应设计规范允许的范围内。针对这种管道结构形式，国内各科研院所进行了大小几十个模型试验，对于这种复合结构的工作性状、应力状态及破坏机理等都有了较为深入的认识。但是，对于温度对带裂缝工作的压力管道作用，进行的模型试验要少得多，只有在“八五”攻关时武汉水利电力大学进行的三峡水电站压力管道1∶2的模型试验进行的比较全面，还有能够查到的也是武汉水利电力大学进行的小比尺圆管的温度模拟试验。

由于钢衬钢筋混凝土开裂以后变成一个非连续体，因此采用解析的方法是很难进行求解的。如果勉强用解析的方法，则要做很多的简化，从而使计算结果的可信度下降。相比较而言，有限元方法则具有解析法所没有的优点，而且可以模拟钢筋与混凝土之间的黏结、裂缝面的接触等一系列非线性问题，从而较准确地进行温度作用下裂缝宽度与钢材应力计算。

三峡水电站压力管道1∶2大比尺平面结构模型试验于1996年11月29日通过了三峡总公司组织的专家评审，给以高度评价，认为大比尺更接近实际，成果规律性好，对三峡工程和其他类似结构设计，有重要参考价值。并希望能进一步研究各种温度荷载工况对裂缝发展及钢筋应力的影响。

本章的研究主要是围绕三峡水电站压力管道1∶2模型试验进行，研究思路是：首先根据模型试验建立有限元分析模型，然后进行模型试验的有限元模拟。在有限元模拟结果与模型试验较吻合的基础上，进行温度作用、内水压力作用、温度作用与内水压力联合作用下裂缝宽度与钢材应力的计算，最终给出考虑温度作用以后，裂缝的附加增加宽度与钢材附加应力，直接提供实用设计公式。

3.1　三峡坝后背管1∶2模型试验

3.1.1　模型试验简介

模型试验以三峡电站钢衬钢筋混凝土压力管道斜直段末端为试验断面，原型的参数如下：断面设计内水压力1.21MPa，校核内水压力1.27MPa（包括水击压力）。钢衬为16Mn钢板，厚度32mm，管道环向布置三层Ⅱ级钢筋，内层Φ45@200，中外

层Φ45@167，纵向钢筋也布置三层，均为Φ36@200，沿槽面边缘布置一层Φ16@200坝体钢筋。管道与坝体仅在侧槽连接部位设置30mm垫层。垫层材料为PS塑料泡沫板，其$E=1.0$MPa，$\mu=0.3$。管道混凝土250号，三级配，坝体混凝土150号，四级配。

模型试验采用与原型一致的钢材和混凝土，几何相似比为1∶2，着重研究5个方面的问题：①在设计内水压力作用下，钢衬钢筋混凝土应力分布以及各级荷载下三种材料的承载比；②混凝土初裂位置、初裂荷载、裂缝宽度、裂缝发展特征；③管道的承载能力和破坏特征；④在内水压力作用下浅槽管坝连接部位的应力分布，管道开裂对坝体的影响；⑤在温度荷载作用下，管道钢材应力以及裂缝宽度的变化。

3.1.2 模型设计与制作

模型按几何相似及物理相似进行设计。模型几何比尺为1∶2。采用与原型一致的材料，材料弹模相似系数为1，荷载相似系数为1，则应变、应力相似系数均为1，只有变形相似系数为1∶2。由于采用与原型一致的材料，则导温、热膨胀相似系数为1，温度荷载试验采用的温度相似系数为1，故钢材温度应变、应力相似系数也为1，变形相似系数为1∶2。图3.1为模型试验照片。

图3.1 三峡坝后背管1∶2模型试验

模型尺寸及模型结构详见图3.2。模型钢衬采用16Mn钢板，厚度16mm。按模型与原型含筋率一致的原则配置钢筋，管道环向钢筋内层3Φ28，中层3Φ32，外层3Φ36，中层靠近外层布置。沿管轴线的钢筋间距不按几何比尺缩小，采用与原型一样的间距。坝体槽面钢筋3Φ12，垫层厚度15mm。

对钢材、混凝土进行力学性能测试，钢板、钢筋力学参数见表3.1。坝体混凝土150号采用三级配。管道混凝土250号，采用三峡工程实际采用的花岗岩碎石作骨料。为了模拟混凝土裂缝特征，骨料按几何比尺缩小，采用二级配。钢材、混凝土及保温塑料泡沫板的热学性质参数采用规范值，模型与原型相同。

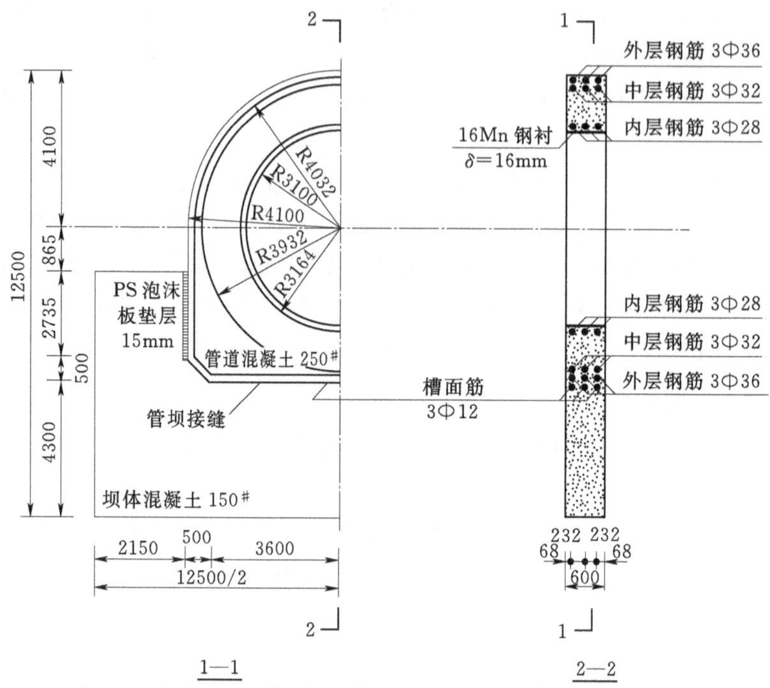

图 3.2　模型试验管道尺寸及配筋（单位：mm）

表 3.1　　模型材料参数及尺寸表

部位	材料名称	直径/mm	壁厚/mm	材料型号	弹模/MPa	屈服强度/MPa	泊松比	配置形式
管道	钢衬	6200	16.0	16Mn	1.98×105	350	0.3	
	钢筋			20MnSi	2.05×105	375	0.3	内 3Φ28 中 3Φ32 外 3Φ36
	混凝土			按 250 号设计				二级配
坝体	钢筋			16Mn	2.05×105	375	0.3	一层 3Φ12
	混凝土			按 150 号设计				三级配
	垫层		15.0	PS 泡沫塑料板			0.3	

3.1.3　模型温度荷载试验

模型试验的温度荷载试验部分是在校核内水压力试验完毕进行。在设计内压作用下的模型正式测试前先反复施加 0.2MPa 内水压力，调整结构的承载状况，检验加压装置、应变仪等设备工作状况，然后卸压调零，再以 0.2MPa 的级差施压到 0.6MPa，改为 0.1MPa 增压，以求准确测出初裂荷载，并确定裂缝发展状况。裂缝发生后，继续加载，直到设计荷载 1.21MPa，此后反复施加设计压力 40 次左右，以便能观察裂缝宽度变化。实际情况是短细裂缝、管轴线方向裂穿的侧面通缝条数增加，缝宽没有明显变化。然后施加一次校核内水压力 1.27MPa，增加了一条裂缝。图 3.3 为在达到校核内水压力

1.27MPa 时模型的裂缝分布情况。

进行完毕校核内水压力模型试验以后，随之进行的就是温度荷载试验。模型试验的温度场形成是这样的。在模型底部及上表面敷设 50mm 厚的自熄泡沫板保温层，在管道外侧设置上下风道，在上下风道内各均匀布置 30 个 300W 电炉，在风道两端设电风扇，使上下风道密封循环通风达到风道及管外壁各处温度均匀。压力钢枕内设置进出两根油管，对钢枕通入热液体，使钢衬降温加速形成管壁外高内低温度场。用电热器加热铁桶内的油水混合液体，由水泵向钢枕送热液。用恒温自动调节装置，调节和控制风道以及油水混合液的温度，最终控制管壁温度场。

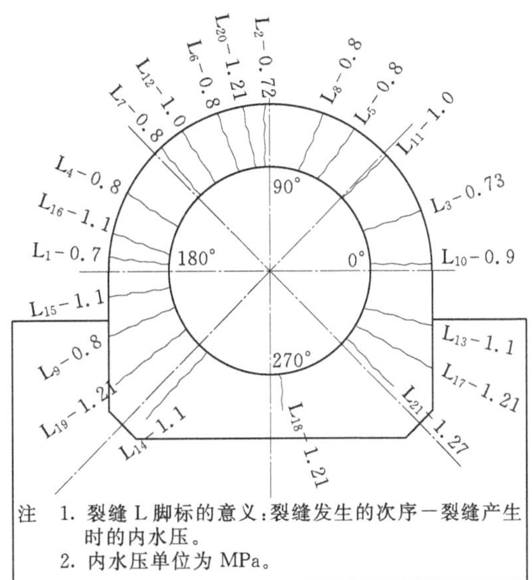

图 3.3 内水压力 1.27MPa 时模型的裂缝分布情况

温度荷载试验完成了三种类型温度场，即内低外高、内高外低、均匀温升。

内低外高温度荷载试验。将管外壁风道设置的电炉通电加热升温对风道设置三个恒定的控制温度：35℃、45℃、55℃，以求形成三个比较恒定的管内壁低外壁高的温度场，即形成三个内外壁温差，同时测出它们对应的管壁变位、钢材应变值、裂缝宽度的变化等。为测出裂缝变化，自始至终施加 0.6MPa 内水压力并维持稳定，使混凝土裂缝张开的同时施加温度荷载。

内高外低温度荷载试验。采用电热器加热铁桶内油水混合液，通过水泵与压力钢枕进行循环。通过恒定控制油水混合液三个温度，即高出钢枕 10℃、18℃、28℃，形成内高外低的恒定温度场。由于内高外低的温度场使裂缝外侧是张开的，没有组合施加内水压力。

均匀温升的温度荷载试验。外侧风道加温，内侧油水混合液同时进行热循环，调节两侧的控制温度使得两侧升温基本同步。模型是 1995 年 12 月 28 日浇筑，当时气温 10℃左右，温度荷载试验时的气温 30℃左右，认为模型已经均匀温升 20℃左右。

3.2 模型温度荷载试验有限元模拟

3.2.1 ANSYS 结构分析简介

自从有限元方法从 20 世纪中期提出以后，至今发展已经日趋成熟。尤其随着计算机技术的高速发展，使用有限元方法来解决工程技术问题已经被人们普遍接受。目前，国外有很多成熟的通用软件，ANSYS 软件就是其中最出色的软件之一。本章的温度荷载试验的有限元模拟将全部依靠 ANSYS 软件完成。

在第 2 章中对于 ANSYS 软件已经进行了简要介绍，下面主要介绍其在结构分析上的特点和优点。

ANSYS程序在结构分析上应用比较广泛，它具有较强的非线性分析功能。结构非线性导致结构或部件的相应随外荷载不成比例变化。实际上，所有结构本质上是非线性的，只是在对分析影响很小时常被忽略。然而，如果分析者认为非线性对结构性质的影响到了不能忽略的程度，则需要进行非线性分析。ANSYS程序可求解静态和瞬态非线性问题。非线性静态分析将荷载分解成一系列增量的荷载步，并且在每一荷载步内进行一系列线性逼近以达到平衡。每次线性逼近需要对方程进行一次求解（称平衡迭代）。类似地，非线性瞬态问题可被分解为连续的随试件变化的载荷增量，在每步进行平衡迭代，然而瞬态情况也可能包括惯性效应的试件积分。

在非线性分析中，结构刚度矩阵和载荷向量依赖于求解结果，因此是未知的。为解决该问题，ANSYS程序使用基于Newton-Raphson法的迭代过程，用一系列线性近似值逐渐收敛于实际上的非线性解。对于静力非线性分析，可采用弧长法控制收敛。每个子步荷载的划分和最大平衡迭代数均可由用户控制。平衡迭代进行到收敛或达到最大迭代数限制为止。

在许多非线性静态分析中，载荷必须以增量形式施加以获得精确解。载荷从初始载荷（通常为零）到最终载荷是斜坡变化的。ANSYS程序具有载荷步自动划分功能，目的在于获得精确解和收敛解。用户仅需给定最终载荷以及将采用的最小、最大步长。在非线性瞬态动力分析中，动力平衡方程用Newmark试件积分求解。瞬态分析被分为离散试件点。任意两个连续时间点之差称为积分试件步长。ANSYS程序具有自动定义时间步长的能力，它根据相应频率和非线性程度，增加或减少积分时间步长，在保证精度的前提下，使得所需的时间步数量少。

除自动划分载荷步、自动时间步和弧长外，ANSYS程序提供了其他收敛增强能力诸如预测、二分、线性搜索和自适应下降等。在每个子步开始时激活自由度解的线性预测器，如果解被测定为“脱轨”，则二分和自适应下降会使求解回退并重启动。

在静态和瞬态分析中，ANSYS程序可考虑多种非线性的影响，这些非线性可分为三类：材料、几何和单元非线性。

当应力和应变不成比例时，存在材料非线性。ANSYS程序可模拟各种非线性材料性质。塑性、多线性弹性和超弹性的特点是存在非线性的应力-应变关系。而黏塑性、蠕变和黏弹性的特点是其应变与其他因素（如时间、温度和应力）有关。非线性材料性质用Newton-Raphson方法解决。为全面考虑分析中的塑性材料性质，必须考虑三个重要的概念。屈服准则，流动准则和硬化定律。屈服准则用于三维应力状态，它计算出一个单值的等效应力，并与屈服强度比较以确定材料何时屈服，流动准则预测应变将发生的方向。硬化准则用于描述发生塑性应变时屈服面的扩展或变化。ANSYS程序可使用三个屈服准则之一预测屈服何时发生：Von Mises屈服准则、修正的Von Mises（Hill）屈服准则和Drucker-Prager屈服准则。

当结构位移显著地改变其刚度时，则被视为几何非线性。ANSYS程序可解决这几类几何非线性效应：大应变、大变形，应力刚化和旋转软化。大应变几何非线性解决大的局部变形问题，它可作为结构变形而出现。材料中的应变和转角数量没有假定。程序通过调

整反映几何变化的单元性状来解决大应变问题。

非线性单元是其本身具有非线性行为的单元，而与其他单元无关。典型表现为由于状态变化而引起刚度的突变（诸如接触单元由开放转变为关闭）。单元非线性提供了总体非线性不可能实现的各种功能。ANSYS 单元库包含下列非线性单元：①一般的点-面接触单元。一般的节点对表面接触单元允许表面间有显著的滑动和载荷传输，可在表面间规定弹性或刚性库仑摩擦。单元可有关闭和黏结或开启等状态；②刚性对柔性接触单元。ANSYS 程序提供了先进的刚性对柔性接触单元，可以处理二维和三维平直表面的接触问题，包括壳体接触问题。

3.2.2 有限元分析模型的建立

在进行有限元分析模型建立之前，首先要进行模型试验裂缝简化。因为，在进行温度荷载下管道结构计算时，其结构形式与常规计算不同，此时管道是带裂缝工作的。可以说初始裂缝分布是建立计算模型的基础。

图 3.3 所给出的是模型试验进行温度荷载试验之前的裂缝分布状况。从裂缝的分布看，左右基本对称，管道上半圆部分裂缝分布较密，下半部分裂缝分布较疏。在建立有限元分析模型时，对裂缝分布进行了少许的简化，简化后的裂缝分布如图 3.4 所示。简化后的裂缝分布左右对称，其中上半圆均匀分布裂缝 11 条，下半部分不均匀分布 7 条，靠近 0°和 180°处分布较密。

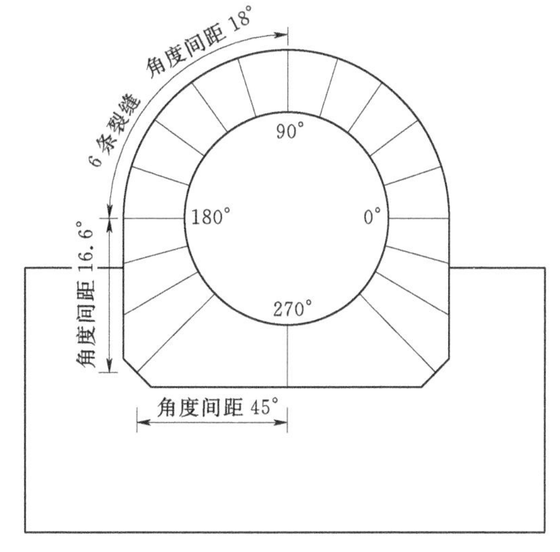

图 3.4 有限元计算模型裂缝分布

图 3.4 管道裂缝分布图是进行本章有限元分析的基础，有限元分析模型按照此图建立。

按照模型试验的实际尺寸建立了有限元模型，单元及网格划分见图 3.5。考虑到模型及荷载的对称性，在建立模型时选取了管道结构的 1/4。由于研究的重点在于管道，因此管道部分网格划分较密，坝体部分网格划分较疏。

在图 3.5 的有限元网格划分中，从表面看不出裂缝位置及黏结单元的，因为在裂缝处虽然是两个不同的节点，但是位置是重合的；混凝土和钢筋之间的黏结单元也是同样的道理。

图 3.6 为有限元模型材料分区及裂缝位置图，钢筋尺寸与模型试验用钢筋截面积相同，只是把圆形等效成了方形；钢衬厚度与实际相同。裂缝的位置与图 3.4 裂缝位置相同。

应用有限单元法分析钢筋混凝土结构时，所得结果的可靠性，在很大程度上取决于材料模式的真实性。因此，为了获得符合实际的有限元分析结果，需要进行数值试验来不断验证、修正。下面结合图 3.5 和图 3.6 所示的有限元分析模型及其相应的材料分区分别说

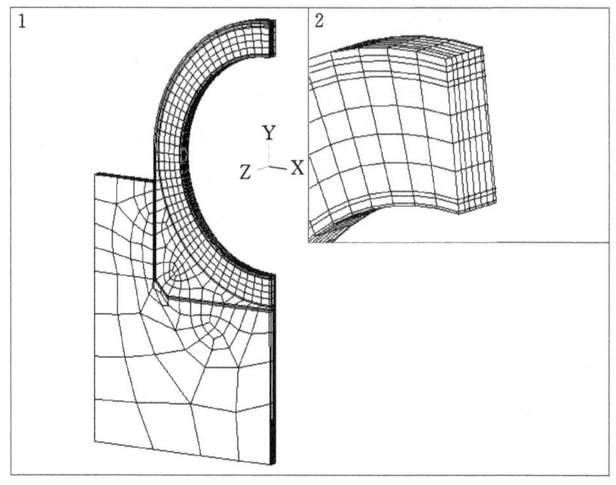

图 3.5　有限元计算模型单元及网格划分

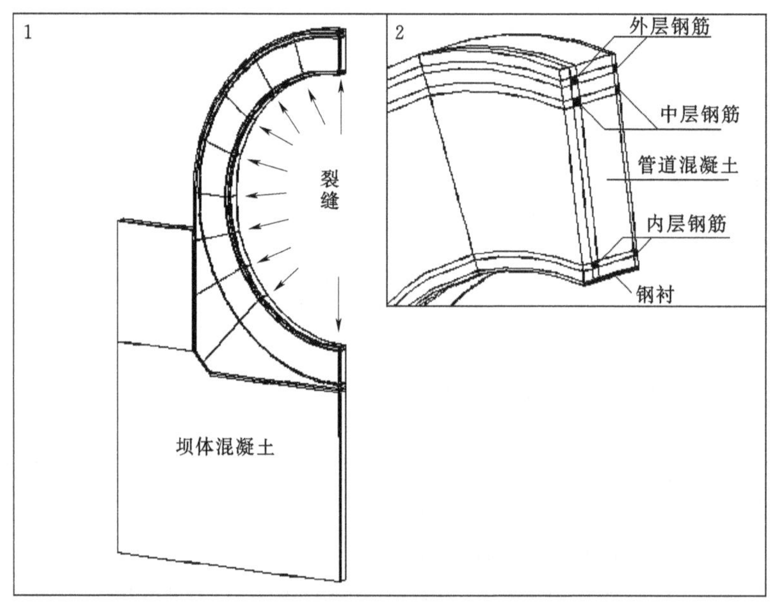

图 3.6　有限元模型材料分区及裂缝位置图

明在 ANSYS 中使用的单元及材料模式。

3.2.2.1　混凝土模拟

管道混凝土与坝体混凝土均采用 ANSYS 软件中的 SOLID65 单元，此单元是一个八节点、六面体单元，采用此单元后，单元所对应的材料为 Concrete 材料。

Concrete 材料是一脆性材料，可模拟单元被压碎或被拉裂，这对模拟混凝土等脆性材料是非常适合的。

混凝土材料模型包括拉裂和压碎两种破坏模式。多轴（复杂）应力状态下的混凝土破坏准则可用下式表示：

$$F/f_c - S \geqslant 0 \tag{3.1}$$

式中：F 为主应力 σ_{xp}、σ_{yp}、σ_{zp} 状态的函数；S 为用 5 个输入参数 f_t、f_c、f_{cb}、f_1、f_2（见表 3.2 的定义）表示的破坏面；f_c 为混凝土单轴抗压强度；σ_{xp}、σ_{yp}、σ_{zp} 为三个方向主应力。

如果式（3.1）不满足，表明没有相应的拉裂和压碎情况，否则如果任一个主应力是拉应力时，材料会拉裂，而当所有主应力是压应力时，材料会压碎。

在确定破坏面和四周静水压应力状态时，需要输入全部 5 个强度参数（其中任一个可能和温度有关），见表 3.2。

表 3.2　　混凝土材料参数表

符　号	说　明	常　数
f_t	极限单轴抗拉强度	3
f_c	极限单轴抗压强度	4
f_{cb}	极限双轴抗压强度	5
σ_h^a	四周静水压应力状态	6
f_1	附加在静水压应力状态上的双轴压应力状态的极限抗压强度	7
f_2	附加在静水压应力状态上的单轴压应力状态的极限抗压强度	8

在这 5 个强度参数中，至少需要给出两个常数 f_t，f_c，方可确定破坏面，其他三个常数默认为：

$$f_{cb} = 1.2f_c \tag{3.2}$$

$$f_1 = 1.45f_c \tag{3.3}$$

$$f_2 = 1.725f_c \tag{3.4}$$

当下列条件满足时，上述默认值才是有效的：

$$|\sigma_h| \leqslant \sqrt{3}f_c \tag{3.5}$$

$$\sigma_h = \frac{1}{3}(\sigma_{xp} + \sigma_{yp} + \sigma_{zp}) \tag{3.6}$$

因而式（3.5）适用于具有低静水压应力分量的应力环境，当预计到静水压应力分量较大时，5 个破坏参数都必须给定。如果式（3.5）不满足而又采用式（3.2）～式（3.4）给定的默认值，凝土材料的强度将被不正确地估计。函数 F 和破坏面 S 都是用主应力表示，其中：

$$\sigma_1 = \max(\sigma_{xp}, \sigma_{yp}, \sigma_{zp}) \tag{3.7}$$

$$\sigma_3 = \min(\delta_{xp}, \delta_{yp}, \delta_{zp}) \tag{3.8}$$

且 $\sigma_1 \geqslant \sigma_2 \geqslant \sigma_3$

混凝土的破坏可以分为以下 4 种类型：

(1)　$0 \geqslant \delta_1 \geqslant \delta_2 \geqslant \delta_3$（压—压—压）

(2)　$\delta_1 \geqslant 0 \geqslant \delta_2 \geqslant \delta_3$（拉—压—压）

(3)　$\delta_1 \geqslant \delta_2 \geqslant 0 \geqslant \delta_3$（拉—拉—压）

（4）　　$\delta_1 \geqslant \delta_2 \geqslant \delta_3 \geqslant 0$（拉—拉—拉）

在每一种破坏类型中，函数 F 和破坏面 S 的表达式均有所不同，分别表示为 F_1，F_2，F_3，F_4 和 S_1，S_2，S_3，S_4 函数 $S_i(i=1，2，3，4)$ 所描述的曲面是连续的，而当任一个主应力改变符号时其曲面梯度是不连续的，见图 3.7 和图 3.8。

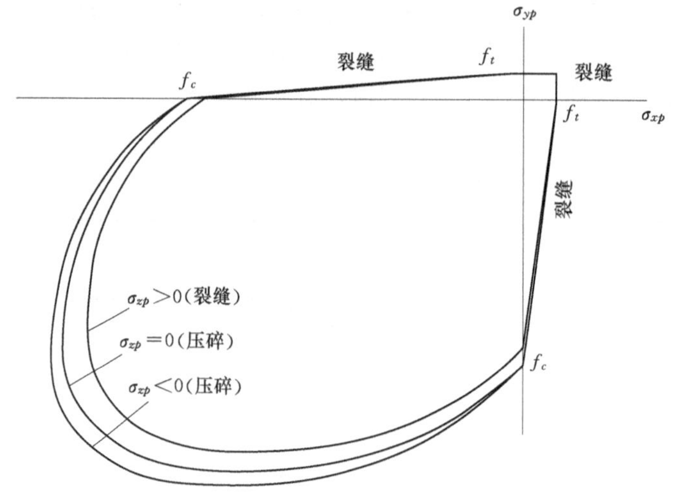

图 3.7　主应力空间的平面破坏

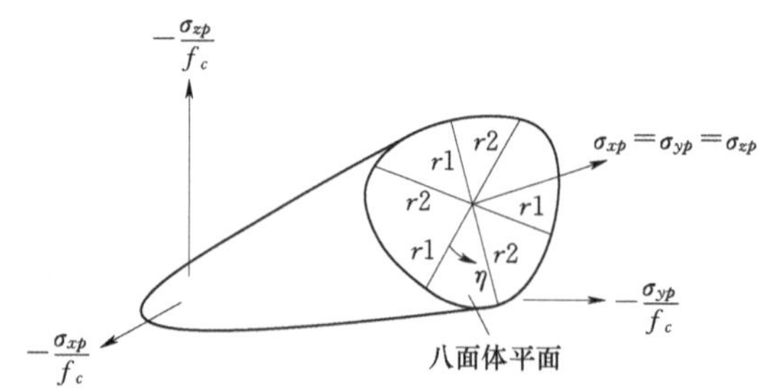

图 3.8　主应力空间的三维破坏面

在 ANSYS 中，混凝土裂缝的计算是依据其开裂模型。在某个积分点上裂缝存在是通过修正应力应变关系来体现，通过在垂直于裂缝面的方向上引入一个弱面的方法。而且引入一个剪力转换系数 β_t 表示随着能引起跨越裂缝面的滑动（剪切）的后继荷载的增加造成剪切强度降低的因素。只在一个方向开裂的材料的应力应变关系变为：

$$[D_c^{ck}]=\frac{E}{1+v}\begin{bmatrix}\frac{R^t(1+v)}{E} & 0 & 0 & 0 & 0 & 0\\ 0 & \frac{1}{1-v} & \frac{1}{1-v} & 0 & 0 & 0\\ 0 & \frac{1}{1-v} & \frac{1}{1-v} & 0 & 0 & 0\\ 0 & 0 & 0 & \frac{\beta_t}{2} & 0 & 0\\ 0 & 0 & 0 & 0 & \frac{1}{2} & 0\\ 0 & 0 & 0 & 0 & 0 & \frac{\beta_t}{2}\end{bmatrix} \tag{3.9}$$

上标 ck 表示应力应变关系使用于平行于主应力方向的坐标系且 x^{ck} 轴垂直于裂缝面。如果 KEYOPT(7)＝0，$R^t=0.0$，如果 KEYOPT(7)＝1，R^t 是图 3.9 所定义的倾角（割线模量）。R^t 能随着求解的收敛自适应下降并一直减少到 0。

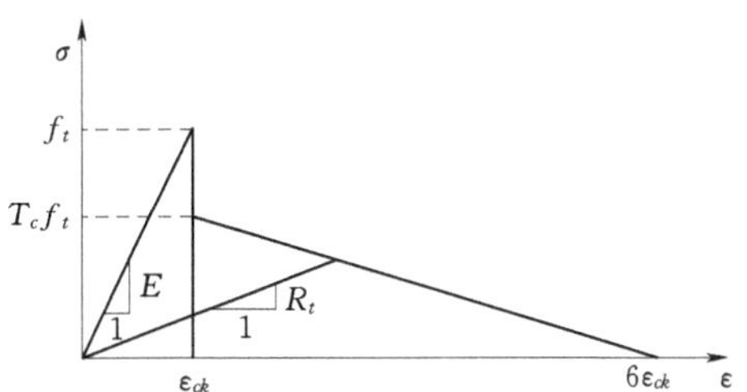

图 3.9　开裂情况下的强度

f_t—单轴拉裂应力（在命令 TBDATA 中输入 C_3）；T_c—拉应力松弛因子（在命令 TBDATA 中输入 C_9，默认为 0.6）

如果裂缝关闭，因而所有垂直于裂缝面的压应力能够跨越裂缝传递，对闭合的裂缝只需引入一个剪力传递系数 β_c（在命令 TBDATA 中用 TB，CONCR 输入常数 C_2），因而 $[D_c^{ck}]$ 可以表示为：

$$[D_c^{ck}]=\frac{E}{(1+v)(1-2v)}\begin{bmatrix} 1-v & v & v & 0 & 0 & 0 \\ v & 1-v & v & 0 & 0 & 0 \\ v & \dfrac{1}{1-v} & 1-v & 0 & 0 & 0 \\ 0 & 0 & 0 & \beta_c\dfrac{1-2v}{2} & 0 & 0 \\ 0 & 0 & 0 & 0 & \dfrac{1-2v}{2} & 0 \\ 0 & 0 & 0 & 0 & 0 & \beta_c\dfrac{1-2v}{2} \end{bmatrix} \tag{3.10}$$

在两个方向开裂的混凝土应力应变关系为：

$$[D_c^{ck}]=E\begin{bmatrix} \dfrac{R^t}{E} & 0 & 0 & 0 & 0 & 0 \\ 0 & \dfrac{R^t}{E} & 0 & 0 & 0 & 0 \\ 0 & 0 & 1 & 0 & 0 & 0 \\ 0 & 0 & 0 & \dfrac{\beta_t}{2(1+v)} & 0 & 0 \\ 0 & 0 & 0 & 0 & \dfrac{\beta_t}{2(1+v)} & 0 \\ 0 & 0 & 0 & 0 & 0 & \dfrac{\beta_t}{2(1+v)} \end{bmatrix} \tag{3.11}$$

如果两个方向裂缝重新关闭，$[D_c^{ck}]$ 可以表示为：

$$[D_c^{ck}]=\frac{E}{(1+v)(1-2v)}\begin{bmatrix}1-v & v & v & 0 & 0 & 0\\ v & 1-v & v & 0 & 0 & 0\\ v & v & 1-v & 0 & 0 & 0\\ 0 & 0 & 0 & \beta_c\frac{1-2v}{2} & 0 & 0\\ 0 & 0 & 0 & 0 & \beta_c\frac{1-2v}{2} & 0\\ 0 & 0 & 0 & 0 & 0 & \beta_c\frac{1-2v}{2}\end{bmatrix} \tag{3.12}$$

如果混凝土在所有三个方向开裂，应力应变关系为：

$$[D_c^{ck}]=E\begin{bmatrix}\frac{R^t}{E} & 0 & 0 & 0 & 0 & 0\\ 0 & \frac{R^t}{E} & 0 & 0 & 0 & 0\\ 0 & 0 & \frac{R^t}{E} & 0 & 0 & 0\\ 0 & 0 & 0 & \frac{\beta_t}{2(1+v)} & 0 & 0\\ 0 & 0 & 0 & 0 & \frac{\beta_t}{2(1+v)} & 0\\ 0 & 0 & 0 & 0 & 0 & \frac{\beta_t}{2(1+v)}\end{bmatrix} \tag{3.13}$$

如果三个方向的裂缝重新关闭，可以采用式（3.12）。总之，在单元 SOLID65 中有 16 种裂缝排列的可能方式和相应的应力应变关系。如果 $1>\beta_c>\beta_t>0$ 不正确时，将输出一个注意。$[D_c^{ck}]$ 转换为单元坐标系中，变为下式：

$$[D_c]=[T^{ck}]^{\mathrm{T}}[D_c^{ck}][T^{ck}] \tag{3.14}$$

其中：式（3.9）中矩阵 $[A]$ 的三个行向量现在代表三个主方向向量。积分点上裂缝打开和关闭的状态是根据应变值 ε_{ck}^{ck} 确定，称为开裂应变。对于 x 方向可能开裂的情况，应变由下式计算：

$$\varepsilon_{ck}^{ck}=\begin{cases}\varepsilon_x^{ck}+\dfrac{v}{1+v}(\varepsilon_y^{ck}+\varepsilon_z^{ck}) & \text{如果没有出现裂缝}\\ \varepsilon_x^{ck}+v\varepsilon_z^{ck} & \text{如果 } y \text{ 方向开裂}\\ \varepsilon_x^{ck} & \text{如果 } y \text{ 和 } z \text{ 方向开裂}\end{cases} \tag{3.15}$$

式中：ε_x^{ck}、ε_y^{ck}、ε_z^{ck} 为开裂方位的三个应变分量。

向量 $\{\varepsilon^{ck}\}$ 可由下式计算：

$$\{\varepsilon^{ck}\}=[T^{ck}]\{\varepsilon'\} \tag{3.16}$$

$$\{\varepsilon_n'\}=\{\varepsilon_{n-1}^{ck}\}+\{\Delta\varepsilon_n\}-\{\Delta\varepsilon_n^{th}\}-\{\Delta\varepsilon_n^{pl}\} \tag{3.17}$$

式中：$\{\varepsilon'\}$ 为修正的整个应变（单元坐标系）；n 为迭代步数；$\{\varepsilon_{n-1}^{el}\}$ 为上一个迭代步的弹性应变；$\{\Delta\varepsilon_n\}$ 为整个应变增量（基于本荷载步的位移增量 $\{\Delta u_n\}$）；$\{\Delta\varepsilon_n^{th}\}$ 为热应变增量；$\{\Delta\varepsilon_n^{pl}\}$ 为塑性应变增量。

如果 $\varepsilon_{ck}^{ck}<0$，相应的裂缝被认为是关闭的。如果 $\varepsilon_{ck}^{ck}\geqslant0$，相应的裂缝被认为是打开的。当裂缝在某个积分点首次出现时，裂缝被假定对于下一个迭代步是打开的。

ANSYS 软件中混凝土的压碎模型按照以下描述考虑。如果材料在某个积分点在单轴、双轴或三轴压应力作用下破坏，则材料被认为是在该点压碎，在单元 SOLID65 中，压碎被定义为材料的结构完整性发生完全损伤（坏）（如：材料散裂）。在材料压碎的情况下，材料强度被认为降低到某个范围以至于在该积分点对单元刚阵的贡献可以忽略。

3.2.2.2 钢筋模拟

在建立有限元分析模型时，钢筋作为实体单元而不是杆单元考虑。选用的是 ANSYS 软件单元库中的 SOLID45 单元。此单元为普通的八节点六面体单元，图 3.10 为 SOLID45 单元的示意图。

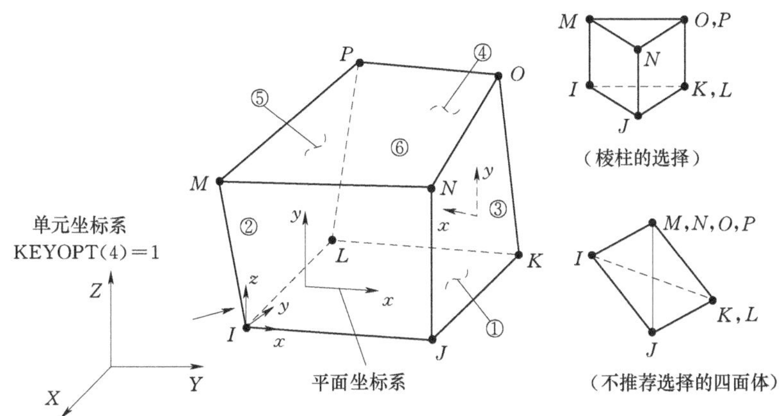

图 3.10 SOLID45 单元

前面提到的模拟混凝土的 SOLID65 单元，其单元形态特征与 SOLID45 单元完全相同，只不过 SOLID65 单元可以模拟单元的开裂与压碎。然后进行的是材料模式的选择。

由于钢筋是一种弹塑性材料，ANSYS 程序提供了多种塑性材料选项，比较相关的有四种典型的材料选项：经典双线性随动强化（BKIN）、多线性随动强化（MKIN）、双线性等向强化（BISO）和多线性等向强化（MISO）。

经典双线性随动强化（BKIN）[图 3.11（a）] 使用一个双线性来表示应力应变曲线，所以有两个斜率，弹性斜率和塑性斜率，由于随动强化的 Vonmises 屈服准则被使用，所以包含有鲍辛格效应，此选项适用于遵守 Von Mises 屈服准则，初始为各向同性材料的小应变问题，这包括大多数的金属。需要输入的常数是屈服应力与切向斜率可以定义高达六条不同温度下的曲线。

多线性随动强化（MKIN）[图 3.11（b）] 使用多线性来表示应力-应变曲线，模拟随动强化效应，这个选项使用 Von Mises 屈服准则，对使用双线性选项（BKIN）不能足够表示应力-应变曲线的小应变分析是有用的。在使用多线性随动强化时，可以使用与 BKIN 相同的步骤来定义材料特性，所不同的是在数据表中输入的常数不同。

双线性等向强化（BISO）[图 3.11（c）]，也是使用双线性来表示应力-应变曲线，在此选项中，等向强化的 Von Mises 屈服准则被使用，这个选项一般用于初始各向同性材料的大应变问题。需要输入的常数与 BKIN 选项相同。

多线性等向强化（MISO）［图 3.11（d）］使用多线性来表示使用 Von Mises 屈服准则的等向强化的应力应变曲线，它适用于比例加载的情况和大应变分析，可以输入最多 100 个应力-应变曲线，最多可以定义 20 条不同温度下的曲线。与 MKIN 数据表不同的是，MISO 的数据表对不同的温度可以有不同的应变值，因此，每条温度曲线有它自己的输入表。

钢筋的材料模式最终选取了图 3.11（a）所示的经典双线性随动强化模型，根据表 3.1 的钢筋参数进行定义。

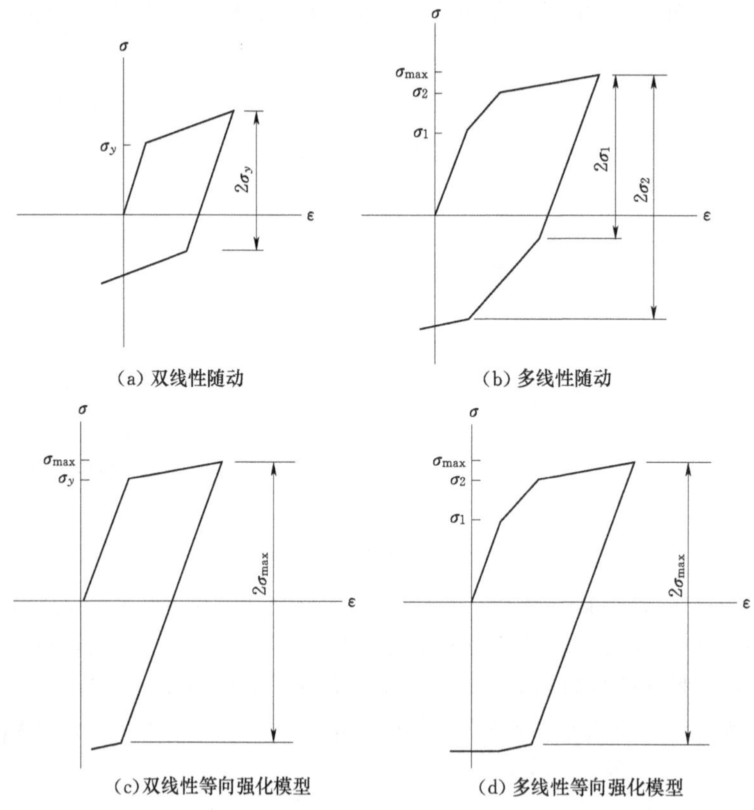

图 3.11　ANSYS 材料库中 BKIN、BISO、MKIN、MISO 应力应变关系

3.2.2.3　混凝土与钢筋黏结模拟

由于钢筋混凝土是由混凝土和钢筋组成的一种复合性材料，它的承载力在很大程度上受到这两种成分之间相互作用的影响。因此，在应用有限单元法来分析钢筋混凝土的裂缝问题时，能否正确地模拟钢筋与混凝土之间的这一作用，是关系到分析结果能否反映结构真实受力状态的关键。尤其对于本章所进行的温度荷载作用下缝宽和钢材应力的变化情况，混凝土与钢筋黏结会对结果产生影响。

对于钢筋与混凝土之间的黏结，有两种基本的联结模型：一种是钢筋和混凝土之间位移完全协调的联结模型；另一种是两者之间位移不协调的联结模型，即采用黏结单元的联结模型。

第一种是位移完全协调的联结模型。如果认为钢筋与混凝土之间黏结很好，不存在黏结滑移，或对黏结滑移不感兴趣而间接地通过受拉钢化效应来考虑黏结力对单元刚度的影响，而不具体考虑钢筋与混凝土之间的黏结滑移，则一般就采用两种材料间位移协调模型。该模型根据钢筋和混凝土之间的具体单元划分方式，又分为分离式、埋置式和组合式三种模型。

分离式模型是把混凝土和钢筋分为不同的单元，所使用的材料参数不同，在钢筋和混凝土接触面上使用相同的节点相连。这种方式实现起来比较容易，在 ANSYS 中直接建立模型，只是把材料分区就可以了。

埋置式模型是把钢筋看成插入混凝土单元中的轴向杆件，其刚度由把钢筋的刚度组合到混凝土单元的刚度中形成。钢筋与同位置的混凝土的位移相同。该模型中，由于钢筋和混凝土之间没有滑动，因此两者处于同一位移场中，各点的位移都是由单元节点位移所确定。这样，钢筋对混凝土单元刚度矩阵的贡献就可以利用一般的线性单元求解刚度矩阵的公式。

组合式适用于钢筋较密，并且在结构中分布比较均匀同时钢筋与混凝土间没有相对滑动，就可认为钢筋分布在混凝土单元中，而采用钢筋与混凝土组合在一起的本构关系。在 ANSYS 软件中，可以采用使用 SOLID65 单元，指定单元的含筋率，达到模拟钢筋混凝土共同作用的效果。

第二种是位移不协调的联结模型——黏结单元联结模型。如果结构的承载能力重要取决于钢筋和混凝土之间黏结力或对黏结力本身要进行详细的研究，那就必须采用位移不协调的联结模型，即在钢筋单元和混凝土单元之间使用特殊的黏结单元相连，用黏结单元的应力-位移关系来模拟黏结特性。目前，应用较多的黏结单元有三类，即黏结链单元、接触单元和黏结区单元。在抗裂问题中，用位移协调的联结模型与位移不协调的联结模型计算结果相差不大，但在极限承载能力分析中则差别较大，用黏结单元联结比较合理。

本章研究的重点是温度荷载对裂缝宽度与钢材应力的影响，因此钢筋与混凝土之间的联结单元是必须要考虑的，否则对结果可能带来很大的误差。如前所述，位移不协调的联结模型有三类，经综合考虑，并根据以往使用 ANSYS 软件进行混凝土结构计算的经验，最终采取的是改进的黏结链单元。

传统的黏结链单元是由 NgO 和 Scodelis 提出的。它是一种假想的、不占空间的单元，即其尺寸大小等于零。它由两个相互垂直的弹簧组成，在节点处将混凝土单元和钢筋单元联结起来，如图 3.12 所示。

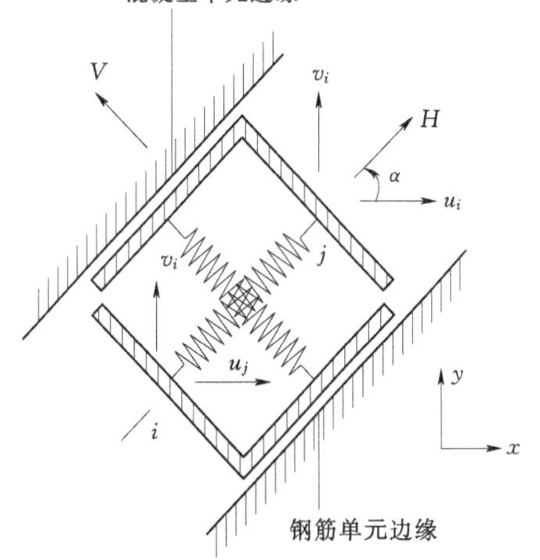

图 3.12 钢筋与混凝土之间的联结单元之一

平行于两种单元接触面的弹簧被用来模拟钢筋与混凝土之间的黏结滑移，而垂直于两种单元接触面的弹簧则被用来模拟钢筋的暗销作用。

黏结链单元按局部坐标系 H、V 的单元刚度矩阵可由下式给出：

$$\begin{Bmatrix} F_h \\ F_v \end{Bmatrix} = \begin{bmatrix} k_h & 0 \\ 0 & k_v \end{bmatrix} \begin{Bmatrix} \Delta_h \\ \Delta_v \end{Bmatrix} \tag{3.18}$$

式中：k_h 为 H 方向的弹簧刚度；k_v 为 V 方向的弹簧刚度；F_h、F_v 和Δ_h、Δ_v 分别为 H 方向和 V 方向的弹簧内力和黏结滑移。

由于式（3.18）中的单元刚度必须从局部坐标 H、V 转换到总体坐标 x、y 后才能装入总刚度矩阵中去。所以必须利用转换矩阵，把式（3.18）转换到总体坐标系中，从而得到

$$\{F\}^e = [k][\delta]^e$$

其中

$$\{F\}^e = \{U_i \quad V_i \quad U_j \quad V_j\}^T$$

$$\{\delta\}^e = \{u_i \quad v_i \quad u_j \quad v_j\}^T$$

$$[k] = [T]^T \begin{bmatrix} k_h & 0 \\ 0 & k_v \end{bmatrix} [T] \tag{3.19}$$

$$[T] = \begin{bmatrix} -c \cdot -s & c \cdot s \\ s \cdot -c & -s \cdot c \end{bmatrix} \tag{3.20}$$

式中：$\{F\}^e$ 为节点力；$\{\delta\}^e$ 为节点位移；$[k]$ 为总体坐标系的单元刚度矩阵；c、s 分别为 $\cos\alpha$、$\sin\alpha$，α 为管道裂缝断面的角度，如图 3.18 所示。

由式（3.19）可得到单元刚度矩阵的分块形式为

$$[k] = \begin{bmatrix} k_{ii} & k_{ij} \\ k_{ji} & k_{jj} \end{bmatrix} \tag{3.21}$$

黏结链单元的弹簧刚度系数 k_h 可根据黏结应力 τ 和滑移量 d 之间的关系来确定，其具体表达式为

$$k_h = \pi D l \frac{d\tau}{dd} = AG \tag{3.22}$$

式中：D 为钢筋直径；l 为黏结单元沿钢筋纵向的间距；A 为从属于一个黏结单元的钢筋表面积；G 为黏结模量，即相应于单位滑移量的黏结应力，该值根据材料特性具体确定。

在线性分析中，一般取 G 为常数，如文献中取 G 为 14.2N/mm^3。在非线性分析中，根据不同的黏结应力 τ 和滑移量 d 的关系，可具体得到 G 的表达式，进而可确定 k_h 的值。

目前，应用较多的 τ、d 关系是从轴心受拉试验中得出的，如文献给出

$$\tau = 100 \times 10^2 d - 58.5 \times 10^5 d^2 + 8.53 \times 10^8 d^3 \tag{3.23}$$

由式（3.23）可得

$$k_h = GA = \frac{d\tau}{dd} A = (100 \times 10^3 - 117 \times 10^6 d + 25.6 \times 10^9 d^2) A \tag{3.24}$$

式中：d 以 cm 计；A 以 cm^2 计；τ 以 MPa 计；k_h 以 N/mm 计。

另一应用较多的黏结应力 τ 和局部滑移量 d 之间的关系式是文献通过试验得出的，其具体形式为

$$\tau = (54 \times 10^2 d - 25.7 \times 10^5 d^2 + 5.98 \times 10^8 d^3 - 0.558 \times 10^{11} d^4) \sqrt{\frac{f_{cu}}{41.5}} \tag{3.25}$$

式中：f_{cu}为混凝土标号，以MPa计；其他符号含义同式（3.23）。

由式（3.22）得

$$k_h=GA=\frac{d\tau}{dd}(54\times10^3-51.4\times10^6d+17.9\times10^9d^2-2.23\times10^{12}d^3)\sqrt{\frac{f_{cu}}{41.5}}A \tag{3.26}$$

式（3.23）和式（3.25）的主要区别在于前者没有考虑混凝土标号对黏结应力的影响，而后者考虑了这一影响。

另外一种模式是大连工学院提出，其表达式为

$$\tau_x=\frac{2\pi A_sE_c\sin\frac{2\pi x}{l_{cr}}(25.36\times10^{-1}d_x-5.04\times10d_x^2+0.29\times10^3d_x^3)}{sl_{cr}\left(\frac{A_s}{2ba}+\frac{1}{\alpha_E}\right)\left(\frac{l_{cr}}{2}-x-\frac{l_{cr}}{2\pi}\sin\frac{2\pi x}{l_{cr}}\right)} \tag{3.27}$$

式中：l_{cr}为裂缝间距；x为离开裂缝截面的距离；a为钢筋中心至梁底面的距离；b为梁宽；A_s为钢筋的截面积；E_c为混凝土的弹性模量；α_E为钢筋的弹性模量与混凝土弹性模量之比；s为单位长度上钢筋的表面积；τ_x和d_x分别为离开裂缝截面距离为x的计算截面上的黏结应力和相对滑移量。

式（3.27）的特点是，既考虑了τ_x-d_x间的非线性关系，又考虑了混凝土保护层的厚度、混凝土弹性模量、钢筋弹性模量、裂缝间距和离开裂缝截面的距离x对τ_x-d_x的影响。

黏结链单元的弹簧刚度系数k_v是用来传递钢筋和混凝土之间的法向力，为防止单元之间的嵌入，其数值一般取值较大。但是，其数值太大又会带来收敛困难的问题。

因此，本章提出的改进黏结链单元与传统的黏结链单元的区别就在于弹簧法向刚度系数k_v的处理上。由于钢筋和混凝土之间在法向一般不会产生脱离的现象，即它们的法向位移应该是连续的，因此，改进的黏结链单元在钢筋与混凝土接触面的法向方向不设置弹簧单元，而是采用位移耦合的方法，强制钢筋与混凝土在法向上的位移相同。

在ANSYS软件中提供了节点位移耦合的功能，其方法就是在求解时多了一个位移耦合的约束条件，这样就避免了单元的嵌入问题，又解决了法向刚度取值过大带来的收敛问题。事实证明，采用这种方法可以很好的模拟钢筋与混凝土之间的黏结问题。

经过比较与选择，最终确定的钢筋与混凝土之间的联结模式采用的是式（3.23）模式。

在使用ANSYS计算时，选用了COMBIN39单元模拟此模式。COMBIN39单元是一种非线性弹簧单元，把它设置于三个相互垂直的方向，可模拟单元X、Y、Z 3个方向的变形，X、Y方向为切向，Z方向为法向，从而在两个相互作用的面之间传递法向及切向力。

此单元的力学特性与前面描述的黏结链单元相同，描述的方法是预定义$F-S$曲线，即力与位移关系曲线。在切向，使用式（3.23）计算得出的参数；在法向，钢筋和混凝土节点耦合。根据单元划分情况，切向界面单元模型见图3.13。

COMBIN 39单元为非线性弹簧单元，用来模拟基础与地基土间的界面单元。如图3.13所示，该单元由两个节点和一条力-位移曲线表示。曲线上的点代表力与变形之间的关系。在输入此曲线时，位移应该由受压状态变化到受拉状态，相邻的位移不能小于总变形量的1×10^{-7}。假如力超过所定义的曲线，则按最后一段直线的斜率变化。

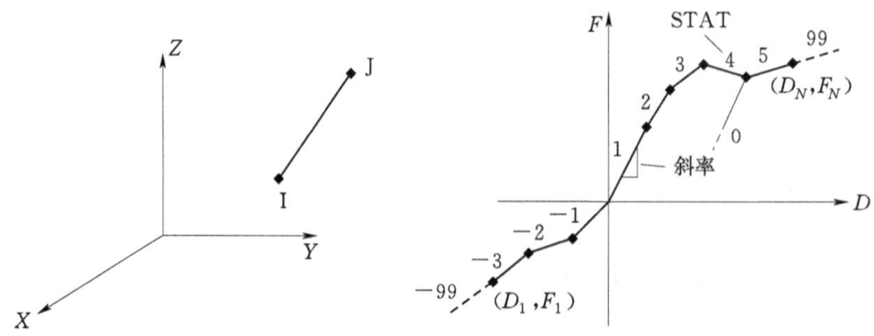

图 3.13　COMBIN39 非线性弹簧

3.2.2.4　裂缝面接触模拟

在模拟温度荷载对管道作用时，裂缝是根据模型试验结果预先设置的。在内外温差作用下，混凝土裂缝面在法向方向难免发生碰撞，从而在法向发生力的传递，这种力的传递对裂缝宽度会有较大的影响，因此，必须要考虑裂缝面传力方式。

裂缝面的传力是一种接触传力，在 ANSYS 软件的单元库中，专门提供了接触单元，可以用来模拟物体之间的接触传力问题。

ANSYS 支持三种接触方式：点-点，点-面和面-面接触，每种接触方式使用的接触单元适用于某类问题。管道裂缝间的接触是面-面接触，应该采用面-面接触的方法。

ANSYS 支持刚体-柔体的面-面接触单元，刚性面被当做“目标”面，分别用 TARGE169 和 TARGE170 来模拟 2—D 和 3—D 的“目标”面，柔性体的表面被当做“接触”面，用 CONTA171，CONTA172，CONTA173，CONTA174 来模拟。一个目标单元和一个接触单元叫做一个“接触对”，程序通过一个共享的实常数编号来识别“接触对”，为了建立一个“接触对”，需要给目标单元和接触单元指定相同的实常数编号。

ANSYS 中的面-面接触单元有几个优点：①支持低阶和高阶单元；②支持有大滑动和摩擦的大变形，协调刚度阵计算，单元提供不对称刚度阵的选项；③提供工程目的采用的更好的接触结果，例如法向压力和摩擦应力；④没有刚体表面形状的限制，刚体表面的光滑性不是必须允许有自然的或网格离散引起的表面不连续；⑤允许多种建模控制，例如绑定接触、渐变初始渗透、目标面自动移动到初始接触、平移接触面（老虎梁和单元的厚度）、支持死活单元等。

对面-面接触单元的计算方法，ANSYS 程序可以使用扩增的拉格朗日算法或罚函数方法，通过使用单元选项中的某开关变量来指定。

扩增的拉格朗日算法是为了找到精确的拉格朗日乘子而对罚函数修正项进行反复迭代，与罚函数的方法相比，拉格朗日方法不易引起病态条件，对接触刚度的灵敏度较小，然而，在有些分析中，扩增的拉格朗日方法可能需要更多的迭代，特别是在变形后网格变得太扭曲时。

所有的接触问题都需要定义接触刚度，两个表面之间渗量的大小取决了接触刚度，过大的接触刚度可能会引起总刚矩阵的病态，而造成收敛困难。一般来说，应该选取足够大的接触刚度以保证接触渗透小到可以接受，但同时又应该让接触刚度足够小以使不会引起总刚矩阵的病态问题而保证收敛性。

程序会根据变形体单元的材料特性来估计一个缺省的接触刚度值，同时也可以通过实常数 FKN 来为接触刚度指定一个比例因子或指定一个真正的值，比例因子一般在 0.01 和 10 之间，可根据自己的需要进行调整。

在面-面接触面之间难免会发生滑动，因此 ANSYS 软件中提供的面-面摩擦类型为基本的库仑摩擦模型。两个接触面开始相互滑动之前，在它们的界面上会有达到某一大小的剪应力产生，这种状态则作黏合状态。库仑摩擦模型定义了一个等效剪应力，一旦剪应力超过此值后，两个表面之间将开始相互滑动，这种状态叫做滑动状态。黏合 & 滑动计算决定什么时候两个接触面从黏合状态到滑动状态或从滑动状态变到黏合状态。

程序提供了一个与接触压力无关，通过人为指定的最大等效剪应力的选项，如果等效剪应力达到此值时，接触面开始滑动，见图 3.14。为了指定接触界面上最大许可剪应力，设置常数 TAUMAX（缺省为 1.0E20），这种限制剪应力的情况一般用于接触压力非常大的时候，以至于用库仑理论计算出的界面剪应力超过了材料的屈服极限。一对 TAUMAX 的一个合理高估为$\frac{\delta_y}{\sqrt{3}}$，即材料的 mises 屈服应力。

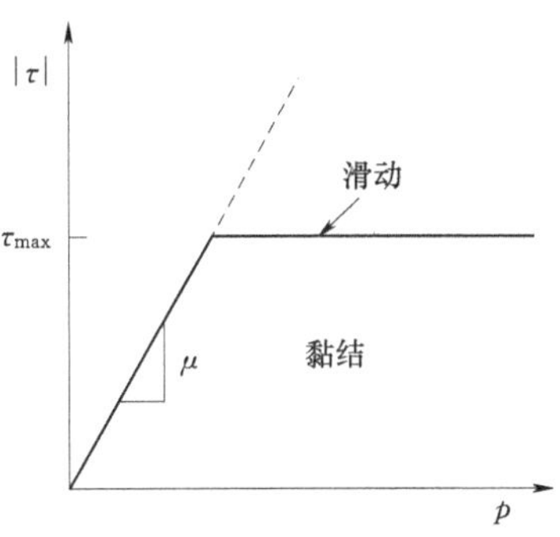

图 3.14 接触面摩擦模式

对无摩擦的 rough 和 bonded 接触，接触单元刚度矩阵是对称的。但是，如果涉及摩擦的接触问题，就会产生一个不对称的刚度，而在每次迭代使用不对称的求解器比对称的求解器需要更多的计算时间，因此 ANSYS 程序采用对称化算法。通过采用这种算法，大多的摩擦接触问题能够使用对称系统的求解器来求解。如果摩擦应力在整个位移范围内有相当大的影响，并且摩擦应力的大小高度依赖于求解过程，同时对刚度阵的任何对称近似都可能导致收敛性的降低，在这种情况下，应该选择不对称求解选项来改善收敛性。

3.2.2.5 钢衬及其与混凝土接触模拟

对于管道内圈的钢衬，可以采用两种处理方法。一种是采用 SHELL 单元，即壳单元；另外一种可以采用块体单元。如果采用壳单元，可以节省部分单元和节点，但是精度相对较低；如果采用块体单元，精度相对较高，但是会增加单元和节点，网格剖分的密度也要达到一定的要求。经综合考虑，最后还是采用了八节点、六面体的块体单元，即 SOLID45。其材料选项与钢筋选项相同，不再赘述。

钢衬之所以能够与外部管道共同受力工作，就在于钢衬与管道内层混凝土接触可以传递法向力和一定的滑移力。

钢衬与管道内层混凝土的接触与钢筋与混凝土的接触类似，尤其是在法向传力上。因此，对于钢衬与混凝土法向模拟，采用的钢衬径向位移与混凝土径向位移耦合的方法，认为两者在径向共同变形。在钢衬与混凝土的切向，由于钢衬与混凝土之间的黏结力很小，因此滑移非常容易，相当于两个刚体之间的滑动。考虑到钢衬与混凝土之间的法向压力不会很大，因此其切向的滑移应力也不会很大，因此，它们的切向位移不作任何处理，即相当于两者可以自由滑动。

针对温度荷载下管道计算的有限元模型，前面对采用的单元、材料以及相应的模拟方法分别进行了论述，表 3.3 对采用的单元、材料进行了汇总。

表 3.3　　有限元模型单元、材料

	单　元	材　　料
混凝土	SOLID65	CONCRET 材料
钢筋	SOLID45	经典双线性随动强化（BKIN）
钢筋与混凝土黏结（切向）	COMBIN39	式（3.23）
钢筋与混凝土黏结（法向）		法向位移耦合
裂缝面	CONTA173 TARGE170	
钢衬	SOLID45	经典双线性随动强化（BKIN）
钢衬与混凝土接触面（切向）		切向自由滑动
钢衬与混凝土接触面（法向）		法向位移耦合

3.2.3　温度荷载试验有限元模拟

温度荷载试验完成了三种类型温度场，即内低外高、内高外低、均匀温升。下面分别将有限元模拟结果与试验结果进行比较分析。表 3.4～表 3.6 给出了对比值。

表 3.4　　模型裂缝宽度随温度变化成果　　单位：0.01mm

温度场	试验或计算	温差	0°			45°			90°		
			内	中	外	内	中	外	内	中	外
内低外高	试验	7.35	2.2	0.5	—	—	—	—	8.0	1.0	—
	计算		0.3	1.2	—	0.6	1.2	—	0.6	1.2	—
	试验	14.00	2.2	0	—	—	—	—	8.7	1.1	—
	计算		0.6	2.3	—	1.1	2.2	—	1.1	2.2	—
	试验	19.50	3.5	1.0	—	—	—	—	9.5	1.0	—
	计算		6.2	4.0	—	2.6	3.4	—	2.4	3.2	—
内高外低	试验	5.97	—	3.0	1.0	—	—	—	—	2.0	1.0
	计算		—	1.5	1.2	—	1.3	0.8	—	1.1	0.6
	试验	9.63	—	2.5	3.0	—	—	—	—	5.5	3.0
	计算		—	2.3	1.9	—	2.1	1.3	—	1.8	0.9
	试验	13.08	—	3.5	4.0	—	—	—	—	8.0	4.5
	计算		—	3.2	2.6	—	2.8	1.7	—	2.5	1.2
均匀温升	试验	6.50	—	1.0	1.0	—	—	—	—	4.0	1.0
	计算		—	0.7	0.6	—	0.9	0.2	—	1.0	0.07
	试验	19.60	—	5.0	5.0	—	—	—	—	8.6	3.0
	计算		—	2.0	1.8	—	2.7	0.6	—	3.0	0.1

表 3.5　　　　**模型管道外壁温度变化位移表**　　　　单位：0.01mm

温度场	试验或计算	温差	0°	45°	90°
内低外高	试验	7.35	14.0	28.2	25.7
	计算		12.8	20.2	28.5
	试验	14.00	17.3	35.1	31.4
	计算		16.7	38.5	37.3
	试验	19.50	22.3	50.3	46.8
	计算		21.5	54.2	49.5
内高外低	试验	5.97	11.0	13.3	10.0
	计算		16.4	18.5	13.5
	试验	9.63	23.3	27.5	24.0
	计算		22.6	33.0	26.8
	试验	13.08	38.8	47	40.0
	计算		37.8	52.5	41.4
均匀温升	试验	6.50	24.5	27.0	25.0
	计算		35.1	48.4	51.3
	试验	19.60	78.0	107.0	104.0
	计算		110.1	141.6	153.0

表 3.6　　　　**应力计算与试验结果对比**　　　　应力单位：MPa

温度场	试验或计算	温差	0°				45°				90°			
			钢衬	内筋	中筋	外筋	钢衬	内筋	中筋	外筋	钢衬	内筋	中筋	外筋
内低外高	试验	7.35	9.0	4.0	8.0	11.0	4.0	3.0	4.0	6.0	5.5	5.0	10.5	10.5
	计算		8.1	3.5	6.7	9.8	4.9	3.2	3.7	5.4	5.8	5.2	9.7	9.3
	试验	14.00	20	8.0	20.0	28.0	12.0	6.0	9.0	12.0	10.0	10.0	22.0	20.5
	计算		21.6	6.3	17.0	18.3	11.3	6.1	7.1	8.3	11.1	8.2	17.1	18.2
	试验	19.50	22	10.0	24.0	34.0	14.0	9.0	14.0	18.0	14.5	13.0	27.0	30.0
	计算		22.2	11.2	19.6	29.6	13.2	9.3	11.6	15.3	13.7	11.9	23.4	27.0
内高外低	试验	5.97	22.0	6.0	9.5	18.0	5.0	3.0	6.5	8.5	4.5	2.0	4.5	4.5
	计算		19.3	4.8	7.6	14.8	6.6	3.4	5.7	7.2	5.1	2.4	4.1	4.3
	试验	9.63	29.0	9.0	24.0	30.0	9.5	6.5	10.0	12.0	8.0	3.0	6.5	12.0
	计算		25.0	8.0	22.9	27.8	8.8	5.3	9.5	10.1	8.2	3.8	4.8	10.8
	试验	13.08	40.0	11.0	38.0	44.0	16.0	16.0	17.0	14.5	15.0	15.0	9.5	17.0
	计算		38.3	10.9	33.1	39.3	14.6	14.4	16.0	11.9	11.2	12.1	8.5	15.2
均匀温升	试验	6.50	19.5	2.0	12.0	3.5	6.0	2.5	0.5	14.0	1.3	4.8	2.1	4.0
	计算		4.6	2.2	6.5	9.3	2.0	8.4	3.7	4.4	6.0	0.2	1.0	1.2
	试验	19.60	22.0	3.0	19.0	8.0	8.0	3.0	3.0	15.0	19.6	5.7	2.4	5.8
	计算		14.5	7.0	2.2	3.2	6.0	2.5	1.1	1.3	1.3	0.8	3.1	3.8

3.2.3.1　内低外高温度场

内低外高温度场进行了三种温差的试验，分别为 7.35℃、14.00℃、19.50℃。

首先进行的是管道在三种温差下的温度场分布计算，这是进行温度荷载作用计算的基础。图 3.15～图 3.17 为管道在温差分别为 7.35℃、14.00℃、19.50℃时的温度等值线。

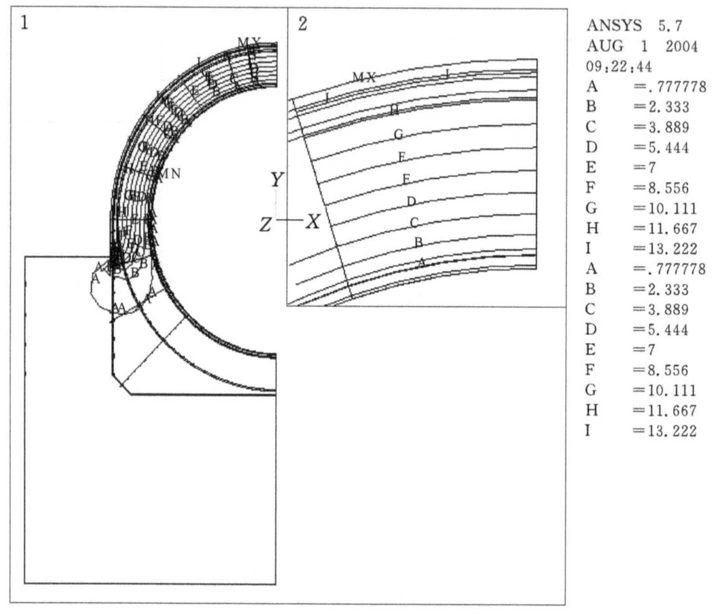

图 3.15　温差为 7.35℃管道温度场等值线

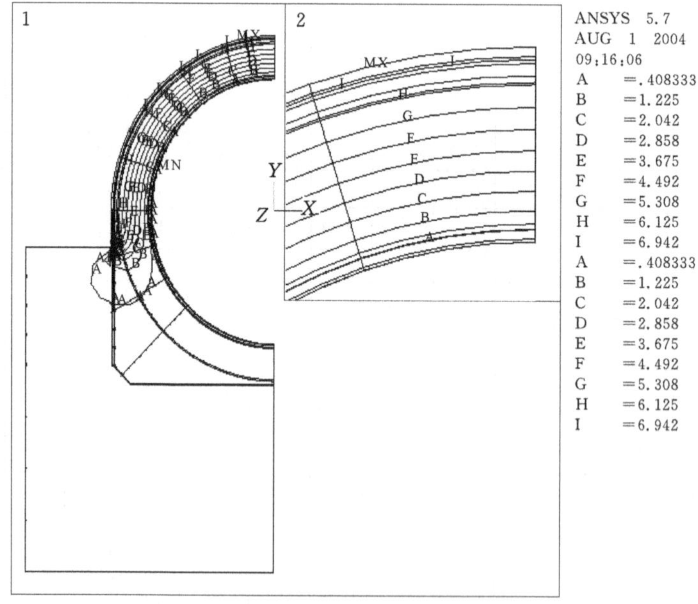

图 3.16　温差为 14.00℃管道温度场等值线

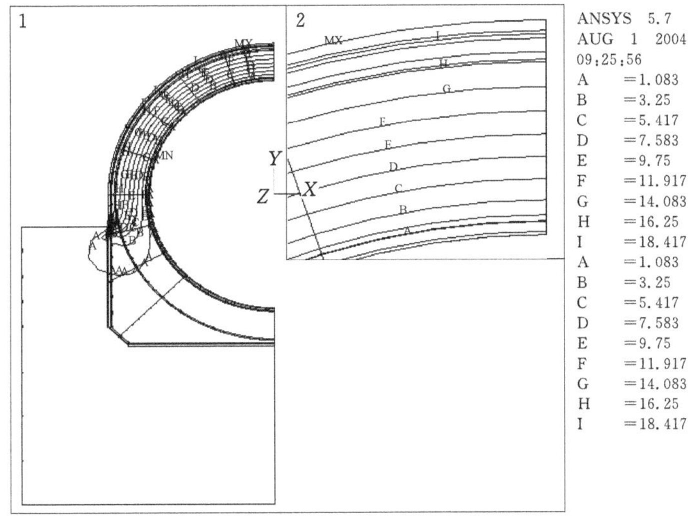

图 3.17 温差为 19.50℃管道温度场等值线

模型试验结果显示，当管道出现内低外高的温度场时，管道外表面裂缝减小，内表面裂缝增大。有限元分析结果与之类似，图 3.35 为管道在温差为 7.35℃时的径向位移图，从图中可以清楚地看到裂缝的形态。裂缝呈现出中部较大，内表面也出现裂缝增大的情况。

图 3.18 给出了模型试验与有限元分析的 0°、45°、90°径向位移对比曲线；图 3.19～图 3.21 给出了管道 0°、45°、90°裂缝断面的钢材应力随温差变化情况的曲线，采用实心点表示的曲线为模型试验数据，采用空心点表示的曲线为有限元计算所得数据。

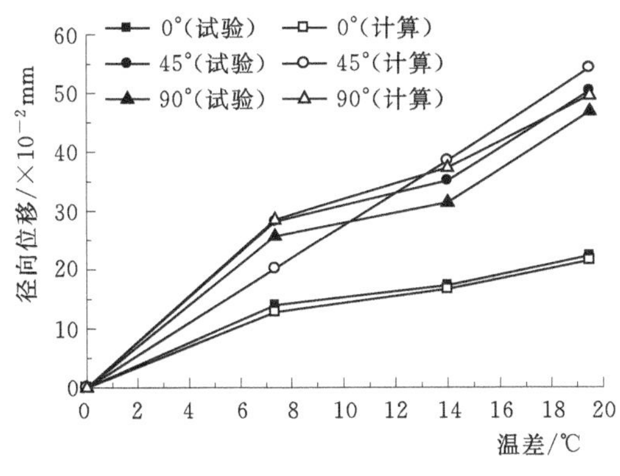

图 3.18 内低外高温差管道径向位移

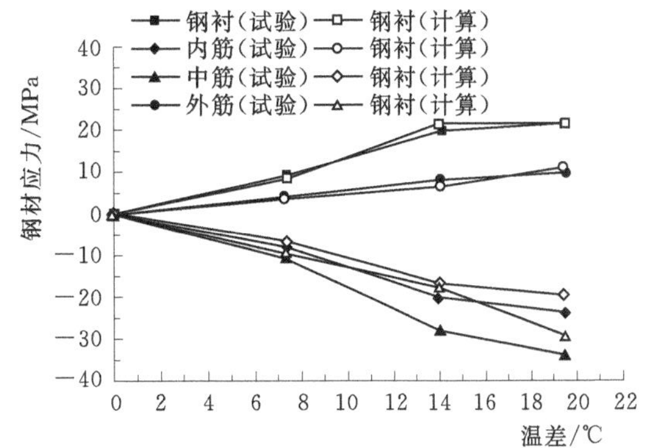

图 3.19 管道 0°裂缝断面钢材应力随温差变化曲线

从图中曲线可以看出，在内低外高温差作用下，有限元计算结果与模型试验结果吻合的比较好。有限元计算结果一般均比模型试验结果小，误差基本在 10%以内。

裂缝宽度的模拟结果见表 3.4。由于在温度作用下，管道的缝宽变化数量级在 10^{-5}～10^{-4}mm 左右，因此无论是模型试验量测还是模型计算，其相对误差值较难控制。根据计算结果看出，有限元计算结果与模型试验结果在同一数量级。管道径向裂缝的中间部位计

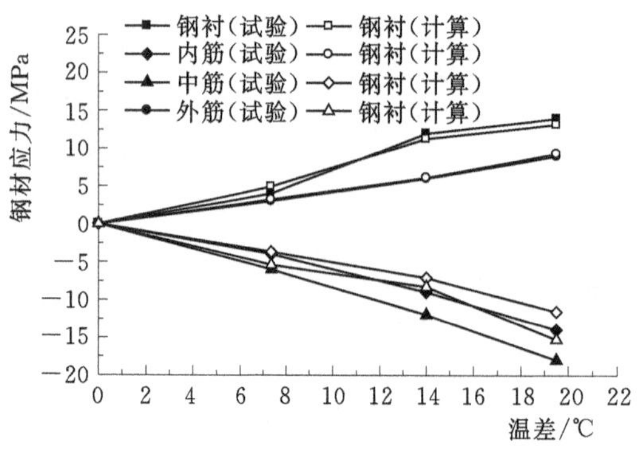

图 3.20　管道 45°裂缝断面钢材应力随温差变化曲线

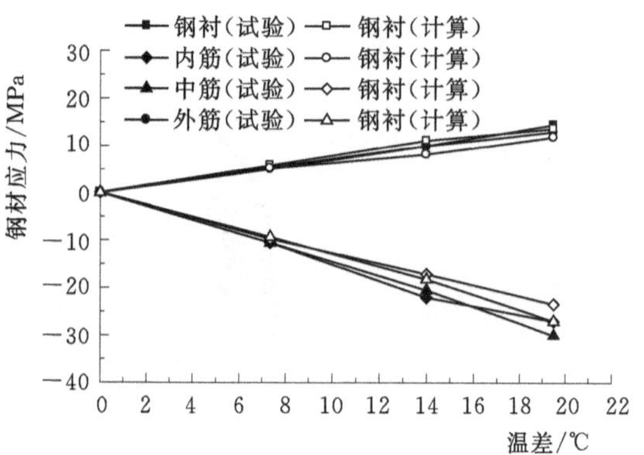

图 3.21　管道 90°裂缝断面钢材应力随温差变化曲

算值与量测值比较接近，但是靠内部位数值相差较大。相差较大的主要因素来自于模型试验与有限元模拟的一个边界不同：裂缝接触面。

如前所述，为准确模拟裂缝面的传力，在建立有限元模型时在裂缝面设置了接触单元。在模型试验中，对于内低外高的温度场，其裂缝在靠近管道内侧开展，考虑到不利于量测，因此在模型试验时是施加了 0.1MPa 的内水压力，首先使裂缝张开，然后计算其裂缝变化值。这样处理，裂缝面靠近管道外侧部分就相当于没有受到裂缝面的约束，因此内侧裂缝的缝宽必然会很大。

值得注意的是，在内低外高温差作用下，管道裂缝中间部位的最大缝宽并不在管道的圆周中心线上，而使靠近管道内侧。从裂缝缝宽来看，中间部位的缝宽要大于靠近管道内部的缝宽。管道外侧裂缝处于闭合状态，对于钢筋的保护是有利的。

3.2.3.2　内高外低温度场

内高外低温度场进行了三种温差的试验，分别为 5.97℃、9.63℃、13.08℃。

三种温差下的管道稳态温度场等值线见图 3.22～图 3.24。

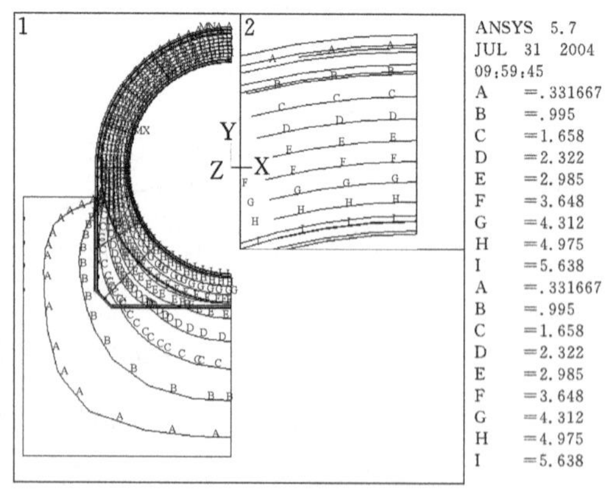

图 3.22　温差为 5.97℃管道温度场等值线

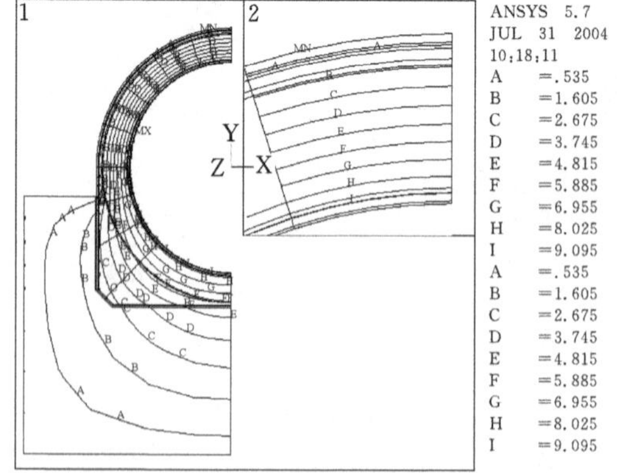

图 3.23　温差为 9.63℃管道温度场等值线

图 3.36 为当内外温差为 9.63℃时，管道的径向位移图。从图中可以看出在内高外低温度场下管道裂缝形态。

在内高外低温度场时，管道外部裂缝张开，靠近内侧裂缝闭合，管道中间部位裂缝较宽。

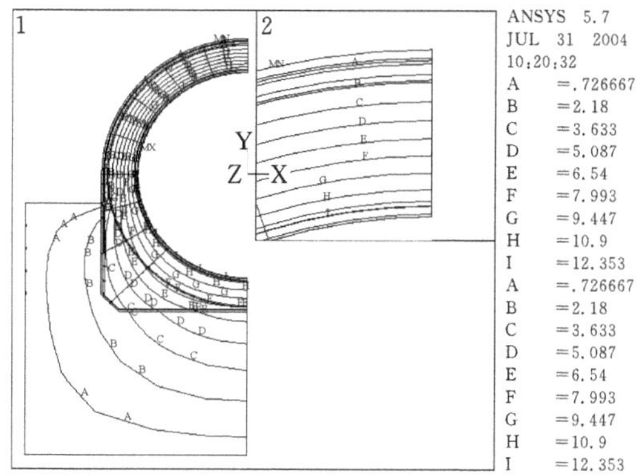

图 3.24 温差为 13.08℃管道温度场等值线

图 3.25 给出了模型试验与有限元分析的 0°、45°、90°径向位移对比曲线；图 3.26～图 3.28 给出了管道 0°、45°、90°裂缝断面的钢材应力随温差变化情况的曲线，采用实心点表示的曲线为模型试验数据，采用空心点表示的曲线为有限元计算所得数据。

从图中曲线对比可以看出，当管道温度场呈现内高外低时，模型试验结果与计算结果吻合较好。管道径向位移比较接近，钢材应力计算结果在多数点与模型试验结果相差不多，其数值误差小于 10%。

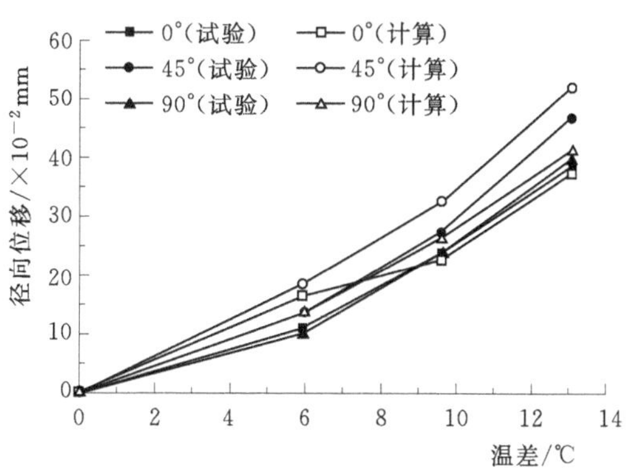

图 3.25 内高外低温差管道径向位移

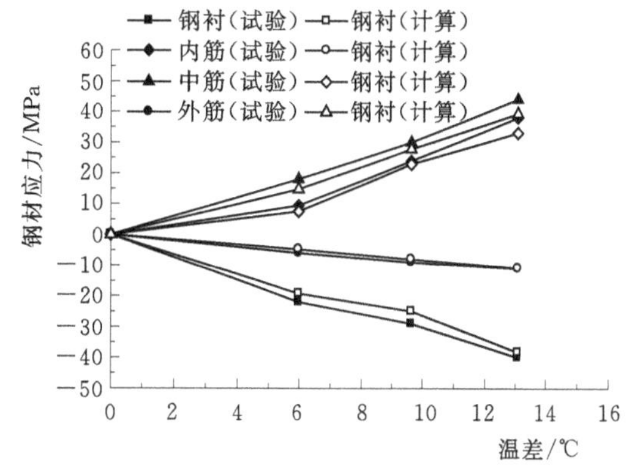

图 3.26 管道 0°裂缝钢材应力随温差

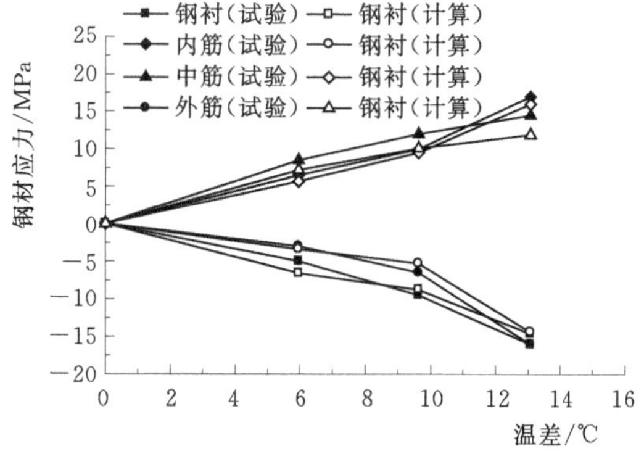

图 3.27 管道 45°裂缝钢材应力随温度变化曲线

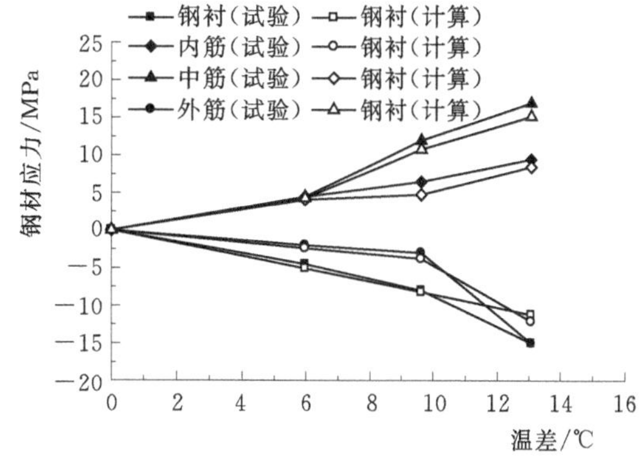

图 3.28 管道 90°裂缝钢材应力随温差变化曲线

由表 3.4 的裂缝缝宽比较可以看出，相比较内低外高的温度场，内高外低温度场作用下管道计算结果与模型试验结果吻合的比较好。一个主要的因素是这种情况下，在模型试验时没有预先施加内水压力，裂缝面的实际传力和模型选取比较接近。

在内高外低温度场作用下，管道外部裂缝增大，中部裂缝最大缝宽不在管道中间，而是靠近管道外侧，其数值大于管道外表面裂缝宽度。在内外温差达到 13.08℃时，管道外侧的裂缝计算值达到 3.17×10^{-5}。

3.2.3.3　均匀温升温度场

均匀温升温度场进行了两种温差的试验，分别为 6.5℃和 19.6℃。其对应的管道稳态温度场等值线见图 3.29 和图 3.30。

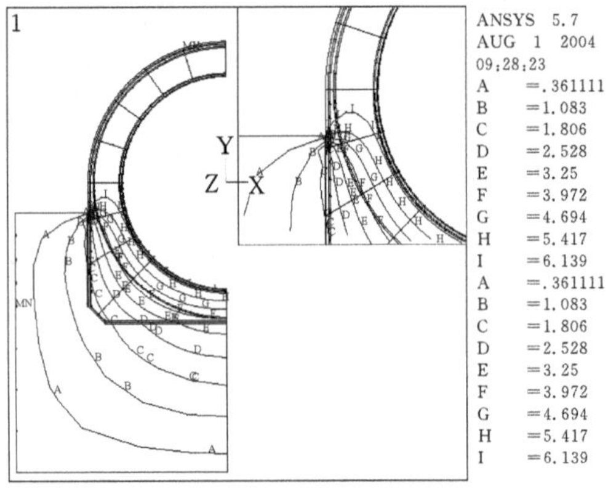

图 3.29　均匀温升 6.5℃管道温度场等值线

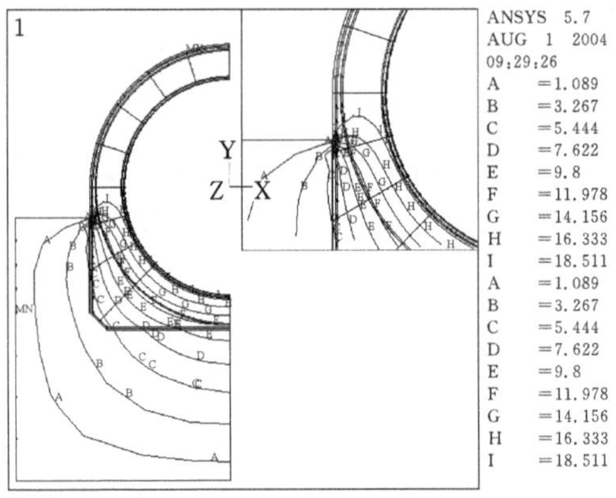

图 3.30　均匀温升 19.6℃管道温度场等值线

图 3.37 为当均匀温升 6.5℃时，管道的径向位移彩图。从图中可以看出在管道在均匀温升情况下裂缝形态。

在均匀温升情况下，管道裂缝出现出较规则的梭状，即外侧和内侧裂缝基本闭合，而管道中部裂缝张开。这种裂缝形态与内低外高、内高外低的温度场作用下裂缝形态是完全不同的。

图 3.31 给出了模型试验与有限元分析的 0°、45°、90°径向位移对比曲线；图 3.32～图 3.34 给出了管道 0°、45°、90°裂缝断面的钢材应力随温差变化情况的曲线，采用实心点表示的曲线为模型试验数据，采用空心点表示的曲线为有限元计算所得数据。

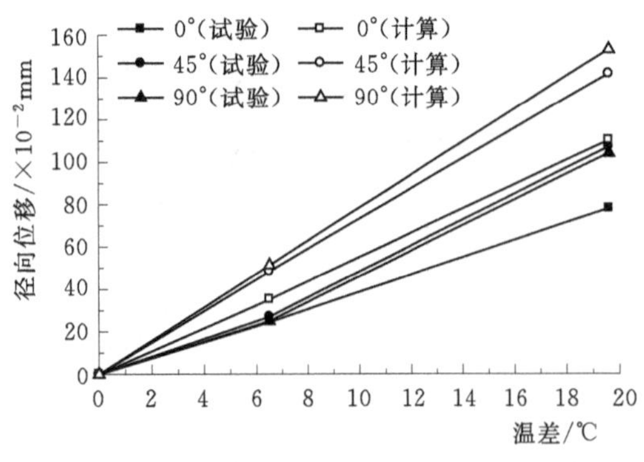

图 3.31　内高外低温差管道径向位移

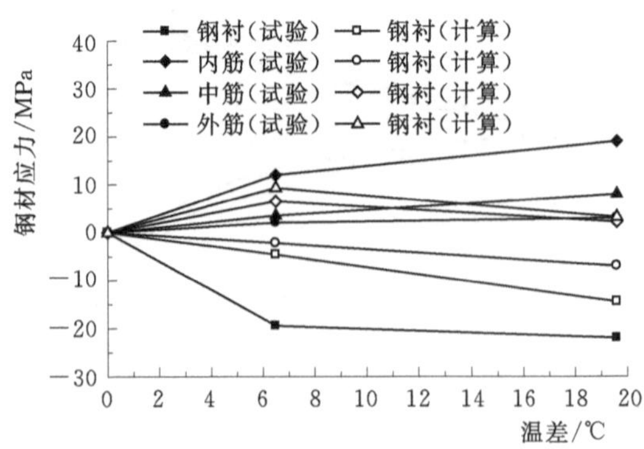

图 3.32　管道 0°裂缝钢材应力随温差变化曲线

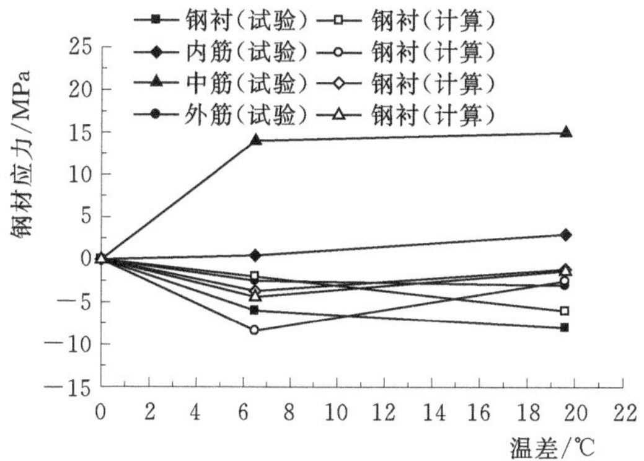

图 3.33 管道 45°裂缝钢材应力随温差变化曲线

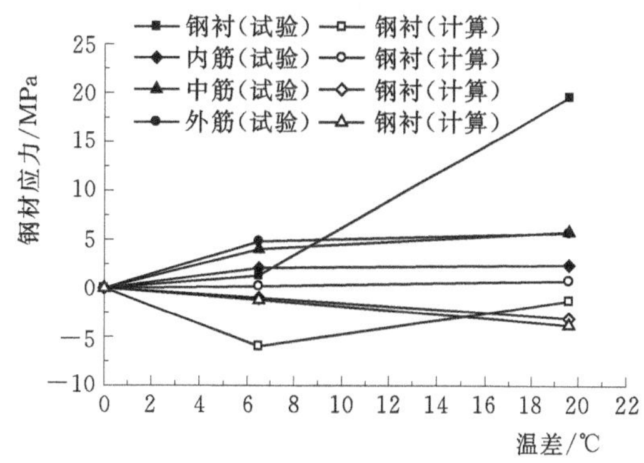

图 3.34 管道 90°裂缝钢材应力随温差变化曲线

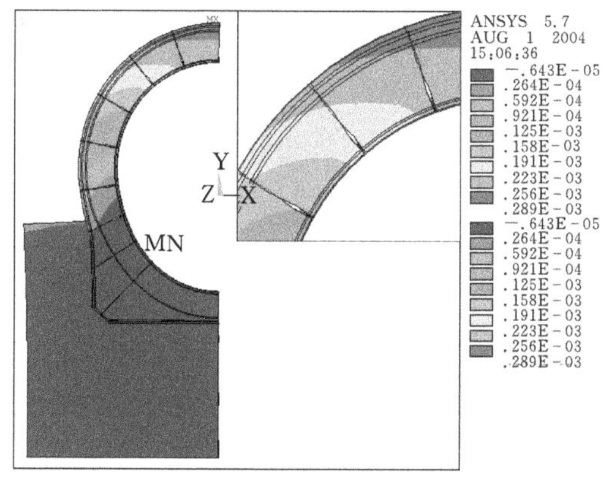

图 3.35 内低外高温差为 7.35℃管道径向位移图

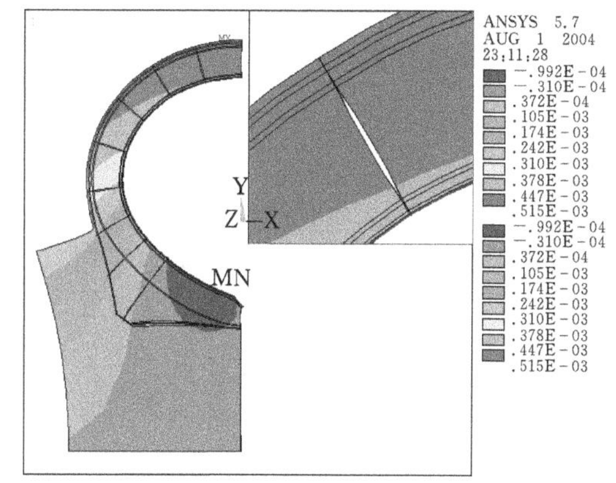

图 3.36 内高外低温差为 9.63℃管道径向位移图

在均匀温升的情况下，有限元模拟与模型试验结果出现了较大的偏差。表现结构宏观变形的径向位移在温差较高时吻合较好，但在温差较低时出现了较大的偏差。尤为严重的是钢材应力分布情况，出现了有限元模拟与模型试验结果相反的情况，即模型试验中钢材为拉应力，但是有限元模拟中钢材应力为压应力；或者模型试验中钢材为压应力，但是有限元模拟中钢材应力为拉应力。

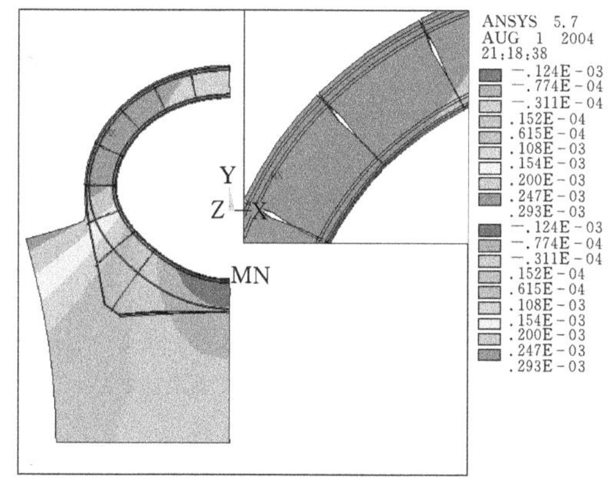

图 3.37 均匀温升 6.5℃管道径向位移图

经过前面管道内低外高与内高外低两种温度场作用下的有限元模拟结果可以看出，有限元模型是正确的，经受住了模型试验的检验。

但为解决这个问题，还是对有限元模型进行了局部修正，经过一系列的试算之后，仍然不能得到与模型试验比较接近的结果。对于这个问题，可能有两种因素导致，一方面是均匀温升情况下的模型试验相对较难，因为要使管道内壁与外壁达到同样的温度而没有偏差是比较困难的；另一方面可能是在均匀温升情况下，管道的某个参数对结果的影响明显加大，导致了结果的偏差。因此，这个问题需要进一步研究。

3.3 计算结果分析

根据本章的研究，可以得出以下几点结论：

（1）钢衬钢筋混凝土压力管道在运行期受到温度影响的作用不可忽略，可以采用模型试验或者有限元模拟计算的方法得到温度荷载对缝宽与钢材应力的影响。

（2）本章针对钢衬钢筋混凝土压力管道建立了基于ANSYS有限元分析软件的完善的有限元计算模型，经过计算与实际模型试验的对比，验证了此有限元计算模型的可靠性。这为以后此类结构运行期温度荷载作用的计算奠定了基础。

（3）根据有限元计算与模型试验结果，对于结构形式与三峡管道1∶2模型试验类似的管道。当在20℃以下温差内低外高、内高外低温度场作用下，温度对管道裂缝的影响基本在10^{-5}～10^{-4}m之间；对钢材应力的影响在±35MPa之间。在设计时可参考使用。

（4）内低外高、内高外低、均匀温升温度场作用下，管道裂缝形态的开展是不同的。在内低外高温度场作用下，裂缝外侧闭合，内侧张开，中间部分裂缝缝宽较大，其最大缝宽位置靠近管道内侧；在内高外低温度场作用下，裂缝内侧闭合，外侧张开，中间部分裂缝缝宽大于外侧，最大缝宽位置靠近管道外侧，不在管壁中心线附近；在均匀温升温度场作用下，管道裂缝呈现梭形，内侧与外侧裂缝均闭合，中间部分裂缝宽度最大，位置基本在管壁中心线附近。

（5）均匀温升温度场作用下管道的有限元计算结果与模型试验结果吻合不好，这可能有多方面的原因，需要进一步研究。

参　考　文　献

[1] 王瑁成，邵敏．有限单元法基本原理和数值方法［M］．2版．北京：清华大学出版社，1997.

[2] 江见鲸．钢筋混凝土结构非先有限元分析［M］．西安：陕西科学技术出版社，1994.

[3] 康清梁．钢筋混凝土有限元分析［M］．北京：中国水利水电出版社，1996.

[4] 赵经文，王宏钰．结构有限元分析［M］．2版．北京：科学出版社，2001.

[5] 董哲仁．钢衬钢筋混凝土压力管道设计与非线性分析［M］．北京：中国水利水电出版社，1998.

[6] 武汉水利电力大学，葛洲坝水电工程学院，葛洲坝集团公司．三峡电站钢衬钢筋混凝土压力管道大比尺平面结构模型试验研究［R］．1996.

[7] 吴晓玲．下游坝面钢衬钢筋混凝土管道温度荷载对钢材应力及裂缝宽度影响的理论及实验分析［D］．武汉水利电力大学申请硕士学位论文．

[8] 丁宝瑛，王国秉，黄程深．东江水电站拱坝坝后背管混凝土的温度应力分析［J］．水利水电技术，1987（4）：34-38.

[9] 董福品，董哲仁，鲁一晖．坝后压力管道结构中钢筋的温度应力研究［J］．水利水电技术，1997（11）：64-67.

[10] 董哲仁，董福品，鲁一晖．钢衬钢筋混凝土压力管道混凝土裂缝宽度数学模型［J］．水力发电，

1996 (5): 39-42.

[11] 曾宪岳，李德基，张忠信．韦水倒虹钢筋混凝土管裂缝原因分析与处理 [J]. 水力发电学报，1983 (2).

[12] 李德基，曾宪岳，张忠信．钢筋混凝土压力管道开裂后断面内力计算方法探讨 [J]. 水力发电学报，1987 (2): 21-37.

[13] 赵国藩，李书瑶，廖婉卿，等．钢筋混凝土结构的裂缝控制 [M]. 北京：海洋出版社，1991.

[14] 王铁梦．工程结构裂缝控制 [M]. 北京：中国建筑工业出版社，1997.

[15] 李德基，曾宪岳，张忠信．外露式钢筋混凝土压力管道温度应力计算方法探讨 [J]. 水力发电学报，1984 (2): 47-58.

[16] 董哲仁．钢衬钢筋混凝土压力管道混凝土裂缝温度张合量数学模型 [J]. 水力发电，1996 (5): 29-33.

第4章 坝后背管外包混凝土裂缝宽度实用新算法研究

钢衬钢筋混凝土压力管道正在被日益广泛地用于大中型水电站。这种管道的管径随着电站规模的扩大而扩大，甚至达十几米。大坝背管工作时，受有内压、温度等作用，其外包钢筋混凝土的混凝土已经裂穿。管壁裂缝宽度的大小，关系到管道的耐久性。设计时，必须对工作中的管壁裂缝宽度作具有一定精度的估算，以解决裂缝控制问题。由于这种管道不同于一般的杆系构件，故有关规范按杆系构件试验确定的裂缝宽度计算公式就不太适合了。虽然，国内外对这种管道作过一些模型试验、原型观测、有限元分析以及理论分析等，但至今尚未见到令人满意的裂缝宽度计算公式。所以，本书在提出"外部管壁"力学模型的基础之上，并据此推导出精确度比较高的半理论半经验计算公式，该公式考虑了混凝土保护层内外的裂缝宽度差异，而后给出算例。

再者，准确、快捷、简便地计算管壁环向钢材的工作应力将有利于准确、快捷、简便地计算裂缝宽度的大小以及其他工作性态指标，从而方便设计。文献［4］将受内水压力作用的管道横断面近似视为厚为上半圆管壁厚的轴对称平面应变圆环，并把各层环向钢材及混凝土视为多层圆环，从求解正交异性体的基本微分方程入手，系统地导出了三层环的应力计算公式，并用"内脱壳法"把三层环公式推广为 n 层环公式，从而求出环向钢材应力。但文献［4］算法的近似性就在于忽略了混凝土泊松比的影响。所以，本书还将结合钢筋混凝土理论与弹性理论提出大坝背管环向钢材工作应力理论分析新方法，推导出准确、简便、实用的管壁环向钢材工作应力计算公式，并将计算结果与文献［4］方法计算值以及实测值作对比，且将给出算例。

背管工作内压已引起了一定的裂缝宽度。背管温度变化将引起该裂缝宽度改变。为计算该裂缝宽度改变值，先计算温度变化引起的大坝背管径向位移。文献［4］针对各向同性体用热弹性交互定理得出了管外壁的径向位移计算公式。本书针对各向异性体即在考虑混凝土开裂对刚度产生影响的情况下用热弹性交互定理得出管在任意半径处的径向位移计算公式。在依据温度变化引起的大坝背管径向位移计算相应裂缝宽度改变值时，文献［4］将全部径向位移都转换成了裂缝宽度改变值；而本书计入裂缝宽度改变值的径向位移已剔除不引起裂缝宽度改变的径向位移。

最后，本书还作了温变与内压共同作用产生裂缝宽度的计算，并将计算值与相应实测值作了对比，且对将来早已达到设计水位的三峡大坝背管原型裂缝宽度作了预测。

4.1 现有缝宽计算公式的精度分析

计算对象及其计算参数详见表4.1。其参量含义为：t_0 与 t_i(mm) 分别为钢衬的厚度

与第 i 层环向钢筋的折算厚度，其折算原则是该层钢筋的截面积 A_i 不变；r_0 与 r_i(mm) 分别为钢衬与第 i 层环向钢筋中心处相对于管心的半径（图 4.1）；d_i(mm) 与 n_i 分别为第 i 层环向钢筋的直径与单位宽度（1m）内第 i 层环向钢筋的根数；h 与 c(mm) 分别为钢衬外包钢筋混凝土的厚度与外层钢筋的保护层厚度；l_{mcr}^t 与 $w_{\max}^t$(mm) 分别为外层钢筋中心处的实测平均裂缝间距（弧长）与管外表面的实测最大裂缝宽度。E_{s0}、E_s 与 E(GPa) 分别为钢衬、钢筋与混凝土的弹性模量；q(MPa) 为管内水压；f_t(MPa) 与 ε_t($\mu\varepsilon$) 分别为混凝土的抗拉强度与极限拉应变；当 f_t 无实测值时，取为 $0.58R^{\frac{2}{3}}$(kg/cm^2)，R 为原混凝土标号；当 ε_t 无实测值时，取为 70($\mu\varepsilon$)；α(°) 为坝体与管道截面的刚性连接范围相对于管轴的圆心角（图 4.1）；S(mm) 为环向钢筋沿着管长的间距，这里取为外层环向钢筋的间距。

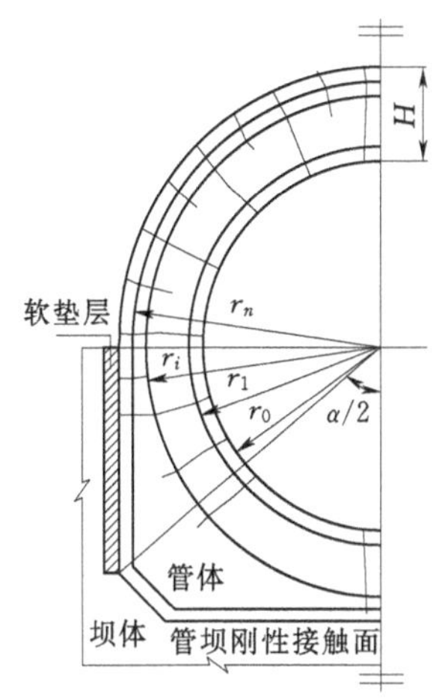

图 4.1 管道横断面

表 4.1 管道模型或原型的计算数据

模型或原型名	东江1号	东江2号	东江D140－5	东江D140－7－9	东江原型	李家峡新－2	李家峡旧－2	李家峡原型	紧水滩原型	依萨河1号	三峡模型	三峡原型
比尺	1∶5	1∶5	1∶20	1∶20		1∶20	1∶20			1∶1	1∶2	
t_0	4	4	0.7	0.7	16	1.1	1.1	24	18	22	16	32
t_1	1.41	1.41	0.27	0.27	4.072	0.340	0.340	4.021	4.021	5.542	3.08	5.357
t_2	1.41	1.41	0.27	0.27	3.217	0.340	0.340	4.021	2.454	3.041	4.02	5.357
t_3	1.41		0.27		5.089	0.340	0.340	2.454			5.09	5.357
t_4								4.021				
r_0	522	522	130.4	130.4	2608	200.6	200.6	4012	2259	511	3108	6216
r_1	560	560	140	140	2800	205	205	4100	2420	564	3164	6500
r_2	600	900	150	225	3000	250	237.5	4300	3170	861	3932	7800
r_3	900		225		4500	295	270	5200			4032	8000
r_4								5400				
d_1	12	12	4	4	36	3.5	3.5	32	32	28	28	36
d_2	12	12	4	4	32	3.5	3.5	32	25	22	32	36
d_3	12		4		36	3.5	3.5	25			36	36
d_4								32				
h	396	396	99.3	99.3	1984	98.9	73.9	1476	982	400	984	1968
C	14	14	3	3	82	3.25	3.25	84	67.5	50	50	182

续表

模型或原型名	东江1号	东江2号	东江D140-5	东江D140-7-9	东江原型	李家峡新-2	李家峡旧-2	李家峡原型	紧水滩原型	依萨河1号	三峡模型	三峡原型
l^t_{mcr}	471.2	353.4	129.6	151.5						296.7	258.5	
$w^t_{\max}$		0.45	0.1		0.9	0.1	0.07	1.2	0.3	0.19	0.27	
E_{s0}	210	210	210	210	200	210	210	210	200	210	198	200
E_s	200	200	210	210	200	207	207	200	200	207	205	200
E	32	32	32	32	29.4	33	29	28	28	28	29	28.5
q	4.17	3.43	1.7	1.7	0.877	1.352	1.352	0.824	0.486	9.94	1.21	1.035
f_t	3.62	3.62	2.45	2.45	2.55	2.93	2.42	2.258	2.258	2.258	2.4	2.258
ε_t	70	70	70	70	70	70	70	70	70	75	129	
n_1	12.47	12.47	21.49	21.49	4	35.36	35.36	5	5	9	4.31	5.263
n_2	12.47	12.47	21.49	21.49	4	35.36	35.36	5	5	8	4.31	5.263
n_3	12.47		21.49		5	35.36	35.36	5			4.31	5.263
n_4								5				
钢筋外形	光面	变形	光面	光面	变形	光面	光面	变形	变形	变形	变形	变形
α		90	90		90	90	90	90	90	148.5	97.44	97.44
S	80.21	80.21	46.54	46.54	200	28.28	28.28	200	200	125	232	190

分别按文献［1］～［4］给出的裂缝宽度计算公式对表 4.1 中的一些模型或原型计算了管道外侧的最大裂缝宽度 $w_{\max}$ 与其实测值 $w^t_{\max}$ 的比值（表 4.2），因而凡用到钢筋的拉应力时都取用外层钢筋的拉应力，该拉应力均是按文献［4］的公式计算的。严格地讲，管壁钢筋混凝土为小偏心受拉，但在用文献［2］～［4］的公式计算时，为了便于计入管壁截面中部钢筋的作用，采用了轴心受拉公式。另外，由于模型试验在短时间内完成，故视其内压为短期荷载；而原型的运行水压被视为长期荷载。由表 4.2 可见，现有公式计算值与实测值的比值的平均值远小于 1，这说明现有公式一般低估了管道模型、特别是管道原型的裂缝宽度。由表 4.2 还可见，现有公式计算值相对于实测值的变异性较大，这说明，现有公式计算值分布与实测值分布的符合程度较差。

表 4.2　　各种缝宽计算公式计算值与实测值的比值

公式来源 \ 计算对象	东江2号	东江D140-5	东江原型	李家峡新-2	李家峡旧-2	李家峡原型	紧水滩原型	依萨河1号	三峡	比值的平均值	比值的变异系数
水工规范	0.290	0.766	0.158	0.761	1.174	0.152	0.277	0.927	0.839	0.594	0.600
港工规范	0.265	0.726	0.093	0.742	1.116	0.088	0.169	0.414	0.432	0.449	0.733
建工规范	0.155	0.289	0.116	0.280	0.390	0.109	0.191	0.304	0.389	0.247	0.416
董哲仁	0.795	0.947	0.346	0.634	0.741	0.224	0.381	1.337	1.228	0.737	0.496

4.2 内压引起的大坝背管环向钢材应力的实用新算法研究

下面将结合钢筋混凝土理论与弹性理论，提出内压引起的大坝背管环向钢材应力理论分析新方法，推导出准确、简便、实用的内压引起的管壁环向钢材应力计算公式，并将计算结果与文献［4］方法计算值以及实测值作对比，且将给出算例。

4.2.1 管壁环向受力及抗拉刚度分析

钢衬钢筋混凝土压力管道内壁为圆管状的钢衬（图 4.1），钢衬外包钢筋混凝土。在外包钢筋混凝土中，由里向外有 m 层（一般为 2～4 层）沿着管长分布的环状钢筋。管道截面的下半部在其底面与坝体作刚性接触连接，而管道截面的上半部只与下半部连为整体并为等壁厚的半圆环。由于出现径向通缝后，环向刚度主要由环向钢材提供，又由于上、下半圆管的环向钢材数量相同，故上、下半圆管的截面可视为相同。又由于管道只是在其底面外边与坝体作刚性接触连接且计算截面往往在上半圆管（距刚性接触面比较远），故分析试验结果后发现，在管壁开裂后，可以将受内水压力作用的管道横断面近似视为厚为上半圆管壁厚的轴对称平面应变圆环。设 σ_{i0} 为第 i 层环向钢材在通缝截面处的拉应力（图 4.2），忽略通缝间有时存在非通缝的影响，依据文献［6］，则可设第 i 层环向钢材沿该钢材弧长的拉应力分布（图 4.3）为：

$$\sigma_i=\sigma_{i0}-B_i\left(1-\cos\frac{2\pi l_i}{l_{icr}}\right) \tag{4.1}$$

式中：l_i 为计算截面与通缝截面之间的沿着第 i 层环向钢材的弧长；l_{icr} 为相邻两通缝间第 i 层环向钢材的平均弧长；B_i 待定。

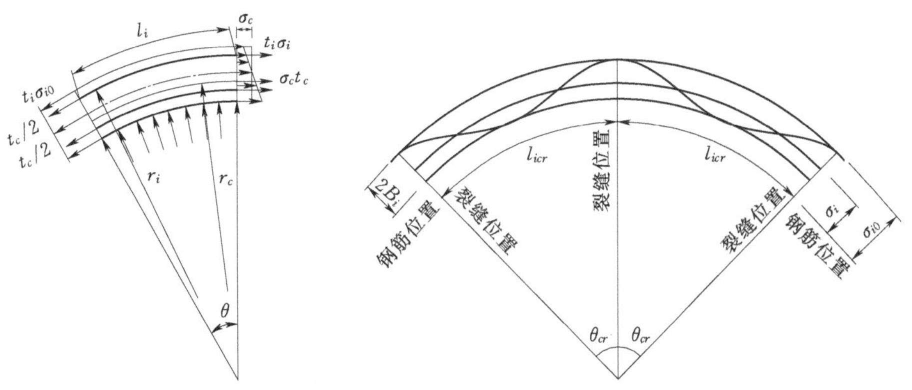

图 4.2 管壁受力图

图 4.3 环向钢材沿该钢材弧长的拉应力分布

设 θ 与 θ_{cr} 分别为 l_i 与 l_{icr} 对于管轴的圆心角，则式（4.1）也可改写成：

$$\sigma_{i0}-\sigma_i=B_i\left(1-\cos\frac{2\pi\theta}{\theta_{cr}}\right) \tag{4.2}$$

式中：t_i 为第 i 层环向钢材的折算厚度，$t_i=\dfrac{A_i}{b}$；b 为截面积为 A_i 的第 i 层环向钢材所占据的截面宽度；t_c 为混凝土的折算厚度，$t_c=\frac{A_c}{b}$，A_c 为宽为 b 范围内的混凝土截面积；σ_i 所在截面上的混凝土的平均拉应力为 σ_c；r_c 为混凝土合拉力点对于管心的半径。

由力系在管圆切向的投影平衡可得：

$$\sum_{i=0}^{m} t_i(\sigma_{i0}-\sigma_i)=t_c\sigma_c \tag{4.3}$$

对管圆圆心取矩可得：

$$\sum_{i=0}^{m} t_i r_i(\sigma_{i0}-\sigma_i)=t_c\sigma_c r_c$$

将式（4.3）代入之可解得：

$$r_c=\frac{\sum\limits_{i=0}^{m} t_i r_i(\sigma_{i0}-\sigma_i)}{\sum\limits_{i=0}^{m} t_i(\sigma_{i0}-\sigma_i)}$$

将式（4.2）代入该式可得：

$$r_c=\frac{\sum\limits_{i=0}^{m} t_i r_i B_i}{\sum\limits_{i=0}^{m} t_i B_i}$$

一方面，由式（4.1）与图 4.2 可见，B_i 越大则钢材应力沿环向越不均匀，说明混凝土的受拉程度越大。另一方面，在正常使用时，通缝截面的钢材应力越大则通缝间混凝土的受拉程度就越大。综合这两方面可得：通缝截面的钢材应力越大则 B_i 越大。假设二者为正比关系：$B_i=k\sigma_{i0}$。将此式代入 r_c 式得：

$$r_c=\frac{\sum\limits_{i=0}^{m} t_i r_i\sigma_{i0}}{\sum\limits_{i=0}^{m} t_i\sigma_{i0}} \tag{4.4}$$

由此可见，管壁截面混凝土的合拉力点就在通缝截面钢材的合拉力点处。这说明，假定 $B_i=k\sigma_{i0}$ 是合理的。依据式（4.1）可求得第 i 层钢材沿环向的平均应力为 $\bar{\sigma}_i=\sigma_{i0}-B_i$，将式 $B_i=k\sigma_{i0}$ 代入之得：

$$\bar{\sigma}_i=\sigma_{i0}(1-k) \tag{4.5}$$

由此可见，钢材的环向平均应力与通缝截面钢材应力成正比。

管壁在环向受拉，经过一个传递长度 l_{tr}，钢材附近的混凝土横截面平均拉应力 σ_{cs} 可由 0 上升到抗拉强度 f_t，依据文献［6］原理可取距通缝截面为 l 弧长处的值为

$$\sigma_{cs}=\frac{f_t}{2}\left(1-\cos\frac{\pi l}{l_{tr}}\right) \tag{4.6}$$

因为环向平均裂缝间距 $l_{cr}=1.5l_{tr}$，所以

$$\sigma_{cs\max}=\frac{f_t}{2}\left(1-\cos\frac{1.5\pi l_{tr}}{2l_{tr}}\right)=0.85355f_t \tag{4.7}$$

由此可见，相距为平均裂缝间距的两通缝间钢筋附近混凝土的平均拉应力不超过 $0.85355f_t$。

近似视管壁在环向为轴心受拉，依据钢筋混凝土轴拉构件刚度试验研究结果，采用本文符号，管壁环向抗拉刚度可示为 $\left(E_{s0}t_0+E_s\sum_{i=1}^{m}t_i\right)\Big/\left[0.93-0.15\left(h-\sum_{i=1}^{m}t_i\right)f_t/(qr_n)\right]$。故环向等效弹性模量为：

$$E_\theta=\left(E_{s0}t_0+E_s\sum_{i=1}^{m}t_i\right)\Big/\left\{\left[0.93-0.15\left(h-\sum_{i=1}^{m}t_i\right)f_t/(qr_n)\right](h+t_0)\right\} \tag{4.8}$$

式中：t_0 与 t_i 分别为钢衬的厚度与第 i 层环向钢筋的折算厚度；h 为钢衬外包钢筋混凝土的厚度；E_{s0}、E_s 分别为钢衬、钢筋的弹性模量；q 为管内水压；f_t 为混凝土的抗拉强度；$r_n=r_0-\dfrac{t_0}{2}$为管内半径；m 为环向钢筋的层数。

4.2.2 管壁环向平均应变的弹性理论分析

将管壁视为正交异性体。设，管壁径向、环向与管轴向的拉压弹性模量分别为 E_r、E_θ 与 E_z；三个弹性对称面内的剪切弹性模量分别为 $G_{r\theta}$、$G_{\theta z}$ 与 G_{zr}；三个弹性对称面内的泊松比分别为 $\mu_{r\theta}$、$\mu_{\theta r}$、$\mu_{\theta z}$、$\mu_{z\theta}$、μ_{zr} 与 μ_{rz}。依据变形叠加原理与

$$\frac{\mu_{r\theta}}{E_\theta}=\frac{\mu_{\theta r}}{E_r},\frac{\mu_{\theta z}}{E_z}=\frac{\mu_{z\theta}}{E_\theta},\frac{\mu_{zr}}{E_r}=\frac{\mu_{rz}}{E_z} \tag{4.9}$$

可得物理方程：

$$\begin{aligned}
&\varepsilon_r=\frac{1}{E_r}(\sigma_r-\mu_{\theta r}\sigma_\theta-\mu_{zr}\sigma_z),\gamma_{r\theta}=\frac{\tau_{r\theta}}{G_{r\theta}}\\
&\varepsilon_\theta=\frac{1}{E_\theta}(\sigma_\theta-\mu_{r\theta}\sigma_r-\mu_{z\theta}\sigma_z),\gamma_{\theta z}=\frac{\tau_{\theta z}}{G_{\theta z}}\\
&\varepsilon_z=\frac{1}{E_z}(\sigma_z-\mu_{rz}\sigma_r-\mu_{\theta z}\sigma_\theta),\gamma_{zr}=\frac{\tau_{zr}}{G_{zr}}
\end{aligned} \tag{4.10}$$

平面应变的物理方程为：

$$\begin{aligned}
&\varepsilon_r=\frac{1}{E_r}[(1-\mu_{rz}\mu_{zr})\sigma_r-(\mu_{\theta r}+\mu_{zr}\mu_{\theta z})\sigma_\theta],\gamma_{r\theta}=\frac{\tau_{r\theta}}{G_{r\theta}}\\
&\varepsilon_\theta=\frac{1}{E_\theta}[(1-\mu_{\theta rz}\mu_{z\theta})\sigma_\theta-(\mu_{r\theta}+\mu_{rz}\mu_{z\theta})\sigma_r]
\end{aligned} \tag{4.11}$$

由于混凝土的体积远大于钢材的体积，且未裂混凝土限制了钢材的变形，故一般取混凝土的弹性常数（E 与 $\mu=0.1667$）计算。命

$$\beta=\frac{E}{E_\theta} \tag{4.12}$$

E_θ 可由式（4.8）算出。

这里，$E_r=E_z=E$，$\mu_{rz}=\mu_{zr}=\mu_{\theta r}=\mu_{\theta z}=\mu$，代入式（4.9）得 $\mu_{r\theta}=\mu_{z\theta}=\dfrac{\mu}{\beta}$，再代入式

(4.11) 得：

$$\varepsilon_r=\frac{1}{E}[(1-\mu^2)\sigma_r-\mu(1+\mu)\sigma_\theta],\gamma_{r\theta}=\frac{\tau_{r\theta}}{G_{r\theta}}$$

$$\varepsilon_\theta=\frac{1}{E}[(\beta-\mu^2)\sigma_\theta-\mu(1+\mu)\sigma_r] \tag{4.13}$$

式中：ε_θ 为正交异性体的环向应变；E 为混凝土的弹性模量；$\mu=0.1667$ 为混凝土泊松比，由此可见，本文考虑了混凝土泊松比的影响；β 可由式 (2.12) 算出；σ_r 与 σ_θ 分别为正交异性体的径向与环向名义应力，按以下方法求出。

轴对称且不计体力，平衡方程为：$\dfrac{d\sigma_r}{dr}+\dfrac{\sigma_r-\sigma_\theta}{r}=0$，$\tau_{r\theta}=0$；

几何方程为：$\varepsilon_r=\dfrac{du_r}{dr}$，$\varepsilon_\theta=\dfrac{u_r}{r}$，$\gamma_{r\theta}=0$；

满足平衡方程的应力为：$\sigma_r=\dfrac{d\phi}{r\,dr}$，$\sigma_\theta=\dfrac{d^2\phi}{dr^2}$，$\tau_{r\theta}=0$。

将它们与式 (4.13) 联立求解可得：

$$\sigma_r=(1+\sqrt{\alpha})c_1r^{\sqrt{\alpha}-1}+(1-\sqrt{\alpha})c_2r^{-\sqrt{\alpha}-1}$$

$$\sigma_\theta=\sqrt{\alpha}(1+\sqrt{\alpha})c_1r^{\sqrt{\alpha}-1}-(1-\sqrt{\alpha})c_2r^{-\sqrt{\alpha}-1}$$

$$\alpha=\frac{1-\mu^2}{\beta-\mu^2}<1 \tag{4.14}$$

式中：μ 为混凝土泊松比，$\mu=0.1667$；β 可由式 (4.12) 算出；c_1、c_2 为积分常数。

再利用边界条件 $\sigma_r(r=r_n)=-q$（q 为内水压力，$r_n=r_0-\dfrac{t_0}{2}$ 为管内半径；$r_w=r_n+t_0+h$ 为管外半径）与 $\sigma_r(r=r_w)=0$ 可求得 c_1、c_2。将它们带回原式可得：

$$\sigma_r=-q\frac{\left(\frac{r_w}{r}\right)^{1+\sqrt{\alpha}}-\left(\frac{r_w}{r}\right)^{1-\sqrt{\alpha}}}{\left(\frac{r_w}{r_n}\right)^{1+\sqrt{\alpha}}-\left(\frac{r_w}{r_n}\right)^{1-\sqrt{\alpha}}},\sigma_\theta=q\sqrt{\alpha}\frac{\left(\frac{r_w}{r}\right)^{1+\sqrt{\alpha}}+\left(\frac{r_w}{r}\right)^{1-\sqrt{\alpha}}}{\left(\frac{r_w}{r_n}\right)^{1+\sqrt{\alpha}}-\left(\frac{r_w}{r_n}\right)^{1-\sqrt{\alpha}}} \tag{4.15}$$

式中：σ_r 与 σ_θ 分别为任意半径 r 处正交异性体的径向与环向名义应力；q 为管内水压；r_w 为管外半径；r_n 为管内半径；α 可由式 (4.14) 算出。

将式 (4.15) 代入式 (4.13) 即可求得管壁环向平均应变。

4.2.3　通缝截面钢材环向应力计算的推荐方法

钢衬的环向平均应变为

$$\varepsilon_{\theta 0}=\frac{1}{E_{s0}}[(1-\mu_s^2)\bar{\sigma}_0-\mu_s(1+\mu_s)\sigma_{r0}]$$

式中：E_{s0} 为钢衬的弹性模量；$\mu_s=0.3$ 为钢材的泊松比；σ_{r0} 为钢衬的径向平均应力，可由式 (4.15) 算出；$\varepsilon_{\theta 0}$ 可由式 (4.13) 算出。

由此式可解得钢衬的环向平均应力为：

$$\bar{\sigma}_0=\frac{1}{1-\mu_s}\left(\frac{E_{s0}}{1+\mu_s}\varepsilon_{\theta 0}+\mu_s\sigma_{r0}\right) \tag{4.16}$$

同理，可解得钢筋 i 的环向平均应力为：

$$\bar{\sigma}_i=\frac{1}{1-\mu_s}\left(\frac{E_s}{1+\mu_s}\varepsilon_{\theta i}+\mu_s\sigma_{ri}\right) \tag{4.17}$$

式中：E_s 为钢筋的弹性模量；$\varepsilon_{\theta i}$ 为钢筋 i 的环向平均应变，可由式（4.13）算出；σ_{ri} 为钢筋 i 的径向平均应力，可由式（4.15）算出。

管壁内压与管壁环向拉力平衡条件为：

$$qr_n=\sum_{i=0}^{m}t_i\sigma_{i0}$$

再两次用式（4.5）可得：

$$\sigma_{i0}=\frac{\bar{\sigma}_i qr_n}{\sum_{i=0}^{m}t_i\bar{\sigma}_i} \tag{4.18}$$

式中：σ_{i0} 为第 i 层环向钢材在通缝截面处的拉应力；$\bar{\sigma}_i$ 为钢材 i 的环向平均应力，可由式（4.16）或式（4.17）算出；q 为管内水压；r_n 为管内半径；t_i 为第 i 层环向钢材的折算厚度；m 为环向钢筋的层数。

4.2.4 算例——三峡大坝背管 1：2 模型通缝截面钢材环向应力计算

三峡大坝背管 1：2 模型的计算数据见表 4.1 或表 4.2，内压为 1.21MPa。

$\sum_{i=1}^{m}t_i=3.08+4.02+5.09=12.19\text{mm}$，管内半径 $r_n=r_0-\frac{t_0}{2}=3108-\frac{16}{2}=3100\text{mm}$，由式（4.8）得：

$$\begin{aligned}E_\theta&=\left(E_{s0}t_0+E_s\sum_{i=1}^{m}t_i\right)\Big/\left\{\left[0.93-0.15\left(h-\sum_{i=1}^{m}t_i\right)f_t\Big/(qr_n)\right](h+t_0)\right\}\\&=(198\times16+205\times12.19)/\{[0.93-0.15(984-12.19)\times2.4/(1.21\times3100)]\times\\&\quad(984+16)\}=6.773\text{GPa}\end{aligned}$$

由式（4.12）得 $\beta=\frac{E}{E_\theta}=\frac{29}{6.773}=4.282$。

由式（4.14）得 $\alpha=\frac{1-\mu^2}{\beta-\mu^2}=\frac{1-0.1667^2}{4.282-0.1667^2}=0.2285$；$1+\sqrt{\alpha}=1.478$，$1-\sqrt{\alpha}=0.522$，管外半径 $r_w=r_n+t_0+h=3100+16+984=4100\text{mm}$，$\frac{r_w}{r_n}=\frac{4100}{3100}=1.323$；$\frac{r_w}{r_0}=\frac{4100}{3108}=1.319$。

由式（4.15）得：

$$\sigma_{r0}=-q\frac{\left(\frac{r_w}{r_0}\right)^{1+\sqrt{\alpha}}-\left(\frac{r_w}{r_0}\right)^{1-\sqrt{\alpha}}}{\left(\frac{r_w}{r_n}\right)^{1+\sqrt{\alpha}}-\left(\frac{r_w}{r_n}\right)^{1-\sqrt{\alpha}}}=-1.21\times\frac{1.319^{1.478}-1.319^{0.522}}{1.323^{1.478}-1.323^{0.522}}=-1.193\text{MPa}$$

$$\sigma_{\theta0}=q\sqrt{\alpha}\frac{\left(\frac{r_w}{r_0}\right)^{1+\sqrt{\alpha}}+\left(\frac{r_w}{r_0}\right)^{1-\sqrt{\alpha}}}{\left(\frac{r_w}{r_n}\right)^{1+\sqrt{\alpha}}-\left(\frac{r_w}{r_n}\right)^{1-\sqrt{\alpha}}}=1.21\times\sqrt{0.2285}\times\frac{1.319^{1.478}+1.319^{0.522}}{1.323^{1.478}-1.323^{0.522}}=4.335\text{MPa}$$

同理可求得：$\sigma_{r1}=1.098\text{MPa}$，$\sigma_{\theta1}=4.260\text{MPa}$，$\sigma_{r2}=0.1423\text{MPa}$，$\sigma_{\theta2}=3.403\text{MPa}$，$\sigma_{r3}=0.05549\text{MPa}$，$\sigma_{\theta3}=3.318\text{MPa}$。

由式（4.13）得：

$$\begin{aligned}\varepsilon_{\theta0}&=\frac{1}{E}[(\beta-\mu^2)\sigma_{\theta0}-\mu(1+\mu)\sigma_{r0}]\\&=\frac{(4.282-0.1667^2)\times4.335-0.1667\times(1+0.1667)\times(-1.193)}{29\times10^3}\\&=6.439\times10^{-4}\end{aligned}$$

同理可求得：$\varepsilon_{\theta1}=6.323\times10^{-4}$，$\varepsilon_{\theta2}=5.001\times10^{-4}$，$\varepsilon_{\theta3}=4.871\times10^{-4}$。

由式（4.16）得：

$$\begin{aligned}\bar{\sigma}_0&=\frac{1}{1-\mu_s}\left(\frac{E_{s0}}{1+\mu_s}\varepsilon_{\theta0}+\mu_s\sigma_{r0}\right)=\frac{1}{1-0.3}\left(\frac{198\times10^3}{1+0.3}\times6.439\times10^{-4}-0.3\times1.193\right)\\&=139.6(\text{MPa})\end{aligned}$$

由式（4.17）得：

$$\begin{aligned}\bar{\sigma}_1&=\frac{1}{1-\mu_s}\left(\frac{E_s}{1+\mu_s}\varepsilon_{\theta1}+\mu_s\sigma_{r1}\right)=\frac{1}{1-0.3}\left(\frac{205\times10^3}{1+0.3}\times6.323\times10^{-4}-0.3\times1.098\right)\\&=142.0(\text{MPa})\end{aligned}$$

$$\bar{\sigma}_2=112.6\text{MPa},\bar{\sigma}_3=109.7\text{MPa}$$

$$\sum_{i=0}^{m}t_i\bar{\sigma}_i=16\times139.6+3.08\times142+4.02\times112.6+5.09\times109.7=3682(\text{N})$$

$$\frac{qr_n}{\sum_{i=0}^{m}t_i\bar{\sigma}_i}=\frac{1.21\times3100}{3682}=1.019$$

由式（4.18）得：

$$\sigma_{00}=\frac{\bar{\sigma}_0 qr_n}{\sum_{i=0}^{m}t_i\bar{\sigma}_i}=139.6\times1.019=142.3(\text{MPa}),\sigma_{10}=144.5\text{MPa}$$

$$\sigma_{20}=114.6\text{MPa},\sigma_{30}=111.7\text{MPa}$$

由本算例可见，本文算法快捷、简便。

4.2.5　通缝截面钢材环向应力计算的近似方法

若忽略混凝土开裂对刚度的影响，即视混凝土为各向同性体，则式（4.13）中 $\beta=1$，代入式（4.14）得 $\alpha=1$。与 4.2.2 节、4.2.3 节同理进行计算，注意运用条件 $\alpha=1$ 与 $\beta=1$，可得内压引起的大坝背管环向钢材应力的近似值。

表 4.3　　　　部分模型或原型的计算数据及结果

说明	参数＼对象		东江2号	东江D140－5	东江原型	李家峡新－2	李家峡旧－2	李家峡原型	紧水滩原型	依萨河1号	三峡	萨扬-舒申斯克
参数	比尺		1∶5	1∶20		1∶20	1∶20			1∶1	1∶2	
	t_0	mm	4	0.7	16	1.1	1.1	24	18	22	16	25
	t_1		1.41	0.27	4.072	0.340	0.340	4.021	4.021	5.542	3.08	15.4
	t_2		1.41	0.27	3.217	0.340	0.340	4.021	2.454	3.041	4.02	11.3
	t_3			0.27	5.089	0.340	0.340	2.454			5.09	
	t_4							4.021				
	r_0		522	130.4	2608	200.6	200.6	4012	2259	511	3108	3763
	r_1		560	140	2800	205	205	4100	2420	564	3164	3865
	r_2		900	150	3000	250	237.5	4300	3170	861	3932	5070
	r_3			225	4500	295	270	5200			4032	
	r_4							5400				
	H		396	99.3	1984	98.9	73.9	1476	982	400	984	1500
	E_{s0}	GPa	210	210	200	210	210	210	200	210	198	210
	E_s		200	210	200	207	207	200	200	207	205	210
	E		32	32	29.4	33	29	28.0	28.0	28.0	29	29
	q	MPa	3.43	1.7	0.877	1.352	1.352	0.824	0.486	9.94	1.21	2.61
	f_t		3.62	2.45	2.55	2.93	2.42	2.258	2.258	2.258	2.4	2.3
用文献[4]方法	σ_{00}		298	169	91.2	141	138.3	90.79	46.76	176.0	144.5	205.1
	σ_{10}		260	153	82.3	135	133.2	87.81	42.62	146.1	139.9	194.4
	σ_{20}		161	137	73.6	110	114.1	82.68	32.49	94.69	112.2	147.6
	σ_{30}			90.8	48.9	92.78	100.3	68.23			109.4	
	σ_{40}							65.69				
本行上下两种方法最大相差		%	1.13	2.63	4.73	0.667	0.977	3.17	1.34	6.01	3.29	1.54
本文推荐方法	σ_{00}	MPa	297.3	165.7	89.89	141.2	138.7	91.97	46.67	175.5	142.3	203.5
	σ_{10}		262.3	153.4	83.12	135.9	133.4	85.50	43.19	151.0	144.5	197.4
	σ_{20}		159.2	142.4	77.08	109.9	113.7	81.15	32.25	89.32	114.6	147.0
	σ_{30}			93.19	50.21	92.51	99.33	66.22			111.7	
	σ_{40}							63.67				
本行上下两种方法最大相差		%	14.0	13.2	13.2	6.62	4.01	4.39	5.46	7.89	3.14	4.48
本文近似方法	σ_{00}	MPa	304.9	171.3	92.32	143.9	140.4	92.77	47.00	176.9	144.0	205.8
	σ_{10}		260.4	153.5	82.76	137.4	134.3	85.72	42.71	149.0	145.6	198.2
	σ_{20}		139.6	138.5	74.68	105.3	110.9	80.42	30.58	82.79	111.4	140.7
	σ_{30}			82.31	44.36	86.77	95.50	63.63			108.3	
	σ_{40}							60.99				

4.2.6 计算结果的分析与比较

对于表 4.3 所列计算数据，分别按本文推荐算法、近似算法与文献［4］算法作了计算，并将计算结果列入表 4.3 与表 4.4 中。由表 4.3 可见，本文推荐算法与文献［4］算法两种算法的计算值，多数相差小于 5%，但个别相差达到 6%；本文推荐算法与近似算法两种算法的计算值，多数相差大于 5%，最大相差达 14%。这说明，忽略混凝土开裂对刚度的影响将引起较大的计算误差。在表 4.4 中，针对三峡大坝背管 1∶2 模型，将三种算法的计算值分别与实测值作了对比。对比发现，本文推荐算法稍微优于近似算法与文献［4］算法。

表 4.4　　三峡大坝背管 1∶2 模型计算结果与实验结果对比

数据来源	通缝位置	通缝编号	σ_{00}	σ_{10}	σ_{20}	σ_{30}	数据特征
			MPa				
实验结果	27 度	L_3	138.4	141.7	138.5	114.0	满足净力平衡条件
用本文推荐方法计算	计算结果		142.3	144.5	114.6	111.7	满足净力平衡条件
	与实验值相差/%		2.82	1.98	−17.3	2.02	
用本文近似方法计算	计算结果		144.0	145.6	111.4	108.3	满足净力平衡条件
	与实验值相差/%		4.05	2.75	−19.6	−5	
用文献［4］方法计算	计算结果		144.5	139.9	112.2	109.4	满足净力平衡条件
	与实验值相差/%		4.41	−1.27	−19.0	−4.04	

4.3 温度变化引起大坝背管径向位移的实用新算法研究

4.3.1 考虑混凝土开裂影响的任意半径 r 处的径向位移表达式

轴对称且不计体力，平衡方程为：$\frac{d\sigma_r}{dr}+\frac{\sigma_r-\sigma_\theta}{r}=0$，$\tau_{r\theta}=0$；几何方程为：$\varepsilon_r=\frac{du_r}{dr}$，$\varepsilon_\theta=\frac{u_r}{r}$，$\gamma_{r\theta}=0$。将几何方程代入式（4.13）并联立解出 σ_r 与 σ_θ 后，再代入平衡方程经化简整理并将式（4.14）代入得 $r^2u_r''+ru_r'-\alpha u_r=0$，其解为

$$u_r=c_1r^{\sqrt{\alpha}}+c_2r^{-\sqrt{\alpha}} \tag{4.19}$$

设管壁内、外的径向位移分别为 u_n 与 u_w。联立求解 $u_r(r=r_n)=u_n$、$u_r(r=r_w)=u_w$ 与式（4.19），求出 c_1、c_2 后再代回式（4.19）得

$$u_r=\frac{u_nr_w^{-\sqrt{\alpha}}-u_wr_n^{-\sqrt{\alpha}}}{r_n^{\sqrt{\alpha}}r_w^{-\sqrt{\alpha}}-r_w^{\sqrt{\alpha}}r_n^{-\sqrt{\alpha}}}r^{\sqrt{\alpha}}+\frac{r_n^{\sqrt{\alpha}}u_w-r_w^{\sqrt{\alpha}}u_n}{r_n^{\sqrt{\alpha}}r_w^{-\sqrt{\alpha}}-r_w^{\sqrt{\alpha}}r_n^{-\sqrt{\alpha}}}r^{-\sqrt{\alpha}} \tag{4.20}$$

4.3.2 考虑混凝土开裂影响计算 u_n 与 u_w 的公式

管壁温度变化分布函数仍取为

$$T_r=T_n\frac{\ln\left(\frac{r_w}{r}\right)}{\ln\left(\frac{r_w}{r_n}\right)}+T_w\frac{\ln\left(\frac{r_n}{r}\right)}{\ln\left(\frac{r_n}{r_w}\right)} \tag{4.21}$$

式中：T_r、T_n、T_w 分别为任意半径 r 处、管内、外壁处的温度改变值。

热弹性交互定理为

$$\int(Xu+Yv+Zw)\mathrm{d}\tau+\int(\overline{X}u+\overline{Y}v+\overline{Z}w)\mathrm{d}s=\int(\sigma_x+\sigma_y+\sigma_z)\alpha_c T\mathrm{d}\tau \tag{4.22}$$

该公式左边，第一项为虚体力在温变位移上做的功；第二项为虚面力在温变位移上做的功。该公式右边为虚力系引起的应力在温变变形上做的功。为了求 u_n，管内面作用均匀压力 q 作为虚力系，则该公式左边 $=2\pi r_n q u_n$；该公式右边 $=\int_0^{2\pi}\int_{r_n}^{r_w}(\sigma_r+\sigma_\theta+\sigma_z)\alpha_c T_r r\mathrm{d}r\mathrm{d}\theta$。故

$$2\pi r_n q u_n=\int_0^{2\pi}\int_{r_n}^{r_w}(\sigma_r+\sigma_\theta+\sigma_z)\alpha_c T_r r\mathrm{d}r\mathrm{d}\theta \tag{4.23}$$

对于平面应变，由本文 4.2.2 节可知，$\sigma_z=\mu(\sigma_r+\sigma_\theta)$，将此公式连同式（4.15）、式（4.21）代入式（4.23）可解得

$$\begin{aligned}u_n=&\frac{\alpha_c(1+\mu)}{r_n\left[\left(\frac{r_w}{r_n}\right)^{1+\sqrt{\alpha}}-\left(\frac{r_w}{r_n}\right)^{1-\sqrt{\alpha}}\right]\ln\left(\frac{r_w}{r_n}\right)}\Bigg\{(T_n\ln r_w-T_w\ln r_n)\left[r_w^{1-\sqrt{\alpha}}(r_w^{1+\sqrt{\alpha}}-r_n^{1+\sqrt{\alpha}})\right.\\&\left.-r_w^{1+\sqrt{\alpha}}(r_w^{1-\sqrt{\alpha}}-r_n^{1-\sqrt{\alpha}})\right]+(T_w-T_n)r_w^{1-\sqrt{\alpha}}\left[(r_w^{1+\sqrt{\alpha}}\ln r_w-r_n^{1+\sqrt{\alpha}}\ln r_n)-\frac{r_w^{1+\sqrt{\alpha}}-r_n^{1+\sqrt{\alpha}}}{1+\sqrt{\alpha}}\right]\\&-(T_w-T_n)r_w^{1+\sqrt{\alpha}}\left[(r_w^{1-\sqrt{\alpha}}\ln r_w-r_n^{1-\sqrt{\alpha}}\ln r_n)-\frac{r_w^{1-\sqrt{\alpha}}-r_n^{1-\sqrt{\alpha}}}{1-\sqrt{\alpha}}\right]\Bigg\}\end{aligned} \tag{4.24}$$

同理可求

$$\begin{aligned}u_w=&\frac{\alpha_c(1+\mu)}{r_w\left[\left(\frac{r_n}{r_w}\right)^{1-\sqrt{\alpha}}-\left(\frac{r_n}{r_w}\right)^{1+\sqrt{\alpha}}\right]\ln\left(\frac{r_w}{r_n}\right)}\Bigg\{(T_n\ln r_w-T_w\ln r_n)\left[r_n^{1-\sqrt{\alpha}}(r_w^{1+\sqrt{\alpha}}-r_n^{1+\sqrt{\alpha}})\right.\\&\left.-r_n^{1+\sqrt{\alpha}}(r_w^{1-\sqrt{\alpha}}-r_n^{1-\sqrt{\alpha}})\right]+(T_w-T_n)r_n^{1-\sqrt{\alpha}}\left[(r_w^{1+\sqrt{\alpha}}\ln r_w-r_n^{1+\sqrt{\alpha}}\ln r_n)-\frac{r_w^{1+\sqrt{\alpha}}-r_n^{1+\sqrt{\alpha}}}{1+\sqrt{\alpha}}\right]\\&-(T_w-T_n)r_n^{1+\sqrt{\alpha}}\left[(r_w^{1-\sqrt{\alpha}}\ln r_w-r_n^{1-\sqrt{\alpha}}\ln r_n)-\frac{r_w^{1-\sqrt{\alpha}}-r_n^{1-\sqrt{\alpha}}}{1-\sqrt{\alpha}}\right]\Bigg\}\end{aligned} \tag{4.25}$$

取 $\alpha_c=1.2\times10^{-5}$ 按式（4.25）算得的内高外低温度场中的三峡背管 1∶2 模型的外表径向位移见表 4.5。可见，计算值与实测均值吻合较好。但式（4.20）、式（4.24）、式（4.25）等计算较繁，下面对其进行简化。

表 4.5　　内高外低温度场中的三峡背管 1∶2 模型的外表径向位移　　单位：0.01mm

内高外低温度场特征/℃			外表各处径向位移实测值/(°)						式（4.25）	式（4.28）	两式相差/%
温差	T_n	T_w	0	45	90	135	180	均值			
5.97	5.205	0.2676	11.0	15.0	10.0	11.5	11.0	11.7	14.46	14.39	0.49
9.63	8.854	0.8757	24.0	29.0	24.0	26.0	22.5	25.1	25.90	25.80	0.39
13.08	13.86	1.8	40.0	49.0	40.0	45.0	37.5	42.3	41.89	41.74	0.36

4.3.3 计算 u_n 与 u_w 的推荐公式

忽略混凝土开裂影响，式（4.13）中 $\beta=1$，代入式（4.14）得 $\alpha=1$。与 4.3.2 节同

理进行推导，注意运用条件 $\alpha=1$，可得

$$u_n=\alpha_c(1+\mu)r_n\left[\frac{T_n-T_w}{2\ln\left(\frac{r_w}{r_n}\right)}+\frac{T_w r_w^2-T_n r_n^2}{r_w^2-r_n^2}\right] \tag{4.26}$$

$$u_w=\alpha_c(1+\mu)r_w\left[\frac{T_n-T_w}{2\ln\left(\frac{r_w}{r_n}\right)}+\frac{T_w r_w^2-T_n r_n^2}{r_w^2-r_n^2}\right] \tag{4.27}$$

将式（4.26）、式（4.27）、$\alpha=1$ 代入式（4.20）可得

$$u_r=\alpha_c(1+\mu)r\left[\frac{T_n-T_w}{2\ln\left(\frac{r_w}{r_n}\right)}+\frac{T_w r_w^2-T_n r_n^2}{r_w^2-r_n^2}\right] \tag{4.28}$$

式中：α_c 为混凝土的热胀系数；μ 为混凝土泊松比，$\mu=0.1667$；r 为任意半径；r_w 为管外半径；r_n 为管内半径；T_n、T_w 分别为管内、外壁处的温度改变值。

也取 $\alpha_c=1.2\times10^{-5}$ 按式（4.28）算得的内高外低温度场中的三峡背管 1∶2 模型的外表径向位移也见表 4.5。可见，计算值与实测均值也吻合较好。但式（4.28）计算简便，故本文推荐用式（4.28）。对于三峡背管 1∶2 模型，是否考虑环向拉裂降低刚度，表 4.3 中二者最大相差 3.14%，而表 4.5 中二者最大相差 0.49%。这说明，背管环向抗拉刚度对温度位移的影响不显著。

4.3.4　算例——温度变化引起三峡大坝背管 1∶2 模型外表径向位移计算

利用上述 2.4 节算例的计算结果，当 $T_n=13.86$，$T_w=1.8$ 时，由式（3.10）得

$$\begin{aligned}u_w&=\alpha_c(1+\mu)r_w\left[\frac{T_n-T_w}{2\ln\left(\frac{r_w}{r_n}\right)}+\frac{T_w r_w^2-T_n r_n^2}{r_w^2-r_n^2}\right]\\&=1.2\times10^{-5}\times1.1667\times4100\times\left[\frac{13.86-1.8}{2\ln(1.323)}+\frac{1.8\times4100^2-13.86\times3100^2}{4100^2-3100^2}\right]\\&=0.4174(\text{mm})\end{aligned}$$

4.4　内压引起大坝背管裂缝宽度计算公式的确定

4.4.1　“外部管壁”力学模型

钢衬钢筋混凝土压力管道内壁为圆管状的钢衬（图 4.1），钢衬外包钢筋混凝土。在外包钢筋混凝土中，由里向外有 m 层（一般为 2～4 层）沿着管长分布的环状钢筋。管道截面的下半部在其底面与坝体作刚性接触连接，而管道截面的上半部只与下半部连为整体并为等壁厚的半圆环。由于管壁外侧的裂缝宽度控制着钢材防锈的耐久性，故主要建立管道外侧的裂缝宽度计算公式。又由于外侧最宽的裂缝就发生于上半圆管的钢筋混凝土中，故力学模型在其中抽取。从现有的管道模型试验资料来看，管道模型的开裂模式主要有两种：①当管壁由里向外配筋均匀或内侧配筋两层而外侧配筋一层时，裂缝基本上都是辐射状径向通缝（其裂缝间距实际上是内侧小而外侧大），即裂缝间距主要与全截面的配筋情况有关；②三峡 1∶2 模型外侧配筋两层而内侧配筋为一层，在上半圆管外侧的 53 条裂缝

中，径向通缝只有 13 条，即外侧的裂缝间距要小得多，这显然与外侧的配筋较多有关。为了使力学模型同时适用于这两种开裂模式，从管外表面向里取厚度为 $t=c+\frac{d_m}{2}+r_m-r_{m-1}+\frac{r_{m-1}-r_{m-2}}{k_3}$ 的管壁（称之为外部管壁，k_3 为试验常数）作为研究对象，并假定该外部管壁的内壁只受径向压力作用从而导致外部管壁中产生数条等间距分布的辐射状径向通缝。根据上述外部管壁厚度的定义，外部管壁含有两层钢筋。当整个管壁由里向外配筋均匀或内侧配筋两层而外侧配筋一层时，外部管壁的配筋情况基本能代表全截面的配筋情况，这样就满足了上述第一种开裂模式的要求；当外侧配筋层数大于内侧配筋层数时，外部管壁的配筋情况能决定外部管壁的裂缝间距，这样就满足了上述第二种开裂模式的要求。对于外部管壁，分别与式（4.3）、式（4.4）同理有：

$$\sum_{i=m-1}^{m} t_i(\sigma_{i0}-\sigma_i)=t\sigma_c \tag{4.29}$$

$$r_c=\frac{\sum_{i=m-1}^{m} t_i r_i \sigma_{i0}}{\sum_{i=m-1}^{m} t_i \sigma_{i0}} \tag{4.30}$$

这时，σ_c 为外部管壁的 σ_i 所在截面上的混凝土的平均拉应力；r_c 为外部管壁的混凝土合拉力点对于管心的半径；r_i 为第 i 层环向钢筋中心处相对于管心的半径；t_i 为第 i 层环向钢筋的折算厚度；σ_{i0} 为第 i 层环向钢材在通缝截面处的拉应力；m 为沿着管长分布的环状钢筋的层数。将式（4.2）代入式（4.29）并利用 $B_i=k\sigma_{i0}$ 可整理得：

$\sigma_c=\frac{k}{t}\sum_{i=m-1}^{m} t_i\sigma_{i0}\left(1-\cos\frac{2\pi\theta}{\theta_{cr}}\right)$，其沿管周的平均值与最大值分别为

$$\bar{\sigma}_c=\frac{k}{t}\sum_{i=m-1}^{m} t_i\sigma_{i0} \tag{4.31}$$

$$\sigma_{c\max}=\frac{2k}{t}\sum_{i=m-1}^{m} t_i\sigma_{i0} \tag{4.32}$$

因为 $\sigma_{c\max}<f_t$，所以 $k<\frac{0.5tf_t}{\sum_{i=m-1}^{m} t_i\sigma_{i0}}$。故可令

$$k=\frac{\alpha_k t f_t}{\sum_{i=m-1}^{m} t_i\sigma_{i0}} \quad (\alpha_k<0.5\text{ 为试验常数}) \tag{4.33}$$

外部管壁混凝土截面形心处的半径 $r_{cc}=r_m+\frac{d_m}{2}+c-\frac{t}{2}$。视混凝土为弹性体并考虑到 $r_{cc}\neq r_c$，则 σ_m 所在截面上第 m 层钢筋处的混凝土拉应力为 $\sigma_{cm}=\gamma_m\sigma_c$。因为外部管壁处于小偏心受拉状态，故应取偏心影响系数

$$r_m=1-\frac{12(r_{cc}-r_c)(r_m-r_{cc})}{t^2}\geqslant 0 \tag{4.34}$$

其中

$$t=c+\frac{d_m}{2}+r_m-r_{m-1}+\frac{r_{m-1}-r_{m-2}}{k_3}$$

式中：r_{cc} 为外部管壁混凝土截面形心处的半径；r_c 为外部管壁的混凝土合拉力点对于管心的半径，按式（4.2）计算；t 为外部管壁厚度；c 为外层钢筋的保护层厚度；d_m 为第 m 层环向钢筋的直径；r_0、r_i 分别为钢衬与第 i 层环向钢筋中心处相对于管心的半径；m 为沿着管长分布的环状钢筋的层数。

σ_{cm} 沿管周的平均值为 $\bar{\sigma}_{cm}=\gamma_m\bar{\sigma}_c$。将式（4.31）、式（4.33）代入得

$$\bar{\sigma}_{cm}=\alpha_k f_t\gamma_m \tag{4.35}$$

同理，裂缝间正中截面上第 m 层钢筋处的混凝土拉应力为 $\sigma_{cm\max}=\gamma_m\sigma_{c\max}$。将式（4.32）、式（4.33）代入得

$$\sigma_{cm\max}=2\alpha_k f_t\gamma_m \tag{4.36}$$

4.4.2　外层钢筋处的平均裂缝间距 l_{mcr} 计算

由图 4.4 可得 $A_i\dfrac{\mathrm{d}\sigma_i}{\mathrm{d}\theta}+\tau_i r_i u_i=0$。式中，$u_i$ 为与 A_i 相应的钢筋截面的圆周长度；τ_i 为微段 i 层钢筋与混凝土的黏结应力。将式（2.2）与 $B_i=k\sigma_{i0}$ 代入该式并整理得 $\tau_i=\dfrac{2\pi kA_i\sigma_{i0}}{\theta_{cr}u_i r_i}\sin\dfrac{2\pi\theta}{\theta_{cr}}$。依据此可求出其平均值 $\bar{\tau}_i=\dfrac{4kA_i\sigma_{i0}}{\theta_{cr}u_i r_i}=\dfrac{kd_i\sigma_{i0}}{\theta_{cr}r_i}$。该等式的两边求和得 $\sum\limits_{i=m-1}^{m}\bar{\tau}_i=\dfrac{k}{\theta_{cr}}\sum\limits_{i=m-1}^{m}\dfrac{d_i\sigma_{i0}}{r_i}$。将式（4.5）代入得 $\sum\limits_{i=m-1}^{m}\bar{\tau}_i=\dfrac{\alpha_k f_t tr_m}{l_{mcr}\sum\limits_{i=m-1}^{m}t_i\sigma_{i0}}\sum\limits_{i=m-1}^{m}\dfrac{d_i\sigma_{i0}}{r_i}$。由它与 f_t 之间的正比关系可得 $l_{mcr}=k_2\dfrac{tr_m}{\sum\limits_{i=m-1}^{m}t_i\sigma_{i0}}\sum\limits_{i=m-1}^{m}\dfrac{d_i\sigma_{i0}}{r_i}$。计入保护层厚度的影响并将 t 值公式代入得

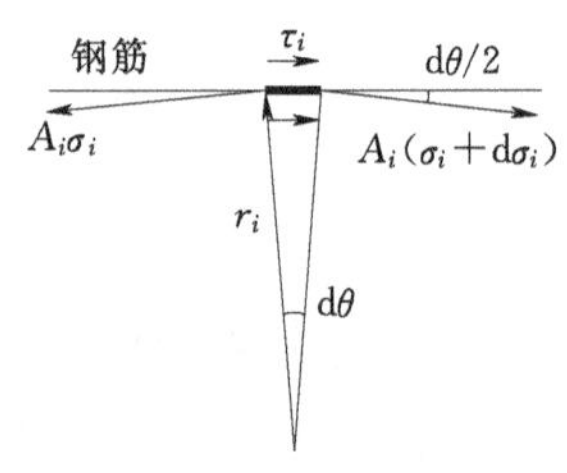

图 4.4　微段钢筋受力图

$$l_{mcr}=k_1c+k_2\frac{r_m}{\sum\limits_{i=m-1}^{m}t_i\sigma_{i0}}\sum_{i=m-1}^{m}\frac{d_i\sigma_{i0}}{r_i}\left(c+\frac{d_m}{2}+r_m-r_{m-1}+\frac{r_{m-1}-r_{m-2}}{k_3}\right) \tag{4.37}$$

其中

$$t=c+\frac{d_m}{2}+r_m-r_{m-1}+\frac{r_{m-1}-r_{m-2}}{k_3}$$

式中：l_{mcr} 为外层钢筋处的平均裂缝间距；t 为外部管壁厚度；c 为外层钢筋的保护层厚度；d_i 为第 i 层环向钢筋的直径；r_0、r_i 分别为钢衬与第 i 层环向钢筋中心处相对于管心的半径；m 为沿着管长分布的环状钢筋的层数；t_i 为第 i 层环向钢筋的折算厚度；σ_{i0} 为第 i 层环向钢材在通缝截面处的拉应力；k_1、k_2 与 k_3 为试验常数。

分别依据采用光面钢筋与采用变形钢筋的管道模型试验值（表 4.1），以 l_{mcr} 计算值与实测值之比的变异系数达到最小为原则确定了 k_1、k_2 与 k_3。其结果是，$k_3=5.7$；

对于光面钢筋，$k_1=21.8$，$k_2=0.044$；

对于变形钢筋，$k_1=1.65$，$k_2=0.07682$。

按式（4.37）算出 l_{mcr} 后，接着算出它与实测值的比值详见表 4.6。由表 4.6 可见，式（4.37）计算值与实测值吻合很好，这说明，k_1、k_2 与 k_3 取值对于表 4.6 的模型试验

资料来说是合适的。

表 4.6 式(4.37)计算值 l_{mcr} 与实测值 l'_{mcr} 之比 长度单位：mm；应力单位：MPa

对象名称	东江 1号	东江 2号	东江 D140－5	东江 D140－7－9	依萨河 1号	三峡	平均值	变异 系数
比例尺	1：5	1：5	1：20	1：20	1：1	1：2		
钢筋外形	光面	变形	光面	光面	变形	变形		
σ_{m-10}	248.0	262.3	142.4	185.7	151.0	114.6		
σ_{m0}	161.7	159.2	93.19	113.3	89.32	111.7		
l^t_{mcr}	471.2	353.4	129.6	151.5	296.7	258.5		
l_{mcr}	464.7	353.4	134.8	147.7	296.8	258.3		
l_{mcr}/l'_{mcr}	0.9863	1.000	1.040	0.9750	1.0004	0.9994	1.000	0.02202

4.4.3 混凝土保护层内、外的平均裂缝宽度差 w_c 计算公式

研究 w_c 是为了寻求混凝土保护层内、外裂缝宽度之间的关系。设，外层钢筋表面处混凝土的环向拉应力为 σ_s，它沿着管周的平均值与最大值分别为 $\overline{\sigma}_s$ 与 $\sigma_{s\max}$；管道纵截面上离外层钢筋最远处的管外表混凝土环向拉应力为 σ_o，它沿着管周的平均值与最大值分别为 $\overline{\sigma}_o$ 与 $\sigma_{o\max}$。比较式（4.35）与式（4.36）可得 $\overline{\sigma}_{cm}=\dfrac{1}{2}\sigma_{cm\max}$，同理应有 $\overline{\sigma}_o=\dfrac{1}{2}\sigma_{o\max}$ 与 $\overline{\sigma}_s=\dfrac{1}{2}\sigma_{s\max}$。故混凝土保护层内、外的裂缝宽度差为

$$w_c=\frac{\overline{\sigma}_s-\overline{\sigma}_o}{E}l_{mcr}=\frac{\sigma_{s\max}-\sigma_{o\max}}{2E}l_{mcr}=\frac{\sigma_{s\max}}{2E}l_{mcr}e \tag{4.38}$$

式中，$e=\dfrac{\sigma_{s\max}-\sigma_{o\max}}{\sigma_{s\max}}$。因为 $0\leqslant\sigma_{o\max}\leqslant\sigma_{s\max}$，所以 $0\leqslant e\leqslant 1$。设 c_1 为管道纵截面上外层钢筋外表面到管外表的最远距离。当 $c_1\to 0$ 时，$\sigma_{o\max}\to\sigma_{s\max}$，$e\to 0$；当 $c_1\to\infty$时，$\sigma_{o\max}\to 0$；$e\to 1$，故有

$$e=\frac{c_1}{c_1+\gamma}\quad(\gamma\geqslant 0) \tag{4.39}$$

现在确定外层钢筋表面处混凝土的环向拉应力的最大值 $\sigma_{s\max}$。由式（4.7）可见，外层钢筋表面处混凝土的环向拉应力的最大值 $\sigma_{s\max}$ 为 $0.85355f_t\sim f_t$，取其平均值 $\sigma_{s\max}=0.927f_t$。但由于外部管壁在环向处于小偏心受拉状态，故应取

$$\sigma_{s\max}=0.927f_t\gamma_m\leqslant f_t \tag{4.40}$$

由此可见，应取 $\gamma_m\leqslant 1.08$。综合式（4.34）、式（4.38）、式（4.39）、式（4.40）可得

$$w_c=0.4635\gamma_m\frac{f_t}{E}l_{mcr}\frac{c_1}{c_1+\gamma}\quad(0\leqslant\gamma_m\leqslant 1.08,\gamma\geqslant 0) \tag{4.41}$$

式中：γ_m 为偏心影响系数，$0\leqslant\gamma_m\leqslant 1.08$，按式（4.34）计算；$f_t$ 为混凝土的抗拉强度；E 为混凝土的弹性模量；l_{mcr} 为外层钢筋处的平均裂缝间距，按式（4.37）计算。

4.4.4　外层钢筋表面的平均裂缝宽度 w_m 计算公式

由式（4.1）可求得，外层钢筋沿环向的平均应力为 $\bar{\sigma}_m=\sigma_{m0}-B_m$，将 $B_m=k\sigma_{m0}$ 代入可得 $\bar{\sigma}_m=\sigma_{m0}(1-k)$，则内压短期作用下管道外层钢筋处的平均裂缝宽度为 $w_m=\left(\frac{\bar{\sigma}_m}{E_s}-\frac{\bar{\sigma}_s}{E}\right)l_{mcr}=\left(\frac{\sigma_{m0}(1-k)}{E_s}-\frac{\sigma_{s\max}}{2E}\right)l_{mcr}$，将式（4.33）、式（4.40）代入得

$$w_m=\frac{l_{mcr}}{E_s}\left[\sigma_{m0}\left|1-\frac{\alpha_k t f_t}{\sum\limits_{i=m-1}^{m}t_i\sigma_{i0}}\right|-0.4635\gamma_m f_t\alpha_E\right]\geqslant 0 \tag{4.42}$$

其中
$$t=c+\frac{d_m}{2}+r_m-r_{m-1}+\frac{r_{m-1}-r_{m-2}}{k_3}$$

式中：α_E 为钢筋与混凝土的弹模比；γ_m 为偏心影响系数，$0\leqslant\gamma_m\leqslant1.08$，按式（4.34）计算；$\alpha_k<0.5$ 为试验常数；l_{mcr} 为外层钢筋处的平均裂缝间距，按式（4.37）计算；t 为外部管壁厚度；c 为外层钢筋的保护层厚度；d_i 为第 i 层环向钢筋的直径；r_0、r_i 分别为钢衬与第 i 层环向钢筋中心处相对于管心的半径；m 为沿着管长分布的环状钢筋的层数；k_3 为试验常数，$k_3=5.7$；E_s 为钢筋的弹性模量；t_i 为第 i 层环向钢筋的折算厚度；f_t 为混凝土的抗拉强度；σ_{i0} 为第 i 层环向钢材在通缝截面处的拉应力。

4.4.5　混凝土表面的最大裂缝宽度 $w_{\max}$ 计算公式

内压短期作用下管道外表的平均裂缝宽度为 w_c+w_m。设，β_s 为最大裂缝宽度与平均裂缝宽度的比值；β_l 为长期水压作用下混凝土收缩、徐变与管壁振动等的影响系数，则有 $w_{\max}=\beta_s\beta_l(w_c+w_m)=w_{c\max}+w_{m\max}$。这里，$w_{c\max}$ 为保护层内、外裂缝宽度差的最大值；$w_{m\max}$ 为外层钢筋表面的裂缝宽度的最大值。将式（4.41）、式（4.42）代入得

$$w_{\max}=\beta_s\beta_l\frac{l_{mcr}}{E_s}\left[\sigma_{m0}\left|1-\frac{\alpha_k t f_t}{\sum\limits_{i=m-1}^{m}t_i\sigma_{i0}}\right|-0.4635\gamma_m f_t\alpha_E\frac{\gamma}{c_1+\gamma}\right] \tag{4.43}$$

其中
$$t=c+\frac{d_m}{2}+r_m-r_{m-1}+\frac{r_{m-1}-r_{m-2}}{k_3}$$

式中：β_s 为最大裂缝宽度与平均裂缝宽度的比值；β_l 为长期水压作用下混凝土收缩、徐变与管壁振动等的影响系数；α_E 为钢筋与混凝土的弹模比；γ_m 为偏心影响系数，$0\leqslant\gamma_m\leqslant1.08$，按式（4.34）计算；$\alpha_k<0.5$ 为试验常数；l_{mcr} 为外层钢筋处的平均裂缝间距，按式（4.37）计算；t 为外部管壁厚度；c 为外层钢筋的保护层厚度；d_i 为第 i 层环向钢筋的直径；r_0、r_i 分别为钢衬与第 i 层环向钢筋中心处相对于管心的半径；m 为沿着管长分布的环状钢筋的层数；k_3 为试验常数，$k_3=5.7$；E_s 为钢筋的弹性模量；t_i 为第 i 层环向钢筋的折算厚度；f_t 为混凝土的抗拉强度；σ_{i0} 为第 i 层环向钢材在通缝截面处的拉应力。

现在确定 α_k、β_s、β_l 与 γ 值。依据所收集到的管道模型试验资料（见表 4.1），先取 $\beta_s\beta_l=1$，反复将不同的 α_k 与 γ 值代入式（4.43）算出 $w_{\max}$ 值及其与实测值的比值，直到该比值的变异系数达到最小为止，这时的 α_k 与 γ 值即为所求。按此方法，求得 $\gamma=0$；分别对采用变形钢筋的模型与原型求出 α_k 值后，最后对于变形钢筋统一取 $\alpha_k=0.095$；对采

表 4.7　　式（4.43）的计算结果　　长度单位：mm；应力单位：MPa

对象名称	东江2号	东江D140－5	东江原型	李家峡新－2	李家峡旧－2	李家峡原型	紧水滩原型	依萨河1号	三峡	平均值	变异系数
比尺	1∶5	1∶20		1∶20	1∶20			1∶1	1∶2		
钢筋外形	变形	光面	变形	光面	光面	变形	变形	变形	变形		
l_{mcr}	353.4	134.8	1509	99.62	91.84	454.3	793.8	296.8	258.3		
σ_{m-10}	262.3	142.4	77.08	109.9	113.7	66.22	43.19	151.0	114.6		
σ_{m0}	159.2	93.19	50.21	92.51	99.33	63.67	32.25	89.32	111.7		
$w_{m\max}$	0.404	0.104	0.244	0.073	0.073	0.930	0.334	0.222	0.225		
$w_{c\max}$	0.010	0.003	0.569	0.007	0.006	0.185	0.017	0	0.020		
$w_{\max}$	0.414	0.107	0.813	0.080	0.079	1.115	0.351	0.222	0.245		
$w_{\max}^t$	0.45	0.1	0.9	0.1	0.07	1.2	0.3	0.19	0.27		
$\dfrac{w_{\max}}{w_{\max}^t}$	0.921	1.07	0.904	0.798	1.129	0.929	1.167	1.170	0.909	1.000	0.136

用光面钢筋的模型确定 $\alpha_k=0$。α_k 与 γ 值确定后，再反复将选择的 $\beta_s\beta_l$ 值代入式（4.43）算出 $w_{\max}$值及其与实测值的比值，直到该比值达到 1 为止，这时的 $\beta_s\beta_l$ 值即为所求。对于纯短期作用（为一般模型所受作用，因为模型加载到设计内压的时间往往很短），由于 $\beta_l=1$，故 $\beta_s=\beta_s\beta_l$。按此方法得出了 β_s 值：对于光面钢筋，$\beta_s=1.793$；对于变形钢筋，$\beta_s=1.869$。对于纯长期作用（为一般原型所受作用，如长期运行水压），$\beta_l=\beta_s\beta_l/\beta_s$。按此方法得出 $\beta_l=4.618\sim5.961$，其平均值为 5.39。显然，当混凝土收缩、徐变与管壁振动较小时应取较小的 β_l 值；反之则应取较大的 β_l 值。但是，除非特别说明，本书均是按 $\beta_l=5.39$ 计算的。式（4.43）的计算结果见表 4.7，可见，式（4.43）计算值与实测值 $w_{\max}^t$吻合较好。

4.4.6 外层钢筋表面处的最大裂缝宽度 $w_{m\max}$ 计算公式

由于影响耐久性的裂缝宽度主要是外层钢筋表面处的最大裂缝宽度，故在此明确，设计验算公式应为外层钢筋表面处的最大裂缝宽度 $w_{m\max}$计算公式。由 4.4.5 节可得

$$w_{m\max}=\beta_s\beta_l w_m \tag{4.44}$$

式中：β_s 为最大裂缝宽度与平均裂缝宽度的比值，对于光面钢筋；$\beta_s=1.793$；对于变形钢筋，$\beta_s=1.869$；β_l 为长期水压作用下混凝土收缩、徐变与管壁振动等的影响系数，$\beta_l=4.618\sim5.961$，其平均值为 5.39；w_m 为内压短期作用下管道外层钢筋处的平均裂缝宽度，按式（4.42）计算。

4.4.7 算例——内压引起三峡大坝背管 1∶2 模型裂缝宽度计算

三峡大坝背管 1∶2 模型的计算数据见表 4.1，且利用上述 4.2.4 节算例的计算结果，内压为 1.21MPa。

$t=c+\dfrac{d_m}{2}+r_m-r_{m-1}+\dfrac{r_{m-1}-r_{m-2}}{k_3}=50+\dfrac{36}{2}+4032-3932+\dfrac{3932-3164}{5.7}=302.7(\text{mm})$。由式（4.37）得

$$l_{mcr}=k_1c+k_2\frac{r_mt}{\sum\limits_{i=m-1}^{m}t_i\sigma_{i0}}\sum_{i=m-1}^{m}\frac{d_i\sigma_{i0}}{r_i}$$

$$=1.65\times50+0.07682\times\frac{302.7\times4032}{4.02\times114.6+5.09\times111.7}\left(\frac{32\times114.6}{3932}+\frac{36\times111.7}{4032}\right)$$

$$=258.3(\text{mm})$$

由式（4.30）得

$$r_c=\frac{\sum\limits_{i=m-1}^{m}t_ir_i\sigma_{i0}}{\sum\limits_{i=m-1}^{m}t_i\sigma_{i0}}=\frac{4.02\times114.6\times3932+5.09\times111.7\times4032}{4.02\times114.6+5.09\times111.7}=3987(\text{mm})$$

$$r_{cc}=r_m+\frac{d_m}{2}+c-\frac{t}{2}=4032+18+50-\frac{302.7}{2}=3949(\text{mm})$$

由式（4.34）得

$$\gamma_m=1-\frac{12(r_{cc}-r_c)(r_m-r_{cc})}{t^2}=1-\frac{12(3949-3987)(4032-3949)}{302.7^2}=1.413>1.08$$，取 $\gamma_m=1.08$。由式（4.40）得

$$w_c=0.4635\gamma_m\frac{f_t}{E}l_{mcr}=0.4635\times1.08\times\frac{2.4}{29\times10^3}\times258.3=0.0107(\text{mm})$$

由式（4.42）得

$$w_m=\frac{l_{mcr}}{E_s}\left[\sigma_{m0}\left(1-\frac{\alpha_ktf_t}{\sum\limits_{i=m-1}^{m}t_i\sigma_{i0}}\right)-0.4635\gamma_mf_t\alpha_E\right]$$

$$=\frac{258.3}{205\times10^3}\left[111.7\times\left(1-\frac{0.095\times302.7\times2.4}{4.02\times114.6+5.09\times111.7}\right)-0.4635\times1.08\times2.4\times\frac{205}{29}\right]=0.1206(\text{mm})$$

由 4.4.5 节得

$$w_{c\max}=\beta_s\beta_lw_c=0.0107\times1.869=0.02\text{mm};\ w_{m\max}=\beta_s\beta_lw_m=1.869\times0.1206=0.2254(\text{mm})$$

$$w_{\max}=w_{c\max}+w_{m\max}=0.02+0.2254=0.2454\text{mm};\ \frac{w_{\max}}{w_{\max}^t}=\frac{0.2454}{0.27}=0.9089$$

4.5　温变引起大坝背管裂缝宽度改变值计算公式的确定

引用几何方程，管壁在半径 r 处的环向温变应变为 $\varepsilon_\theta=\frac{u_r}{r}$；由于钢筋与混凝土的自由温变应变相等，故材料在半径 r 处的自由温变应变 α_cT_r 并不改变裂缝宽度；则管壁在半径 r 处的温变平均裂缝宽度为

$$w_{tr}=\left(\frac{u_r}{r}-\alpha_cT_r\right)l_{rcr}\tag{4.45}$$

式中：l_{rcr} 为半径 r 处的平均裂缝间距。例如，管壁在半径 r_m 处的温变平均裂缝宽度为

$$w_{tm}=\left(\frac{u_{r_m}}{r_m}-\alpha_c T_{r_m}\right)l_{mcr} \tag{4.46}$$

式中：r_m 为外层环向钢筋中心处相对于管心的半径；u_{r_m} 为外层环向钢筋中心处的温度改变径向位移；T_{r_m} 为外层环向钢筋中心处的温度改变值；α_c 为混凝土的热胀系数；l_{mcr} 为外层钢筋处的平均裂缝间距。

再例如，管壁外表面处的温变平均裂缝宽度为 $w_t=\left(\frac{u_w}{r_w}-\alpha_c T_w\right)l_{wcr}=\left(\frac{u_w}{r_w}-\alpha_c T_w\right)\frac{r_w}{r_m}l_{mcr}$。式中 l_{wcr} 为半径 r_w 处的平均裂缝间距。管壁外表面处的温变最大裂缝宽度为

$$w_{t\max}=\beta_s\beta_l, w_t=\beta_s\beta_l\left(\frac{u_w}{r_w}-\alpha_c T_{r_w}\right)\frac{r_w}{u_w}l_{mcr} \tag{4.47}$$

式中：β_s 为最大裂缝宽度与平均裂缝宽度的比值，对于光面钢筋，$\beta_s=1.793$；对于变形钢筋，$\beta_s=1.869$；β_l 为长期水压作用下混凝土收缩、徐变与管壁振动等的影响系数，$\beta_l=4.618\sim5.961$，其平均值为 5.39；α_c 为混凝土的热胀系数；r_w 为管外半径；T_w 为管外壁处的温度改变值；u_w 为管外壁处的温度改变径向位移；l_{mcr} 为外层钢筋处的平均裂缝间距；r_m 为外层环向钢筋中心处相对于管心的半径。

式（4.47）的计算值见表 4.8。

表 4.8　　三峡背管 1：2 模型外表的温变缝宽变化计算值与实测值比较　　单位：0.01mm

内高外低温度场特征/℃			主要裂缝及其实测缝宽变化值					计算最大值
温差	T_n	T_w	L3	L2	L1	平均值	最大值	
5.97	5.205	0.2676	1.0	1.0	1.0	1.0	1.0	1.566
9.63	8.854	0.8757	3.0	2.0	3.0	2.67	3.0	2.574
13.08	13.86	1.800	4.5	2.5	4.0	3.67	4.5	3.937

算例——三峡背管 1：2 模型外表的温变缝宽变化值计算

三峡大坝背管 1：2 模型的计算数据见表 4.3，利用上述 4.2.3 节与 4.3.4 节算例的计算结果，当 $T_n=13.86$，$T_w=1.8$ 时，由式（4.47）得 $w_{t\max}=\beta_s\beta_l\left(\frac{u_w}{r_w}-\alpha_c T_w\right)\frac{r_w}{r_m}l_{mcr}=1.869\times\left(\frac{0.4174}{4100}-1.2\times10^{-5}\times1.8\right)\times\frac{4100}{4032}\times258.3=0.03937(\text{mm})$。

4.6　温变与内压共同作用产生裂缝宽度的计算

在温变与内压共同作用下，外层钢筋表面处的最大裂缝宽度为

$$w_{m\max t}=\beta_s\beta_l(w_m+w_{tm}) \tag{4.48}$$

式中：β_s 为最大裂缝宽度与平均裂缝宽度的比值，对于光面钢筋，$\beta_s=1.793$；对于变形钢筋，$\beta_s=1.869$；β_l 为长期水压作用下混凝土收缩、徐变与管壁振动等的影响系数，$\beta_l=4.618\sim5.961$，其平均值为 5.39；w_{tm} 为管壁在半径 r_m 处的温变平均裂缝宽度，按式

(4.44) 计算；w_m 为内压短期作用下管道外层钢筋处的平均裂缝宽度，按式 (4.42) 计算。管壁外表处的最大裂缝宽度为

$$w_{maxt}=w_{max}+w_{tmax} \tag{4.49}$$

式中：w_{tmax}为管壁外表面处的温变最大裂缝宽度，按式 (4.47) 计算；w_{max}为管壁外表面处的内压最大裂缝宽度，按式 (4.43) 计算。

李家峡原型 (计算数据见表 4.1) 裂缝宽度实测值 w_{max}^t 与计算值 w_{maxt} 的比较详见表 4.9，可见二者吻合较好。

表 4.9　　李家峡原型裂缝宽度实测值 w_{max}^t 与计算值 w_{maxt} 的比较

参量	T_n	T_w	q	w_{mmaxt}	w_{maxt}	w_{max}^t	w_{maxt}/w_{max}^t
单位	℃		MPa	mm			
参数	0.96	10.11	0.824	0.78927	0.94187	1.0	0.94187
	0.96	8.39	0.824	1.09145	1.309	1.4	0.93518

对将来达到设计水位的三峡原型 (计算数据见表 1.1) 裂缝宽度的预测详见表 4.10。

表 4.10　　对三峡原型裂缝宽度的预测 ($\beta_t=4.62\sim5.96$)

参量	T_n	T_w	q	σ_{m-10}	σ_{m0}	l_{mcr}	u_w	w_{cmax}	w_{mmax}	w_{tmax}	w_{mmaxt}	w_{maxt}
单位	℃		MPa			mm						
数据	9.5	1.0	1.035	111.1	108.2	628.7	0.557	0.208～0.268	2.391～3.084	0.311～0.402	2.646～3.413	2.910～3.754

4.7　小结

(1) 在钢衬钢筋混凝土压力管道中，钢材的环向平均应力与通缝截面钢材应力成正比。

(2) 相距为平均裂缝间距的两通缝间钢筋附近混凝土的平均拉应力不超过 $0.85355f_t$。

(3) 若将已开裂钢衬钢筋混凝土压力管道视为正交异性体，则环向等效弹性模量可按式 (4.8) 计算，管道横断面物理方程可按式 (4.13) 取用。

(4) 本书计算工作内压引起的钢衬钢筋混凝土压力管道钢材应力的推荐算法，考虑了混凝土泊松比的影响，快捷、简便，准确度能满足工程设计要求；而忽略混凝土开裂对刚度的影响将引起较大的计算误差。

(5) 式 (4.20)、式 (4.24)、式 (4.25) 联立求解，可在考虑混凝土开裂影响情况下较准确地计算温度变化引起大坝背管在任意半径处的径向位移。但计算公式比较繁。

(6) 推荐式 (4.28) 之所以能既简便又较准确地计算温度变化引起大坝背管在任意半径处的径向位移，是因为背管环向抗拉刚度对温度位移的影响不显著。

(7)“外部管壁”力学模型及其半理论半经验公式既适用于较准确地计算内压引起的

全径向通缝的开裂模式的裂缝间距与裂缝宽度，又适用于较准确地计算内压引起的非全径向通缝的开裂模式的裂缝间距与裂缝宽度。

（8）对背管钢筋保护层内外的裂缝宽度差的理论分析与计算表明，一般背管钢筋保护层内外的裂缝宽度差应当考虑。

（9）本书用温变引起的背管径向位移计算其对裂缝宽度影响的方法简便可行。

参考文献

[1] DL/T 5057—1996 水工混凝土结构设计规范［S］.

[2] JTJ 220—82（试行）港口工程技术规范，混凝土和钢筋混凝土（设计部分）［S］.

[3] GBJ 10—89 混凝土结构设计规范［S］.

[4] 董哲仁．钢衬钢筋混凝土压力管道设计与非线性分析［M］．北京：中国水利水电出版社，1998.

[5] 华东水利学院，等．水工钢筋混凝土结构学［M］．北京：水利电力出版社，1979.

[6] 赵国潘，王清湘．钢筋混凝土构件裂缝宽度分析的应力图形和计算模式［J］．大连工学院学报，1984，23（4）：87-93.

[7] 天津大学，同济大学，东南大学．混凝土结构（上册）［M］．北京：中国建筑工业出版社，1994.209-210.

[8] 王康平，邓华锋，周济芳，等．钢筋混凝土轴 *s* 拉构件刚度试验研究［J］．三峡大学学报，2003（5）.

[9] 哈尔滨建筑大学，华南理工大学．建筑结构［M］．2 版．北京：中国建筑工业出版社，1998.

第5章　用数值流形法进行裂缝扩展计算研究

5.1　数值流形法的应用

三峡水电站压力管道采用下游坝面浅槽式钢衬钢筋混凝土结构形式。钢管直径12.4m，*HD*值达1730m^2，由于管道规模大，结构型式新，运行时允许外包混凝土开裂，开裂后材料处于非线性状态，使管道工作条件十分复杂，为此长江委会同国内各科研单位及高校进行了大量科研工作，并最终提出优化设计方案。由武汉水利电力大学完成的大比尺（1：2）平面结构模型试验和浙江大学钟秉章教授等人采用非线性有限元方法进行的验证计算取得了很好的成果。大比尺平面结构模型试验在国内外同类结构中比尺是最大的；采用液压钢枕（扁千斤顶）加压装置成功加载至2.8倍设计内压（1.21MPa），为解决大模型加压设备开创了先例；通过大比尺模型试验测得管道混凝土的初裂荷载外，还首次测得与小比尺模型形态不同的裂缝发展规律；首次对管道开裂后进行温度荷载试验，使温度荷载作用下钢材温度应力及裂缝宽度变化有了定量的数据并找到初步规律；模型的破坏形态也是在小比尺模型上得不到的。浙江大学的结构仿真计算中，建立了弹塑性有限元数学模型，考虑了混凝土的软化特征，在应力分布、初裂荷载及部位、塑性软化开裂区发展规律等可与试验结果相互印证。

众所周知，最早把有限元分析方法用于钢筋混凝土结构的是美国学者（1967年）Ngo和Scordelis，形成了钢筋混凝土有限元分析（RCFEA）方法。在其后的三十多年中，RCFEA的研究无论从分析方法、理论基础和实验研究上均取得了明显的进展，在混凝土本构关系方面各国学者提出了多种多样的混凝土本构关系模式，如以弹性模型为基础的线弹性和非线弹性本构关系，以经典塑性理论为基础的弹塑性硬化本构模型，采用断裂理论和塑性理论结合的塑性断裂理论本构模型，以黏性材料的本构关系发展起来的内时理论等。钢筋和周围混凝土之间的黏结是分析钢筋混凝土结构中的特有问题，如采用最早也是应用最广的模型是分离式模型，钢筋一般作为杆单元处理，钢筋和混凝土之间可以认为完全黏结在一起，也可以认为两者之间存在着黏结滑移关系，并用连接单元来模拟，已提出的如双弹簧联结单元、黏结斜杆单元、无厚度四节点或六节点单元等等多种连接模型。其他在混凝土强度准则和在裂缝模拟方面都取得可喜进展，使RCFEA方法能够给出结构内力和变形发展的全过程，并用断裂力学方法描述裂缝的形成扩展及结构的破坏过程，以利于优化结构设计。应用比较广泛的大型通用程序ADINA和ANSYS程序都是非线性功能较强的。我国自20世纪70年代以来，很多高校及研究机构都有自己研制的RCFEA程序，并有不少钢筋混凝土有限元分析专著问世。但是RCFEA与一般固体力学有限元法相比还存在很多困难，主要表现在以下几个方面：

(1) 在混凝土本构关系建立的过程中及钢筋混凝土有限元分析在水工设计中的实际应用表明，至今尚未获得多数人公认较满意的本构关系。

(2) 钢筋和混凝土是两种力学性质很不相同的材料，二者之所以能结合起来共同工作，主要是它们之间存在黏结作用。由于影响因素较多，破坏机理复杂，黏结滑移的本构关系仍然是目前重要的研究课题。

(3) 混凝土的应力应变关系是高度非线性的，目前国内对混凝土在复杂应力下的材料特性方面做了大量的试验研究工作，如对混凝土应力应变全曲线研究，对混凝土在平面应变状态下的变形和强度研究等，但是由于混凝土的应力应变全曲线具有下降段，结构在达到极限承载能力后产生“软化”现象。考虑结构软化现象后，在求解非线性有限元方程方面，至今还没有完善的数值解法。

(4) 混凝土最重要的特征之一是其抗拉强度低，混凝土结构常带裂缝工作，裂缝引起周围应力的突变和刚度降低，是钢筋混凝土重要的非线性因素，因而准确处理裂缝是分析钢筋混凝土结构的关键，也是很难的问题，目前阶段还几乎不能用数值方法求解裂缝的开度。

鉴于上述困难，笔者试图采用数值流形方法计算钢筋混凝土结构的裂缝扩展问题。三峡水电站浅槽式钢衬钢筋混凝土压力管道大比尺平面结构模型试验经专家鉴定，认为大比尺更能接近实际，成果规律好，可为程序计算结果提供客观对比分析的依据，以模型为对象计算分析它的初裂荷载，各荷载阶段的钢材、混凝土的应力，裂缝发生、发展、间距、缝宽等，与模型试验实测成果进行对比分析，实际上是对新的计算方法的验证。

5.2 数值流形方法对裂纹扩展的模拟

数值流形方法是旅美学者石根华博士于 20 世纪 90 年代初提出的一种新的数值方法，该方法基于数学覆盖与物理覆盖体系定义流形单元，并建立相应的单元位移函数，由最小势能原理得到系统的平衡方程。其突出的优点之一表现在模拟固体介质的裂纹扩展。

在采用该方法追踪裂纹扩展过程时，比较简单的处理就是直接借用有限单元网格形成材料区域的数学覆盖，在模拟裂纹扩展时数学覆盖（即初始的有限元网格）不必变动，只需增加系统的物理覆盖与流形单元数，这给编程带来了极大的方便，较之有限单元模拟裂纹扩展具有明显的优越性。

5.3 数值模型与材料参数

根据室内模型试验过程和模型尺寸结构图，计算模型作为平面应力情况处理。混凝土被认为是均质材料，其弹性模量 $E=2.4\times10^4$MPa，泊松比 $\nu=0.166$，抗拉强度 $\sigma_t=$ 2.14MPa。离散的有限元网格如图 5.1 所示。计算模型中共有三角形单元 3871 个，节点 2081 个。由于泡沫板软垫层的弹性模量值非常低，垫层处作为应力边界条件处理。模型中钢筋及钢材被简化为二力杆单元。共 670 个杆单元。钢筋与钢衬的弹模值分别为 2.05 $\times 10^5$MPa 和 1.98$\times 10^5$MPa。

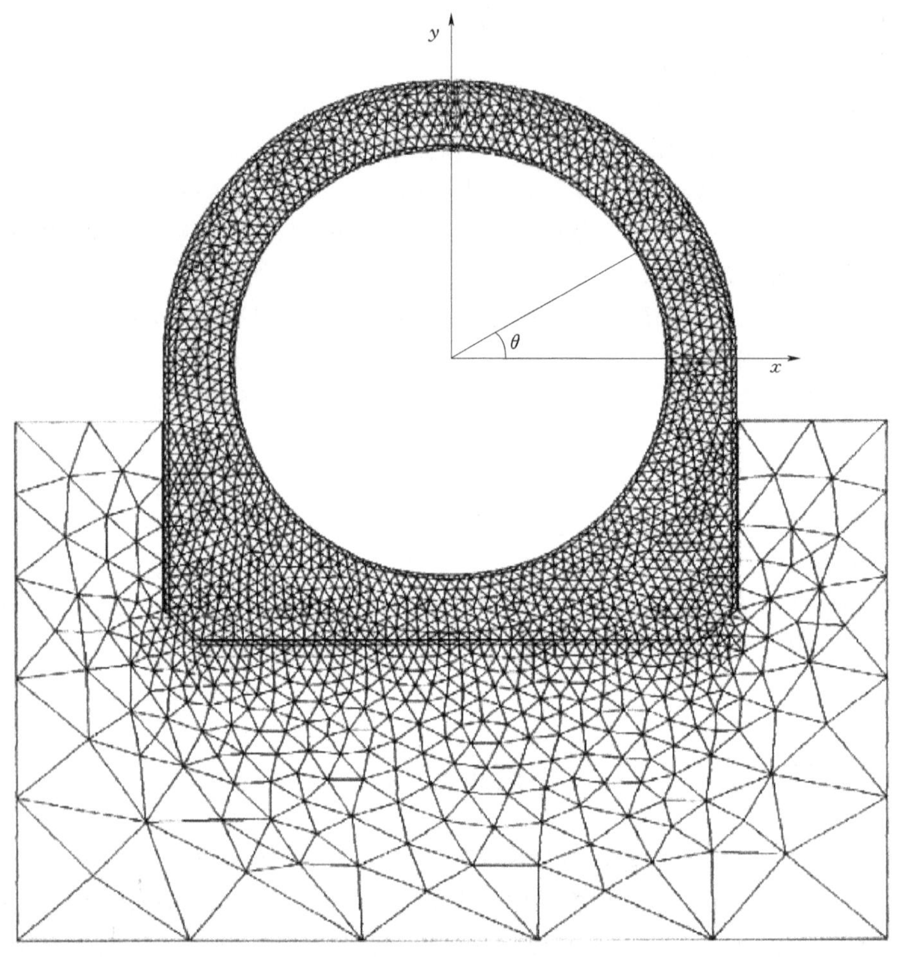

图 5.1　计算模型的有限元网格覆盖

5.4　管道模型开裂前模型内应力分布

图 5.2 给出了内压为 0.6MPa 时管道钢衬及钢筋的应力分布情况，由于材料被看成弹性，因此对应 0.2MPa 与 0.4MPa 时的应力分别为其 1/3 与 2/3。图 5.2（a）为钢衬环向应力分布，角度以逆时针为正（以下同），图 5.2（b）为靠近钢衬的钢筋应力，图 5.2（c）为次外层钢筋应力分布，图 5.2（d）是最外层钢筋应力分布。对照试验报告中管道开裂前钢材应力分布图，计算值与试验值有一定的可比性，而且从图 5.2 中可以看出，钢衬与内层钢筋最大拉应力在 $\theta=70°$ 与 $\theta=110°$ 附近，外侧两层钢筋最大应力出现在 0°与 180°处。由于计算模型的对称性，图中钢筋应力基本上呈对称分布。

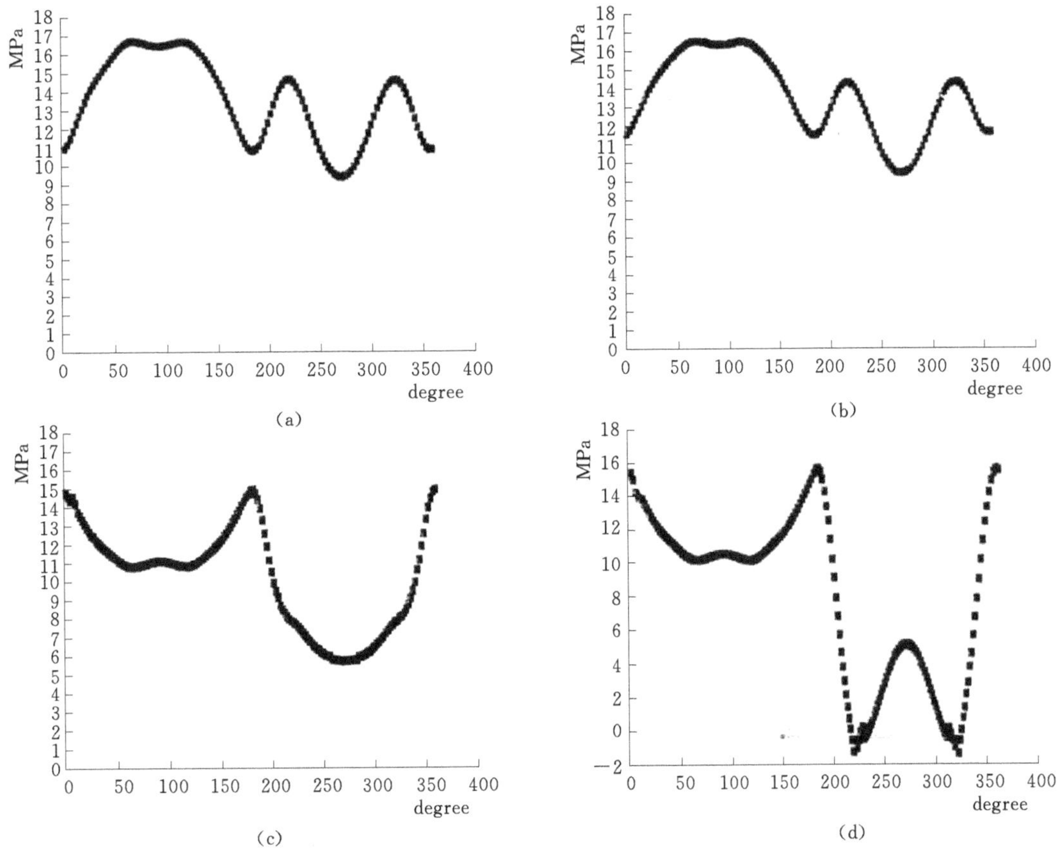

(a)

(b)

(c)

(d)

图 5.2 内压 0.6MPa 时管道模型钢材应力分布图

(a) 钢衬环向应力分布；(b) 靠近钢衬的钢筋应力；(c) 次外层钢筋应力分布；(d) 最外层钢筋应力分布

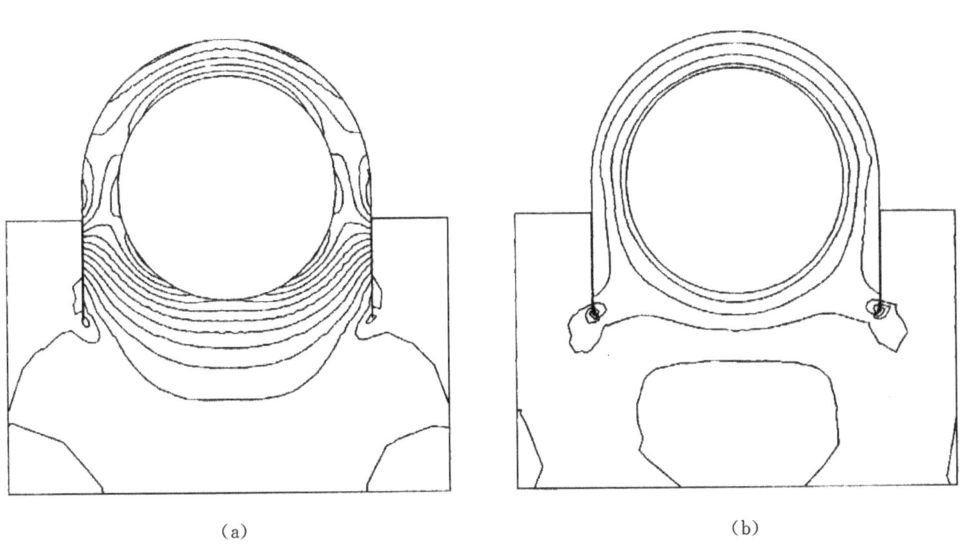

(a)

(b)

图 5.3 管道模型第一条裂缝出现时应力等值线图

(a) 第一主应力等值线；(b) 第二主应力等值线

在内压 p=0.672MPa，即管道第一条裂缝出现时，模型的应力等值线如图 5.3 所示。图 5.3（a）为第一主应力等值线，最小主应力 0.307MPa，最大应力值为 2.141MPa，图 5.3（b）为第二主应力等值线，最小应力值为 1.29MPa，最大应力值为 0.104MPa。从图 5.3（a）可看出，在管道顶与腰部内外壁的应力梯度基本相同。

通过图 5.2 和图 5.3（a）可以看出，由于在径向截面上，混凝土所占面积远远大于钢筋（衬）面积，因此管壁出现裂缝前，管道环向拉力主要由混凝土承担是显而易见的。

5.5　裂缝扩展模拟及裂缝宽度分布

直到目前为止，岩石类材料（包括混凝土）在受到外载作用后，从完好状态发展到有裂纹出现再进一步至裂纹扩展贯穿，在理论上还没有一套非常好的准则来描述这一过程。这里采用数值流形方法模拟压力管道的径向开裂过程时，参考模型试验报告中对裂缝出现的描述，认为材料是弱脆性的。当管道壁的某处最大拉应力达到混凝土的抗拉强度时，在垂直于最大拉应力方向出现裂纹，而且裂纹一旦产生马上穿过管道壁。图 5.4 给出了裂缝在管道壁出现的先后次序以及对应的内压大小。

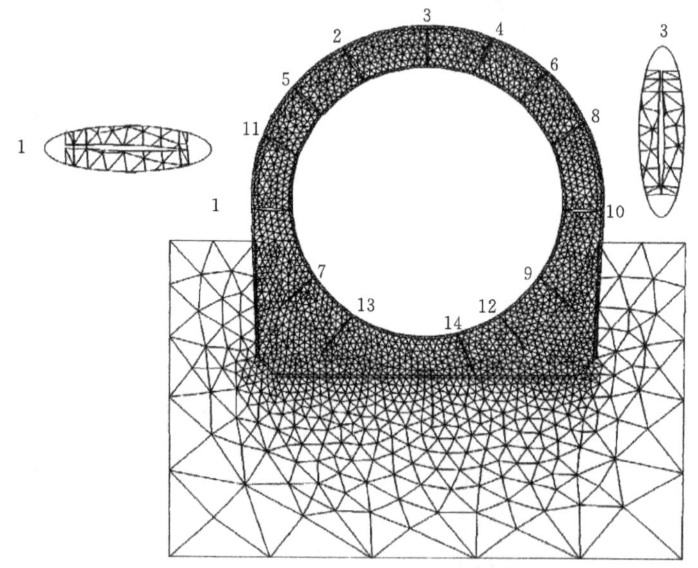

图 5.4　裂缝分布与形态及其产生时对应的内压

（内压 0.672MPa，裂缝 1 出现；内压 0.675MPa，裂缝 2，3，4 出现；内压 0.691MPa，裂缝 5，6 出现；内压 0.725MPa，裂缝 7，8，9，10 出现；内压 0.743MPa，裂缝 11 出现，内压 0.760MPa，裂缝 12，13 出现；内压 1.063MPa，裂缝 14 出现）

模型试验时出现第一条裂缝的内压力为 0.7MPa，内水压力作用下模型裂缝的分布情况详见图 3-3。数值计算结果略低于试验值，但基本吻合。理论上讲内压为 0.672MPa 时在管道腰部左右两处应同时出现裂纹，但数值计算的微小误差使得腰部左侧先出现裂缝。

管道混凝土受内压出现径向裂缝后，裂缝部位环向荷载完全由钢材与钢筋承担。裂缝部位钢筋与钢衬的环向拉应力变得很大，势必引起钢筋（衬）与混凝土之间出现微小的相对滑动，而且伴随着沿径向细小裂纹的出现。由于计算中不能考虑钢筋与混凝土之间的这种相对滑动，因此在裂缝处靠近钢筋（衬）附近局部区域混凝土上有较大的拉应力。为了使数值模拟过程能够进行下去，在已形成的裂缝附近 0.5m 范围内不再考虑有新的裂纹产生。在管道下部，裂纹扩展一定长度后，由于没有针对混凝土材料合适的断裂韧度值，未能考虑其进一步向坝体的扩展。

在已模拟的 14 条裂缝中，裂缝宽度的大小及沿径向的分布与实测结果基本一致，内外缝宽较小，中部较大。图 5.4 放大的裂缝形态已说明了这一点。在设计内压 1.21MPa 时，裂缝宽度的大小值见表 5.1，最大缝宽均未超过 0.3mm。与此对应的管道钢衬及钢筋的应力分布情况见图 5.5，管道外壁沿径向的变形大小见图 5.6，径向变形小于试验结果。

表 5.1　在外侧、中部和内侧钢筋处的裂缝宽度

裂缝编号	外侧缝宽/mm	中部最大缝宽/mm	内侧钢筋处缝宽/mm
1	0.158	0.284	0.077
2	0.100	0.283	0.094
3	0.108	0.282	0.102
4	0.106	0.282	0.093
5	0.112	0.284	0.104
6	0.109	0.284	0.107
7*	0.079	0.198	0.080
8	0.125	0.294	0.086
9*	0.083	0.214	0.000
10	0.061	0.287	0.064
11	0.138	0.294	0.093
12*	0.064	0.160	0.064
13*	0.069	0.181	0.069
14*	0.043	0.128	0.043

* 表示管道腰部下面的裂缝。

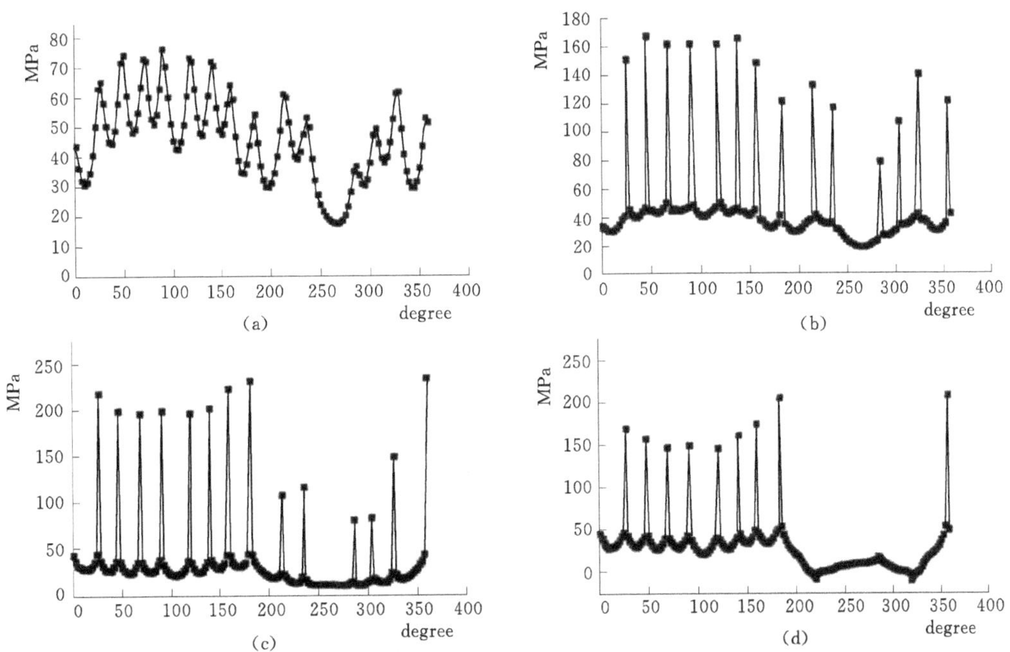

图 5.5　设计内压 1.21MPa 时模拟管道钢衬、钢筋的应力分布图

(a) 钢衬环向应力分布；(b) 靠近钢衬的钢筋应力分布；(c) 次外层钢筋应力分布；(d) 最外层钢筋应力分布

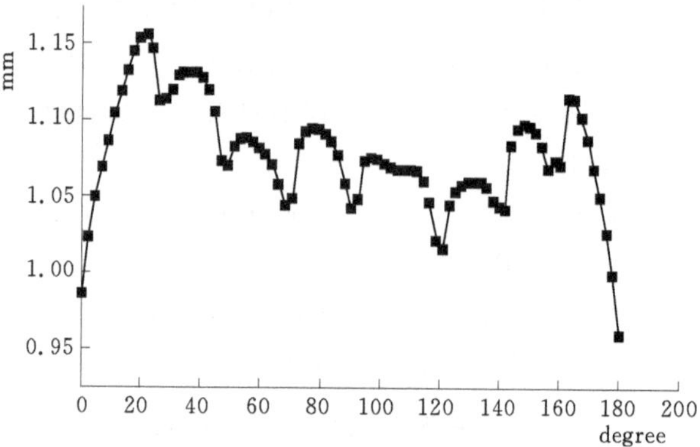

图 5.6　设计内压 1.21MPa 时管壁外侧径向位移分布图

5.6　小结

根据本章的研究，可以得出以下几点结论：

（1）在模型出现裂纹前．无论采用有限元方法还是流形元方法，所得计算结果基本是一致的。即开裂前管道环向拉力主要由混凝土承担，管道腰部环向拉应力外侧大，内侧小，管道顶部环向拉应力内侧大，外壁小。计算结果表明，腰部与顶部应力梯度相差不大。当内压达到 0.672MPa 时，腰部外侧两对称点拉应力几乎同时达到抗拉强度，由于计算结果的微小差异，在 $\theta=180°$附近首先产生第一条裂缝。

（2）在模拟后续裂纹的产生时仍然以拉应力达到抗拉强度时作为判据。裂缝只由管壁内侧或外侧发生。在达到荷载 1.063MPa 时，模拟得到的裂缝宽度分布及大小与实验结果吻合良好。管壁外侧径向位移略小于试验值，原因可能是试验模型在达到设计荷载时裂缝条数多于计算模型中的条数，从而致使结构的刚度变小所致。由于未能考虑钢筋（钢衬）与混凝土之间的相对滑动，使得计算分析受到一定限制，模拟得到的裂缝条数有限，钢筋（衬）应力分布表现出不连续性，这一缺陷可望通过改进计算模型得到修正。

（3）就总体而言管道开裂前与开裂后的数值计算与试验结果有较好的可比性。

（4）计算中无法考虑模型试验材料的非均匀性，也是可能数值计算与试验结果有一定误差的一个原因。

参　考　文　献

[1]　三峡电站钢衬钢筋混凝土压力管道大比尺平面结构模型试验研究［R］．武汉水利电力大学，1996.

[2]　Shi Genhua. Manifold method I. ［J］//In ：Pro. Of the 1 Int. Forum on DDA and Simulations of Discontinuous Media，Bekerly，California，USA：52－204，1996.

[3]　王水林．数值流形方法与裂纹扩展模拟［D］．中国科学院武汉岩土力学研究博士学位论文．1998.

[4]　B. K. Atkinson. Fracture Mechianics of Rock［M］．Academic Press Limited，1987.

第6章 坝后背管三维非线性有限元应力应变分析

6.1 工程概况及研究目的

20世纪60年代，苏联首创钢衬钢筋混凝土管（简称坝后背管），并最先运用于克拉斯诺雅尔斯克水电站，此后的四五十年中，在苏联和我国已有十几座水电站采用了这种管型，我国的三峡也采用了这种坝后背管的型式。

坝后背管是一种经济、安全，并且有广阔发展前景的水电站输水管道型式。它具有很多优点：是一种钢板衬砌与外包钢筋混凝土联合承受内水压力的结构，钢衬的厚度可以较明管方案为薄，并允许外包混凝土开裂，可充分发挥钢材的抗拉作用；在工程布置上，改变了传统的坝内埋管形式，将压力管道布置在下游坝面，从而减少了管道空腔对坝体的削弱，减少了坝体施工与管道安装施工的干扰，有利于保证施工质量和进度；与下游坝面明钢管相比节省了高强钢板，在造价上相对要经济些；外包混凝土还可以防止钢管受严寒或日照等温度影响。

钢衬钢筋混凝土压力管道正在被日益广泛地用于大中型水电站。这种管道的管径随着电站规模的扩大而扩大，甚至达十几米（三峡12.4m），大坝背管工作时，受有内压、温度等作用，其外包钢筋混凝土极易开裂。管壁裂缝宽度的大小，关系到管道的耐久性。设计时，必须对工作中的管壁裂缝宽度作具有一定精度的估算，以解决裂缝控制问题。

三峡工程是中国、也是世界上最大的水利枢纽工程，位于湖北省宜昌市三斗坪，距已建的葛洲坝水利枢纽上游约40km。水库正常蓄水位175m，总库容393亿m^3，水电站装机容量1820万kW（70万kW×26）（未计地下厂房），年平均发电量847万kW·h，主要供电华东、华中地区，小部分送重庆市。

三峡电站采用下游坝面浅槽式钢衬钢筋混凝土压力管道结构型式（简称坝后背管），为钢衬钢筋混凝土联合受力的结构形式，此类管道允许混凝土开裂但限制其缝宽。三峡电站压力管道规模较大，管道内径为12.4m，HD值达1730m^2，共26台机组，为单机单管引水方式。

为研究钢衬钢筋混凝土压力管道的外包混凝土的应力变形分布及其混凝土的开裂区，需对钢衬钢筋混凝土压力管道进行应力变形分析计算。

针对三峡水电站管道直径大，管道技术复杂，特别是管道混凝土开裂性状、裂缝宽度位置的不确定性，通过应力变形分析计算，搞清钢衬钢筋混凝土在施工、运行过程中的应力及分布情况变形，为三峡水电站钢衬钢筋混凝土压力管道施工进度安排、运行性态预测提供依据。

6.2 计算分析方法

6.2.1 计算理论与求解方法

6.2.1.1 计算理论

混凝土和钢筋混凝土的结构在使用过程中受到众多因素的影响，裂缝的产生是其中最重要的一个因素。混凝土裂开后，构件断面削弱了，混凝土和钢筋的应力都要重新分布。因此，为了正确分析混凝土和钢筋混凝土的结构，必须合理地模拟混凝土裂缝的作用。

1. 混凝土的裂开

为了判断何时出现裂缝，通常采用的有两个准则：①最大主拉应力准则，认为当最大主拉应力超过某一极限时，即出现裂缝；②最大主拉应变准则，认为当最大主拉应变超过某一极限时，出现裂缝。在本工程计算中，采用最大主拉应力准则，认为当时，混凝土即开裂，其中 R_t 为混凝土单轴抗拉强度。混凝土受拉时，塑性变形较小，比例极限可达到 $0.8R_t$ 左右，因此，实际工程计算中，可采用脆性材料开裂的应力-应变关系。即当 $\sigma_1 < R_t$ 时，认为混凝土是弹性的。当 $\sigma_1 = R_t$ 时，立即开裂，应力将至零。比较细致的试验说明，当 σ_1 达到 R_t 后，混凝土还不会立刻断开，应力-应变曲线还有一软化段。但因混凝土抗拉强度很低，这一软化段对整个结构的承载能力影响不大，因此，在一般的计算中可以不考虑它。

$$\sigma_1 = R_t \tag{6.1}$$

2. 混凝土裂缝的有限元模型（离散型裂缝模型）

本计算中混凝土有限元模型采用的是离散型裂缝模型，因此，在划分有限元网格时，即确定裂缝的位置和方向。但本计算不是用结点来控制裂缝，而是用精度更高的高斯点来控制裂缝。用荷载增量法进行计算，当某点主拉应力达到混凝土抗拉强度时，认为在该点将产生裂缝。即将该点改为两个高斯点。对结点重新编号，然后进行下一步的计算。在混凝土的开裂过程中的应力-应变关系为：

$$\{\sigma'\} = \begin{Bmatrix} \sigma'_z \\ \tau'_{zx} \\ \tau'_{zy} \end{Bmatrix} = [D'_t] \begin{Bmatrix} \varepsilon'_z \\ \gamma'_{zx} \\ \gamma'_{zy} \end{Bmatrix} = [D'_t]\{\varepsilon'\} \tag{6.2}$$

混凝土裂开前：

$$[D'_t] = \begin{bmatrix} E & 0 & 0 & 0 & 0 & 0 \\ 0 & E & 0 & 0 & 0 & 0 \\ 0 & 0 & E & 0 & 0 & 0 \\ 0 & 0 & 0 & G & 0 & 0 \\ 0 & 0 & 0 & 0 & G & 0 \\ 0 & 0 & 0 & 0 & 0 & G \end{bmatrix} \tag{6.3}$$

如在垂直于 z' 轴方向产生裂缝（裂缝面的法向与 z' 轴方向一致）。裂开后，$\sigma'_z = 0$ 或 $-p$，局部坐标系中的弹性矩阵如下：

$$[D_t'] = \begin{bmatrix} E & 0 & 0 & 0 & 0 & 0 \\ 0 & E & 0 & 0 & 0 & 0 \\ 0 & 0 & 0 & 0 & 0 & 0 \\ 0 & 0 & 0 & G & 0 & 0 \\ 0 & 0 & 0 & 0 & \beta G & 0 \\ 0 & 0 & 0 & 0 & 0 & \beta G \end{bmatrix} \tag{6.4}$$

式中：β 为因开裂导致材料切变模量降低的折减系数，$0 \leqslant \beta \leqslant 1$。

整体坐标系下的弹性矩阵为

$$[D] = [T][D_t'][T]^{-1} \tag{6.5}$$

式中：$[T]$ 为局部坐标系相对整体坐标系的旋转矩阵。

由裂缝的产生而释放的应力为

$$\{\sigma_R'\} = \begin{Bmatrix} \sigma_x' \\ \sigma_y' \\ \sigma_z' \\ \tau_{xy}' \\ \tau_{yz}' \\ \tau_{zx}' \end{Bmatrix} - \begin{Bmatrix} \sigma_x' \\ \sigma_y' \\ -p \\ \tau_{xy}' \\ 0 \\ 0 \end{Bmatrix} \tag{6.6}$$

采用张量符号，在局部坐标系（x_1'，x_2'，x_3'）与整体坐标系（x_1，x_2，x_3）之间，应力张量和应变张量的转换关系如下：

$$\begin{gathered} \sigma_{ij}' = l_{im} l_{jn} \sigma_{mn}, \sigma_{ij} = l_{mi} l_{nj} \sigma_{mn}' \\ \varepsilon_{ij}' = l_{im} l_{jn} \varepsilon_{mn}, \varepsilon_{ij} = l_{mi} l_{nj} \varepsilon_{mn}' \\ l_{ij} = \cos(x_i', x_j) \end{gathered} \tag{6.7}$$

式中：(x_i', x_j) 为 x_i'轴与 x_j 轴之间的夹角。

3. 钢筋应力计算

在钢筋应力计算公式中所考虑的因素与计算的目的有关。只考虑非线性应变反号的效应，而没有考虑温度和时间（徐变）效应。一般说来，根据所分析的问题的性质，应该尽量采用较简单的公式去模拟钢材的主要性质。

当钢筋处于弹性状态时，应力按下式计算：

$$\sigma_s = E_s(\varepsilon_s - \varepsilon^T) \tag{6.8}$$

式中：ε_s 为钢筋总应变；ε^T 为钢筋的温度应变；E_s 为钢筋的弹性模量。

当钢筋进入塑性状态后，一般按理想弹塑性模型计算，并采用迭代方法。通常首先计算一个试探的弹性应力，即：

$$\sigma_s^e = E_s(\varepsilon_s - \varepsilon_{i-1}^p - \varepsilon^T) \tag{6.9}$$

其中 ε_{i-1}^p是上一步末尾的塑性变形，然后检查屈服条件，即

$$-\sigma_y \leqslant \sigma_s^e \leqslant \sigma_y \tag{6.10}$$

如果上述条件成立，表明在本增量步内钢筋应力是弹性的，塑性应变增量为零，即

$$\sigma_s = \sigma_s^e, \varepsilon_i^p = \varepsilon_{i-1}^p \tag{6.11}$$

如果条件（6.9）不成立，则

$$\sigma_s=\sigma_y\frac{\sigma_s^e}{|\sigma_s^e|} \tag{6.12}$$

上式表明，当 σ_s^e 为正时，$\sigma_s=\sigma_y$，反之，$\sigma_s=-\sigma_y$。而本步末尾的塑性变形为

$$\varepsilon_i^p=\varepsilon_s-\frac{\sigma_s}{E_s} \tag{6.13}$$

4. 钢筋的有限元模型

在本工程计算中，钢筋的计算模型主要采用薄膜单元模型。对于空间问题，可把钢筋看成薄膜，沿钢筋的长度方向 s 的应力分量为 $\sigma_s=E_s\varepsilon_s$，其他方向的应力全部为零。在局部坐标系中的弹性矩阵为

$$[D_s]=\begin{bmatrix}E_s & 0 & 0\\ 0 & 0 & 0\\ 0 & 0 & 0\end{bmatrix} \tag{6.14}$$

式中：E_s 为钢的弹性模量，钢筋屈服后可取 $E_s=0$。

薄膜的厚度为

$$t=A_s/a \tag{6.15}$$

式中：t 为薄膜厚度；a 为钢筋间距；A_s 为单根钢筋的断面积。

对于坝槽接缝、垫层均采用线弹性本构关系计算。对于管道外包混凝土材料采用脆性材料的本构关系计算，开裂准则采用最大拉应力准则。线弹性问题和脆性问题计算相对较简单，在此就不一一详述。对于管道钢衬和外包混凝土的配筋均采用非线性本构关系计算。

6.2.1.2 求解方法

基于管道钢衬和外包混凝土的配筋本构关系的非线性特性，本计算采用三维非线性有限单元法，但不考虑钢筋相对混凝土的相对错动。所谓材料非线性问题，可简述为材料应力-应变关系是非线性的，此时刚度矩阵不再是常数，而与材料所处的应变和变位有关，可记为 $[K(\delta)]$。这时，结构的整体平衡方程是如下的非线性方程组：

$$\{\psi\}=[K(\delta)]\{\delta\}-\{P\}=0 \tag{6.16}$$

求解非线性问题的方法可分为 3 类，即增量法、迭代法和混合法。本计算采用的是增量法。

增量法是用一系列线性问题去近似非线性问题，实质是用分段线性的折线去代替非线性曲线。其作法是把荷载分为 m 个增量，并假定在某一具体的荷载增量中刚度矩阵是常数。进而总荷载为

$$\{P\}=\sum_{j=1}^{m}\{\Delta P_j\} \tag{6.17}$$

在施加第 i 个荷载增量后，荷载为

$$\{P_i\}=\sum_{j=1}^{i}\{\Delta P_j\} \tag{6.18}$$

每一个荷载增量产生一个位移增量 $\{\Delta\delta_j\}$ 和应力增量 $\{\Delta\sigma_j\}$，因此在施加第 i 个荷载增量后，位移和应力分别为

$$\{\delta_i\}=\sum_{j=1}^{i}\{\Delta\delta_j\} \tag{6.19}$$

$$\{\sigma_i\} = \sum_{j=1}^{i}\{\Delta\sigma_j\} \tag{6.20}$$

对于每一个增量步的计算，具体如下。

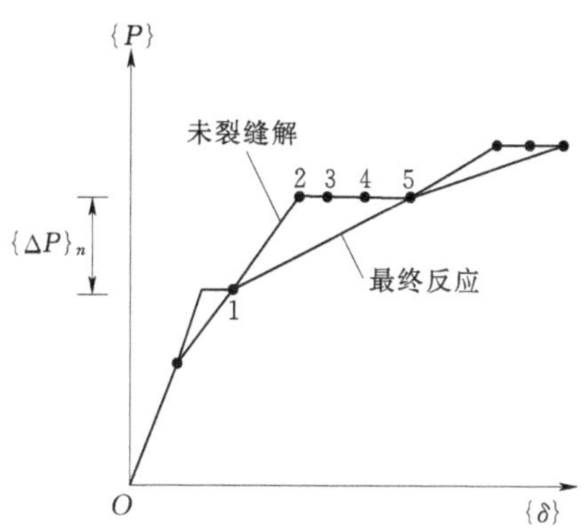

图 6.1 考虑混凝土开裂的荷载-位移增量关系

如图 6.1 所示，点 1 是增量步的开始，根据已知的应力和应变状态，计算始点刚度矩阵 $[K]_m$，由荷载增量 $\{\Delta P_m\}$ 求出位移增量，得到点 2。然后，计算各高斯积分点的应力和应变，如果发现某些点产生了裂缝，计算裂后刚度矩阵和由裂缝释放应力引起的结点荷载，重新求解并对各积分点进行验算，如果出现新的裂缝，则重复上述计算，直至不出现新的裂缝，这一增量步的应力调整才算结束，得到点 5。然后，在进入下一增量步的计算。当应力变化比较剧烈或荷载增量 $\{\Delta P_m\}$ 较大时，每一增量步内要进行多次迭代。因此，在开始加荷时，荷载增量可取得大一些，到了材料非线性比较强烈，特别是结构快要破坏时，荷载增量应取得比较小。

每一增量步的计算步骤如下：

(1) 根据本步开始时已知的应力和应变，计算 $[K]_m$，给定 $\{\Delta P_m\}$，由下式求出位移增量：

$$\{\Delta\delta_m\} = [K]_m^{-1}\{\Delta P_m\} \tag{6.21}$$

(2) 计算各积分点应力 $\{\sigma_m\}$ 和应变 $\{\varepsilon_m\}$，对各点进行检查：原来未裂开的点是否要裂开；原来已裂开的点是否产生新的裂缝；原来的裂缝是否闭合。根据检查结果，计算新的整体刚度矩阵 $[K_t]_m$，并计算新裂缝引起的结点荷载 $\{\Delta P_{Rm}\}$，外荷载不变，由式

$$\{\Delta\delta_{Rm}\} = [K_t]_m^{-1}\{\Delta P_{Rm}\} \tag{6.22}$$

求出应力调整引起的位移增量，并计算相应的应力增量 $\{d\sigma_{Rm}\}$ 和应变增量 $\{d\varepsilon_{Rm}\}$。

(3) 对每个未破坏的积分点，计算比例因子 r，使总应力 $\{\sigma_m\}+r\{d\sigma_{Rm}\}$ 满足破裂条件。

(4) 找出全部比例因子中的最小者 $r_{\min}$。

(5) 若 $r_{\min}\geqslant 1$，表示裂缝释放应力引起的节点荷载 $\{\Delta P_{Rm}\}$ 已重新分配完毕，$\{\sigma_m\}+r\{d\sigma_{Rm}\}$、$\{\varepsilon_m\}+r\{d\varepsilon_{Rm}\}$、$\{\delta_m\}+r\{\Delta\delta_{Rm}\}$ 等即为本增量步的最终反应，如图 6.1 中的点 5。

(6) 如果 $r_{\min}<1$，表明在 $\{\Delta P_{Rm}\}$ 重新分配好以前，还有其他的积分点要裂开。把 $\{\Delta P_{Rm}\}$ 分为两部分：第一部分是 $r_{\min}\{\Delta P_{Rm}\}$ 已按照上式调整好了，相应的反应为 $r\{d\sigma_{Rm}\}$、$r\{d\varepsilon_{Rm}\}$、$r\{\Delta\delta_{Rm}\}$ 等。

(7) 剩下的节点荷载 $(1-r_{\min})\{\Delta P_{Rm}\}$，再加上新裂缝引起的节点荷载 $\{\Delta P_{Rm+1}\}$，按式 (6.3) 重新调整

$$[K_t]_{n+1}\{\Delta\delta_{Rn+1}\} = (1-r_{\min})\{\Delta P_{Rm}\}+\{\Delta P_{Rn+1}\} \tag{6.23}$$

式中：$[K_t]_{n+1}$为考虑新裂缝以后的切线刚度矩阵。

(8) 重复第 (3)～第 (7) 步，直至 $r_{\min}\geqslant 1$，本增量步计算结束。

至于如何由荷载增量 $\{\Delta P_i\}$ 计算位移增量 $\{\Delta\delta_i\}$ 和应力增量 $\{\Delta\sigma_i\}$，主要采用始点刚度法和中点刚度法。

所谓始点刚度法，它是以第 i 级增量起始点时的刚度矩阵 $[K]$ 近似作为第 i 级增量的刚度矩阵 $[K]$。故始点刚度法相当于微分方程数值积分的欧拉法，虽然计算简单，但比较粗糙，计算精度较低。为了提高精度，一个自然的想法是在每步计算中采用平均刚度，即中点刚度法。首先用施加荷载增量的一半即$\frac{1}{2}\{\Delta P_i\}$，用第 $i-1$ 步末的刚度矩阵 $[K_{i-1}]$，由下式计算临时的位移增量 $\{\Delta\delta^*_{i-1/2}\}$：

$$[K_{i-1}]\{\Delta\delta^*_{i-1/2}\}=\frac{1}{2}\{\Delta P_i\} \tag{6.24}$$

由此得到中点位移

$$\{\delta_{i-1/2}\}=\{\delta_{i-1}\}+\{\Delta\delta^*_{i-1/2}\} \tag{6.25}$$

根据 $\{\delta_{i-1/2}\}$ 及应力应变关系求得中点刚度矩阵 $[K_{i-1/2}]$，以此作为第 i 级荷载的刚度矩阵。中点刚度法相当于求微分方程数值解的龙格-库塔法，计算精度较始点刚度法高。

本计算采用的是中点刚度法。

对于实际工程问题的分析，在建立计算模型时会出现大量单元，但很多单元在局部坐标系下的单元刚度矩阵是相同的，当结构总刚度矩阵 $[K]$ 和总质量矩阵 $[M]$ 非常大时，用传统有限单元法的求解方法（即分解、前代和回代）需要非常大的计算空间，而共轭梯度法可以充分利用许多单元在局部坐标系下的单元刚度矩阵是相同的这一特点，直接利用单元刚度矩阵计算单元结点位移和应力，再将单元结点位移和应力相加到整体结点位移和应力中，可不进行总刚度矩阵的组装。同时共轭梯度法的主要优点是存储量小，计算简单，计算速度快。它能充分利用矩阵 $[K]$ 的稀疏性，计算时只需存储 $[K]$ 中的非零元素，共轭梯度法具有超线性收敛性，这是本计算计算方法的创新，也收到了很好的效果。

6.2.1.3　材料本构模型

针对不同的材料特性，本计算主要采用了三种材料本构模型。即线弹性模型、非线性弹性模型、接触面模型。

1. 线弹性模型

计算中，对于坝槽接缝、垫层采用的是线弹性模型。

2. 非线弹性模型

计算中，对于管道外包混凝土采用的是脆性模型，运用最大拉应力准则。对于管道钢衬和外包混凝土内的配筋采用的是非线性弹性模型，也采用最大拉应力准则。

3. 接触面模型

计算中，对于管道和坝体联结处用接触面模型。

6.2.2 计算数学模型的建立

在一定的有限单元法计算中，材料力学参数、计算域的几何边界条件、荷载作用情况以及边界条件对计算结果起决定性作用。

6.2.2.1 几何模型的建立

三峡压力管道平面计算模型如图 6.4 所示。钢管壁厚 $t=32$mm，管道直径为 $d=12.4$m；钢筋布置内圈内层为Φ 45@20，中、外层为Φ 45@16.7。在三维计算中，为了便于有限元网格剖分均匀和计算，对钢筋的分布进行了简化，用有限元计算中常用的薄膜单元来模拟钢筋的配置。

1. 计算范围

本计算主要考虑水荷载对坝后背管应力及变形的影响，选择三峡大坝的第九坝段（钢管坝段）进行有限元分析，采用等比例的实体模型。

2. 坐标系

采用右手坐标系。坝轴线方向为 X 轴的正向；顺水流方向为 Y 轴的正向；竖直向上为 Z 轴的正向；沿坝轴方向从左到右为 Z 轴正向。坐标原点位于第 9 钢管坝段对称面的以下三平面的交点上。即 20 高程的水平面、坝轴线的坝前竖直平面、沿水流方向且第九坝段对称面的竖直平面的交点为坐标原点。

3. 三维网格的生成

本研究的模型按照三峡压力管道的设计剖面建立，计算网格节点总数为 18695 个，其计算自由度数为 53549 个，单元总数为 16447 个。

本计算用 8 节点六面体等参单元来模拟坝体和管道混凝土及管道钢衬，在管道和坝体间混凝土也用 8 节点六面体等参单元来进行过渡，用 4 节点薄膜单元来模拟管道的三层钢筋，它们的距离和原型一样，在管道和坝体之间也设置了垫层，用 8 节点六面体等参单元来模拟，三维模型如图 6.2、图 6.3 所示。

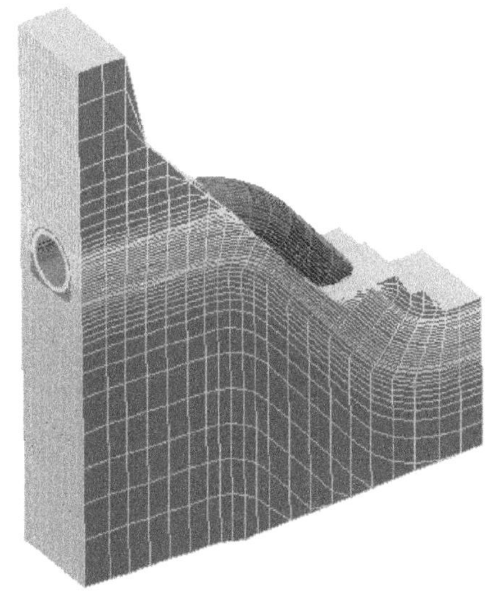

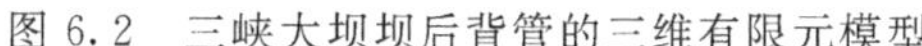

图 6.2 三峡大坝坝后背管的三维有限元模型

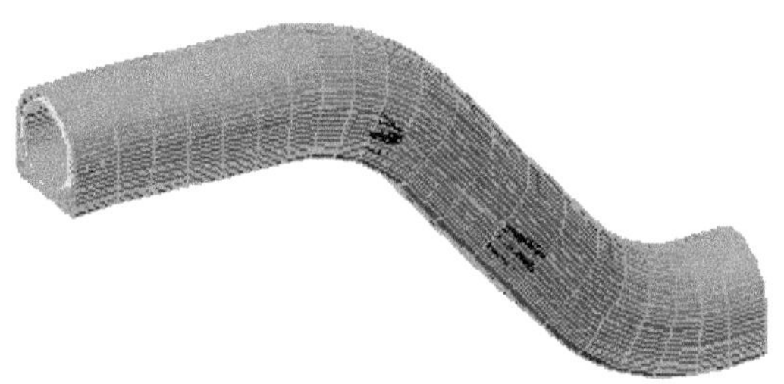

图 6.3 三峡大坝坝后背管的管道三维视图

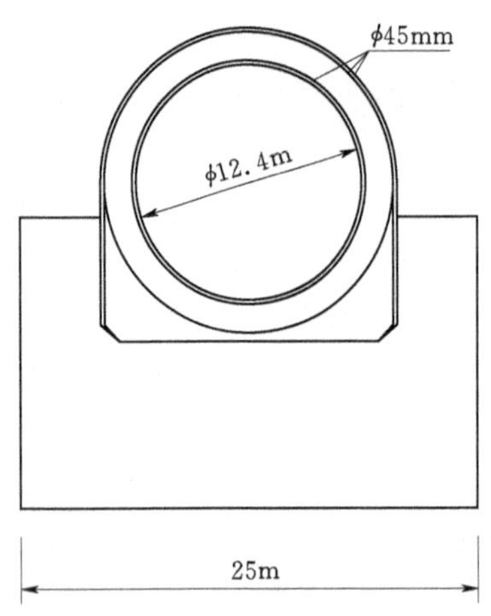

图 6.4　三峡大坝坝后背管的管道平面配筋示意图

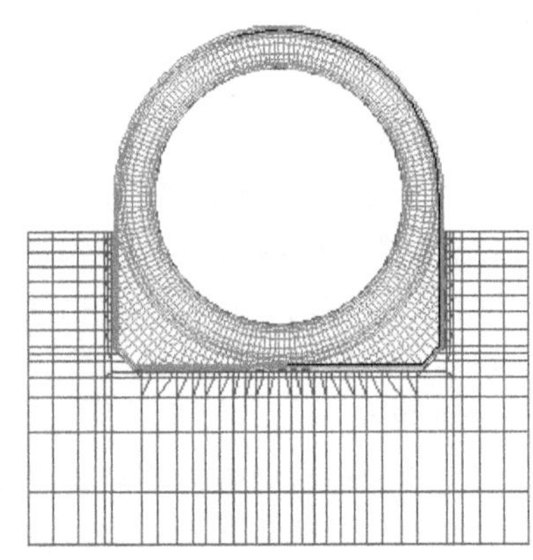

图 6.5　三峡大坝坝后背管的管道平面网格图

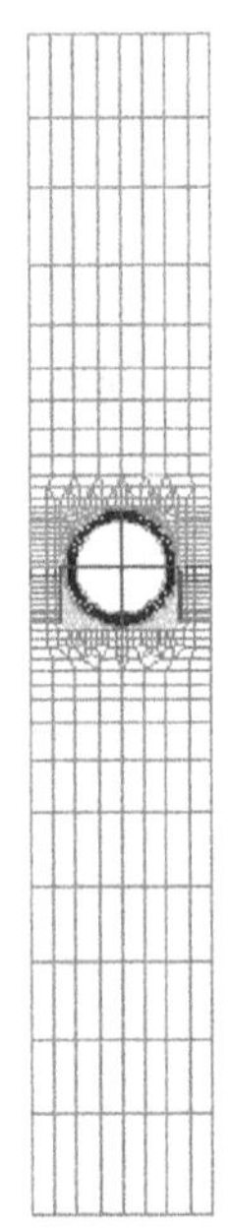

图 6.6　三峡大坝坝后背管的典型剖面网格图

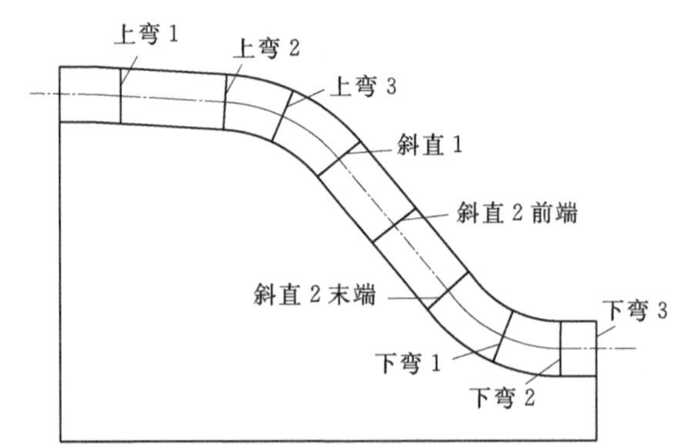

图 6.7　三峡大坝坝后背管剖面位置示意图

6.2.2.2　约束情况

坝体与地基接触点采用固定支座进行约束，压力管道坝体（即第 9 坝段）和两边坝段相联结点采用的是理想联杆支座约束。

6.2.2.3　荷载及其施加方式

本计算所考虑的荷载为自重荷载和水荷载。

考虑到材料的非线性性质，荷载施加模拟蓄水过程，采用逐级施加的方式，共计 28 级主增量。施加顺序如下：

(1) 1 级：坝体和管道自重荷载增量。

(2) 2～12 级：当水库水位上升至管道进水口高程（137.0m）以下时，上游坝面（20.0～137.0m）的水荷载增量，每级增量荷载 10.6m。

(3) 13～22 级：当水库水位上升至管道进水口高程（137.0m）以下时，管道内水压力（50.0～137.0m）的水荷载增量，每级增量荷载 8.7m。

(4) 23～28 级：当水库水位继续上升至设计水位（高程 175.0m）时，上游坝面和管道内水压力的管道进水口高程以上（137.0～175.0m）的水荷载增量，每级增量荷载 6.3m。

此外，为尽可能提高计算精度，第 1 级荷载主增量均分为 15 级微增量，2～19 级荷载主增量均分为 2 级微增量，20～22 级荷载主增量均分为 5 级微增量，23～28 级荷载主增量均分为 10 级微增量进行施加。

6.2.2.4 计算参数

表 6.1 三峡大坝坝后背管有限元模型计算参数

材料	材料型号	弹性模量 $E/(t/m^2)$	泊松比 μ	容重/(t/m^3)	抗拉强度/MPa
钢衬	3	19800000	0.30	7.5	350
内层混凝土（250 号）	2	2900000	0.17	2.4	2.40
坝槽接缝	1	100	0.30	0.2	9.40
垫层	1	100	0.30	0.2	9.40
外层钢筋	3	20500000	0.30	7.3	380
坝体槽面钢筋	3	20500000	0.30	7.3	380
内圈钢筋	3	20500000	0.30	7.3	380
外层混凝土（150 号）	2	2600000	0.17	2.4	1.00

6.3 三峡坝后背管三维非线性有限元计算成果分析

6.3.1 模型试验与三维非线性有限元分析成果的比较

1996 年三峡大学联合武汉水利电力大学和葛洲坝集团公司进行了三峡电站钢衬钢筋混凝土压力管道大比例尺（1∶2）结构模型试验研究，现对管道同剖面试验成果和计算成果进行分析对比。

从表 6.2 中的模型试验成果与三维非线性有限元分析成果的比较可以看出，计算成果与模型试验成果十分接近，也同时证明了我们自编的三维非线性有限元分析程序的正确性，计算结果是可信的，符合实际的。

6.3.2 三峡电站坝后背管典型剖面的三维非线性有限元应力变形分析

以下分析的管道应力变形都是在正常的设计荷载（即管道校核内压为 1.21MPa，坝前水位为 175m）下的应力变形，应力单位为 MPa，位移单位为 mm。因为本研究主要研究三峡大坝坝后背管在水荷载作用下管道钢衬钢筋的应力和变形，同时在坝体内部的应力水平较小，所以在应力变形分析时给出的应力位移图截去了管道上下坝体的应力和位移。对于破坏区域图，不同的颜色表示在不同的加载荷载增量中时的破坏（如表6.3所示），黑色的网格表示没有开裂破坏的区域（注：因条件所限破坏区域图未能用彩色所示）。

表6.2　模型试验成果与三维非线性有限元分析典型（斜直2末端）剖面成果对比表

荷载/MPa（分类）		模型试验成果			三维非线性有限元分析计算成果		
		最大径向位移/mm	混凝土最大应力/MPa	钢材最大应力/MPa	最大径向位移/mm	混凝土最大应力/MPa	钢材最大应力/MPa
混凝土开裂前	0.2	0.06	0.54	6.87	0.09	1.16	5.29
	0.4	0.54	1.57	10.87	0.17	1.68	12.5
	0.6	0.73	2.26	14.39	0.23	1.93	17.7
混凝土开裂后	0.8	0.95	0.9	85.3	0.42	0.7	79.7
	1.0	1.42		119.9	0.52	1.12	115.7
	1.21	1.91	2.0	152.9	0.60	1.42	151.3

表6.3　不同颜色代表的荷载级数、对应内水压力和水位

荷载级数	对应内水压力/MPa	对应水位/m	颜色
19	0.60	110.9	蓝色
20	0.68	119.6	绿色
21	0.76	128.3	黄色
22	0.84	137.0	浅绿色
23	0.91	143.3	暗绿色
24	0.97	149.6	青色
25	1.03	155.9	暗青色
26	1.09	162.2	浅蓝色
27	1.15	168.5	深蓝色
28	1.21	175.0	淡黄色

1. 上弯1剖面的应力变形分析

从图6.8和图6.9中可知，环向应力为拉应力，应力最大值为24.1MPa，最大拉应力位于管腰以上45°内层钢筋和钢衬处，内层混凝土的最大拉应力为1.19MPa，因有外层钢筋和坝体混凝土的共同作用，外层混凝土的应力为压应力，其最大值为6.37MPa；径向应力均为压应力，钢衬最大压应力为45.3MPa，外围混凝土的最大压应力为19.8MPa。

由图6.10可知，轴向应力主要为压应力，钢材承受的最大应力为51.6MPa，管道混凝土的最大压应力为7.56MPa，但在管腰及以上部位局部出现了拉应力，钢衬处最大应力值为1.24MPa。此断面附近的管道基本处于水平状态，因而由管道自重引起的轴向应

力较小，因此管道对坝体混凝土的影响也较小，产生应力也主要是压应力。

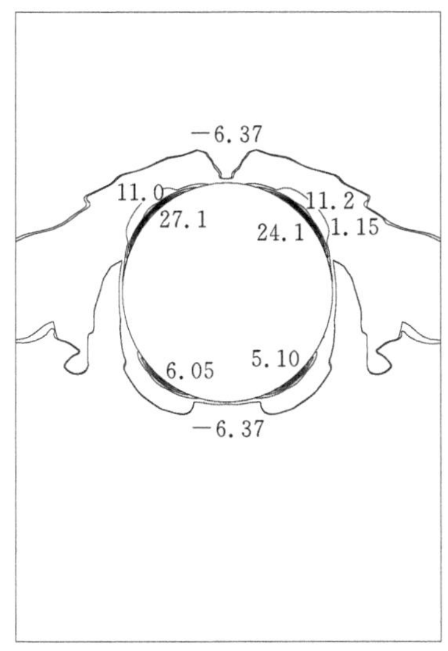

图 6.8 上弯 1 剖面环向应力等值线图

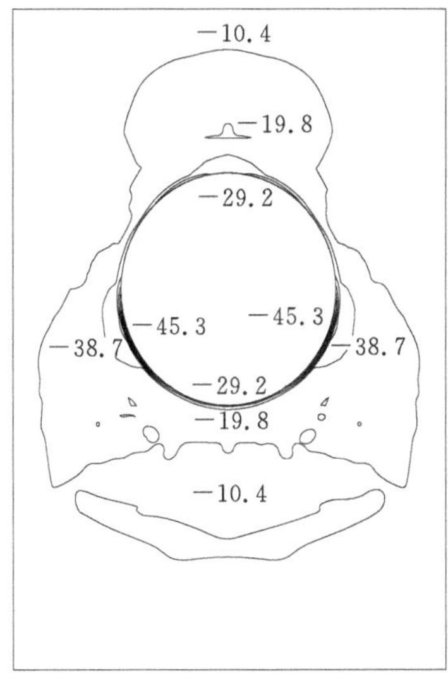

图 6.9 上弯 1 剖面径向应力等值线图

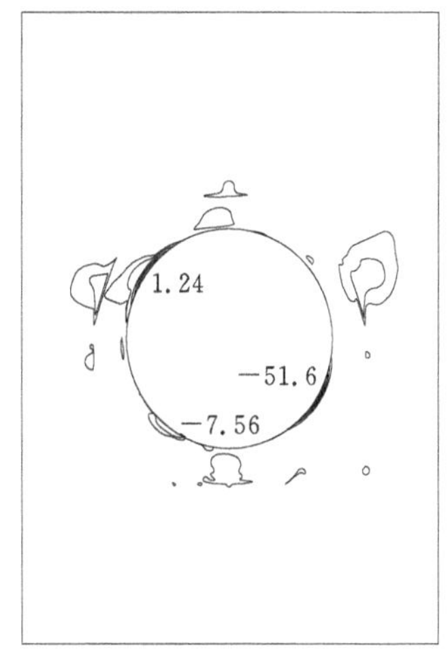

图 6.10 上弯 1 剖面轴向应力等值线图

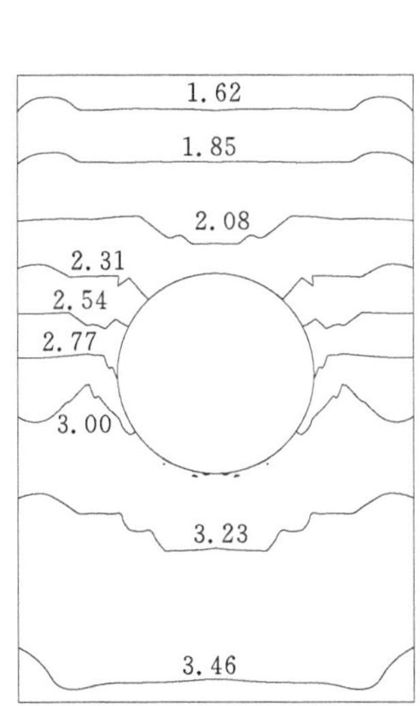

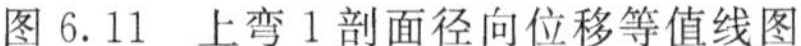

图 6.11 上弯 1 剖面径向位移等值线图

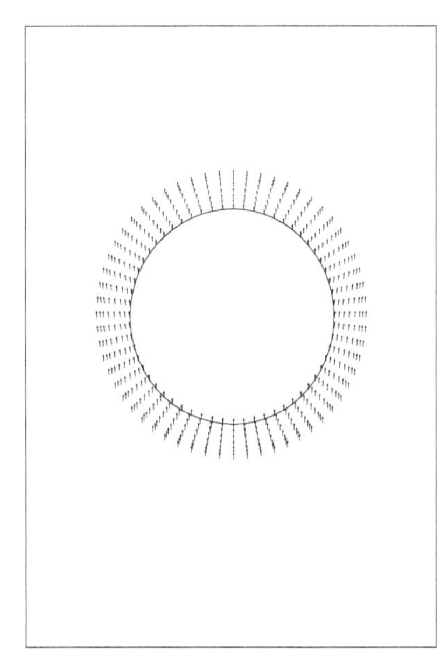

图 6.12 上弯 1 剖面位移矢量图

由图 6.11 和图 6.12 可知，在设计水荷载的作用下，压力管道的最大位移为 3.46mm，从管道位置往外围的位移逐渐减少；位移矢量总体方向在水荷载作用下有上抬趋势。

从图 6.13 中可知，虽然在设计水荷载作用下，因管道混凝土和坝体混凝土的共同承载，应力相对较小、较均，所以剖面的钢衬外围钢筋混凝土没有发生开裂破坏。

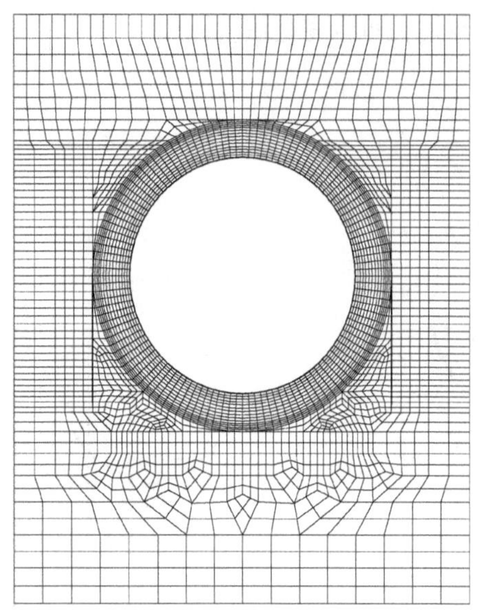

图 6.13　上弯 1 剖面破坏区域图

2. 上弯 2 剖面的应力变形分析

由图 6.14 和图 6.15 可知，该剖面的最大环向拉应力为 51.8MPa，最大拉应力位于内层钢筋和钢衬处，分布在管腰以上 45°和管顶部位；径向应力均为压应力，钢衬最大压应力为 24.2MPa，外围混凝土的最大压应力为 56.4MPa。

由图 6.16 可知，管道钢衬的轴向应力管腰及以上部位局部为拉应力，其最大值为 2.46MPa，钢衬外围钢筋轴向应力均为压应力，其最大值为 50.1MPa，其他部位主要为压应力，最大应力值为 5.31MPa，同上一个剖面相似，管道对坝体混凝土的影响也较小，应力水平只有几兆帕，此剖面的剪应力也较小。

由图 6.17 和图 6.18 可知，在设计水荷载的作用下，压力管道的最大位移为 2.09mm，从管道位置往外围的位移逐渐减少；位移矢量总体方向在水荷载作用下有上抬趋势。

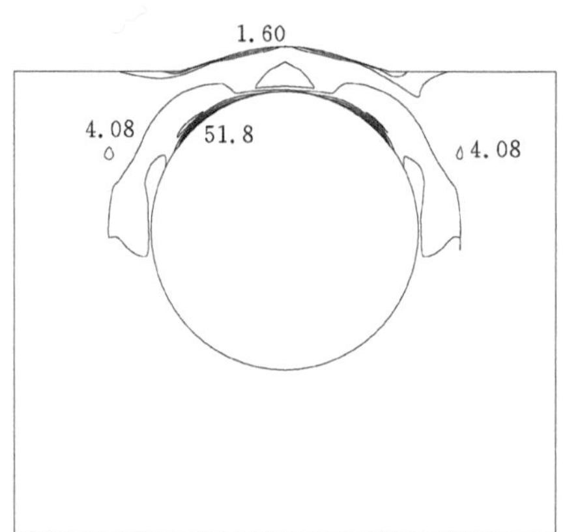

图 6.14　上弯 2 剖面环向应力等值线图

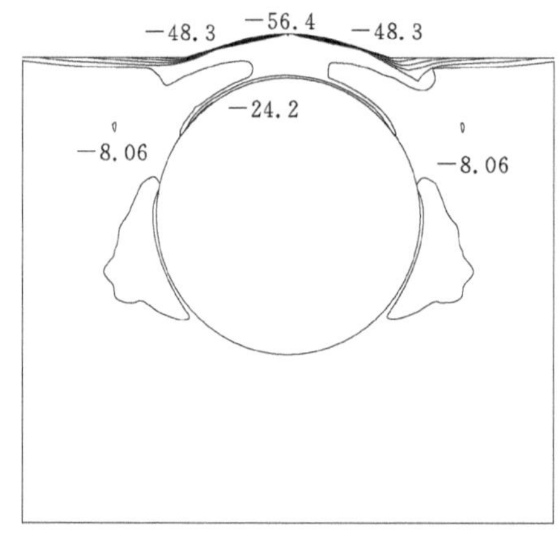

图 6.15　上弯 2 剖面径向应力等值线图

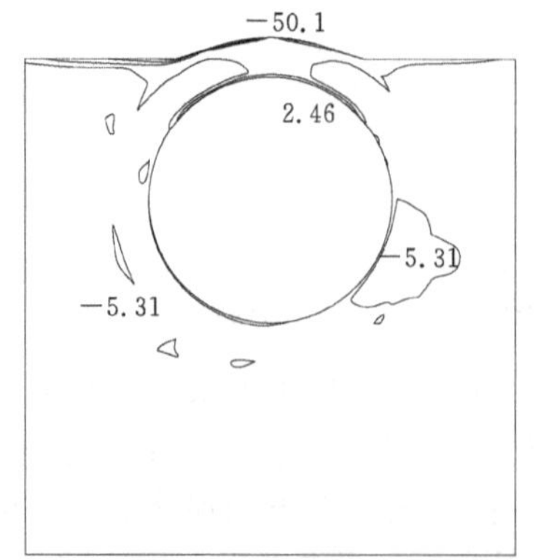

图 6.16　上弯 2 剖面轴向应力等值线图

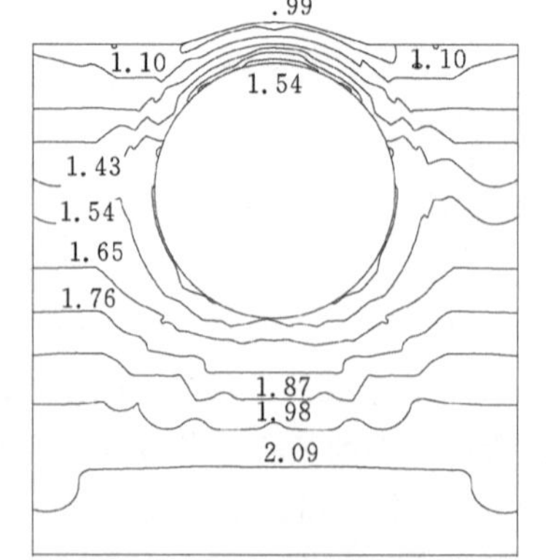

图 6.17　上弯 2 剖面径向位移等值线图

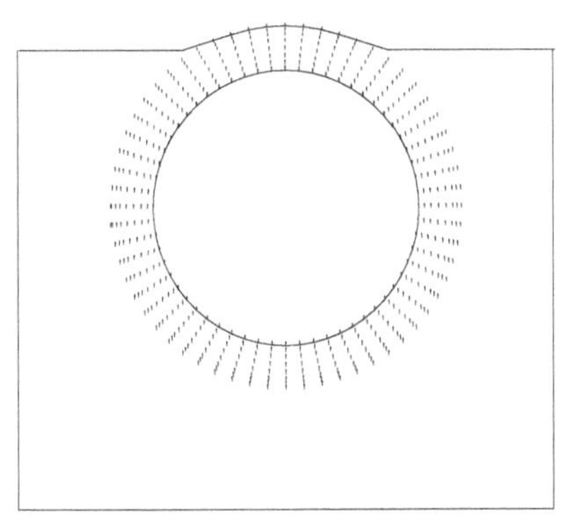

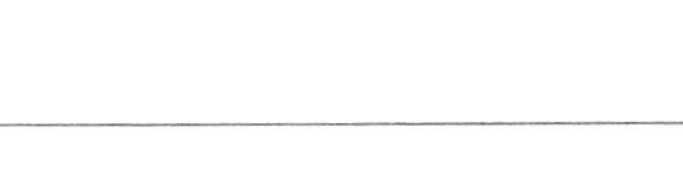

图 6.18 上弯 2 剖面位移矢量图

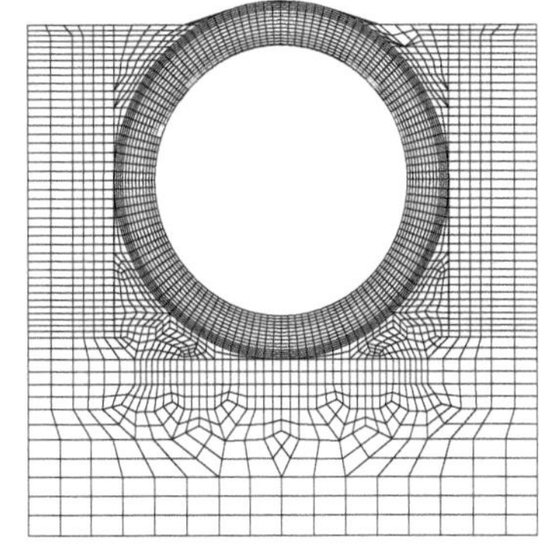

图 6.19 上弯 2 剖面破坏区域图

从图 6.19 中可知，该剖面当荷载增量加到 22 级时，即对应水位为 137.0m 和 0.84MPa，管道拉应力最大处出现了开裂情况，基本呈对称分布，处在管腰以上 45°位置，符合在内水压力作用下的开裂规律，管道其他部位的混凝土没有开裂破坏。

3. 上弯 3 剖面的应力变形分析

由图 6.20 和图 6.21 可知，该剖面的最大环向拉应力值为 116MPa，最大拉应力位于内层钢筋和钢衬处，分布在管腰以上 45°部位附近；径向应力均为压应力，钢衬最大压应力为 66.5MPa，外围混凝土的最大压应力为 26.6MPa，其位置位于坝面管道外围混凝土和坝面混凝土相交处。

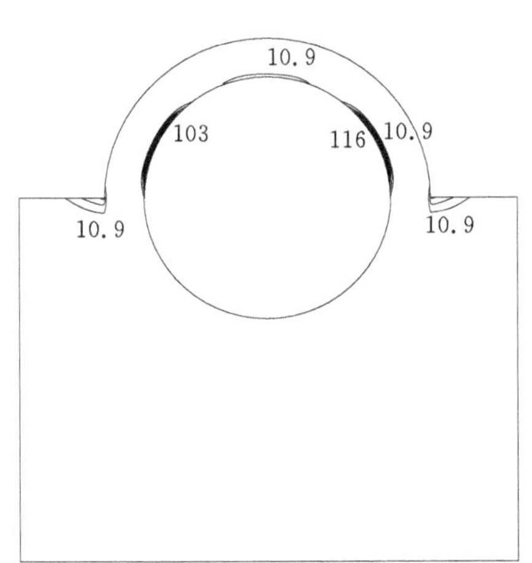

图 6.20 上弯 3 剖面环向应力等值线图

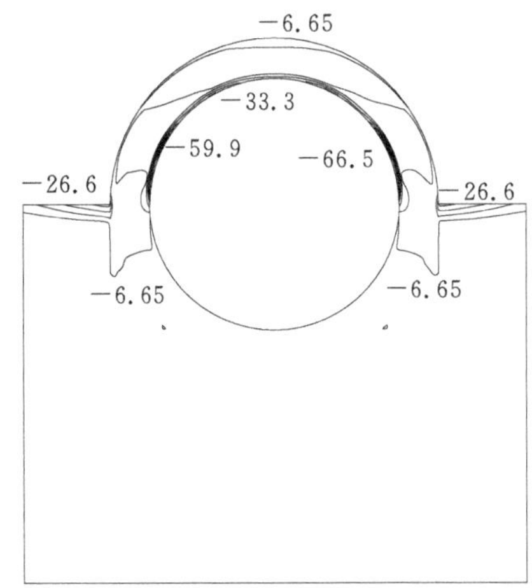

图 6.21 上弯 3 剖面径向应力等值线图

由图 6.22 可知，管道钢衬的轴向应力管腰及以上部位局部出现了拉应力，其最大值为 5.90MPa，外围部分均为压应力，钢材承受的最大应力为 60.1MPa，混凝土的最大压应力为 4.41MPa，位于管腰以上 45°部位，由于在此断面附近的管道开始斜向下，管道自重在管道轴向上的分力增加，同时管道水流在此剖面流向发生改变，因而导致管道混凝土轴向应力较大，此处的拉应力也就是管道对坝体混凝土产生的剪应力，但对坝体混凝土的影响较小。

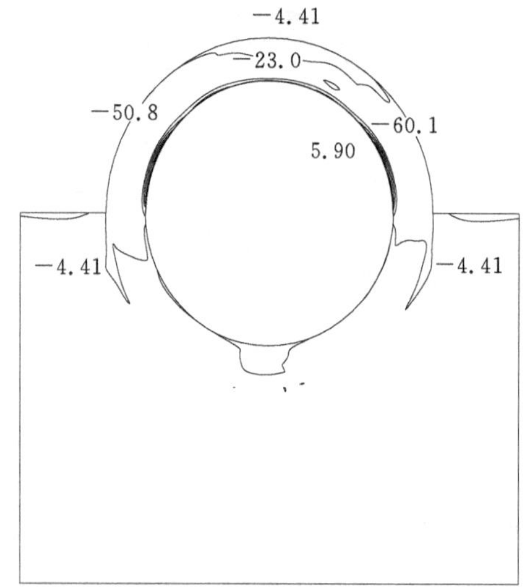

图6.22　上弯3剖面轴向应力等值线图

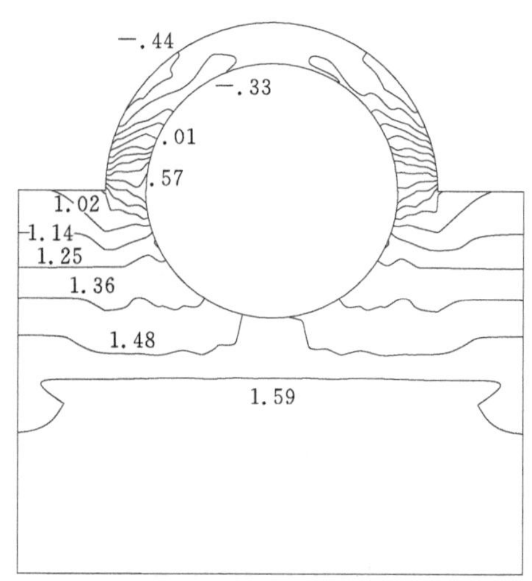

图6.23　上弯3剖面径向位移等值线图

由图6.23和图6.24可知，在设计水荷载的作用下，压力管道的最大位移为1.59mm，从管道位置往外围的位移逐渐减少；位移矢量总体方向在水荷载作用下有上抬趋势。

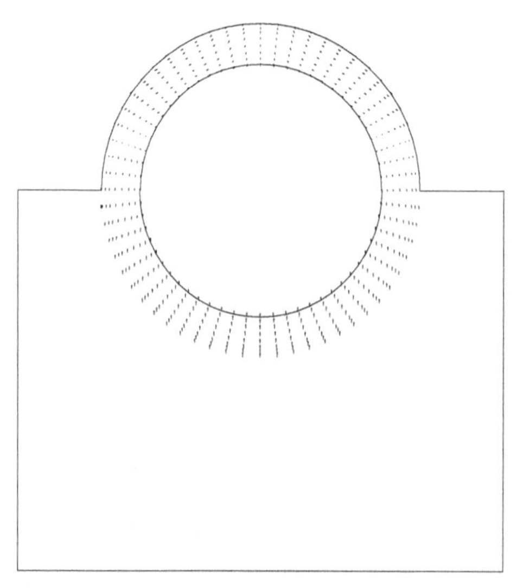

图6.24　上弯3剖面径向位移矢量图

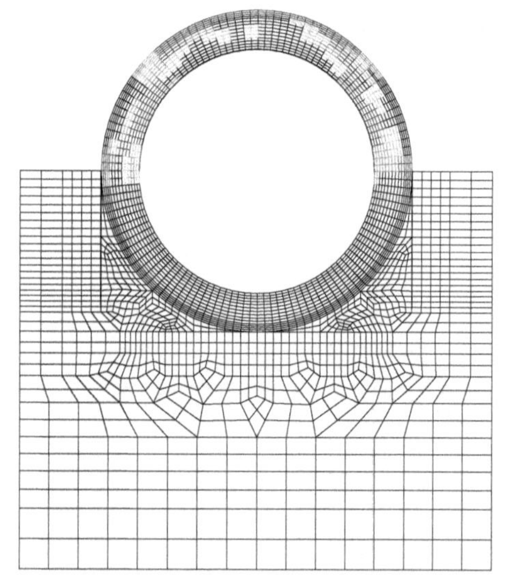

图6.25　上弯3剖面破坏区域图

从图6.25中可知，当荷载增加到20级时，即对应水位为119.6m和0.68MPa，管道拉应力最大处开始出现开裂，裂缝出现基本呈对称分布，处在管腰以上45°位置，因管道混凝土露出坝面较多，应力相对较大，而此剖面又处于水流变向部位，故应力较大，混凝土开裂破坏区域较大，同时可以看出开裂区域基本呈对称分布，符合在内水压力作用下的开裂规律，在坝体内部的混凝土因和坝体共同承载，故此部位的混凝土没有开裂破坏。

4. 斜直1剖面的应力变形分析

由图6.26和图6.27可知，该剖面的最大环向拉应力为89.0MPa，最大拉应力位于内层钢筋和钢衬处，分布在管腰以上部位；径向应力均为压应力，钢衬最大压应力为53.0MPa，外围混凝土的最大压应力为10.2MPa，分布在管腰部位。

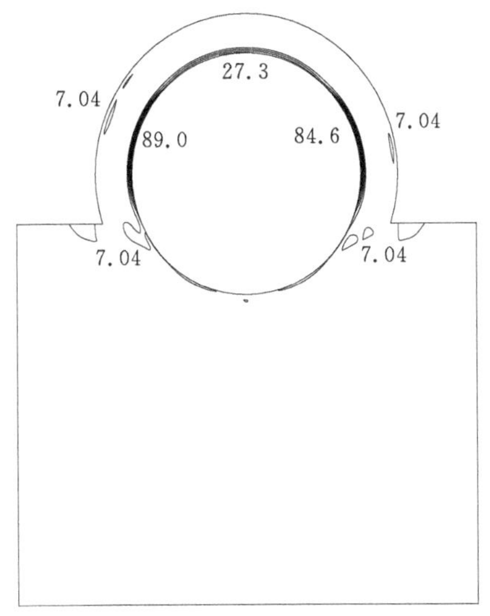

图6.26 斜直1剖面环向应力等值线图

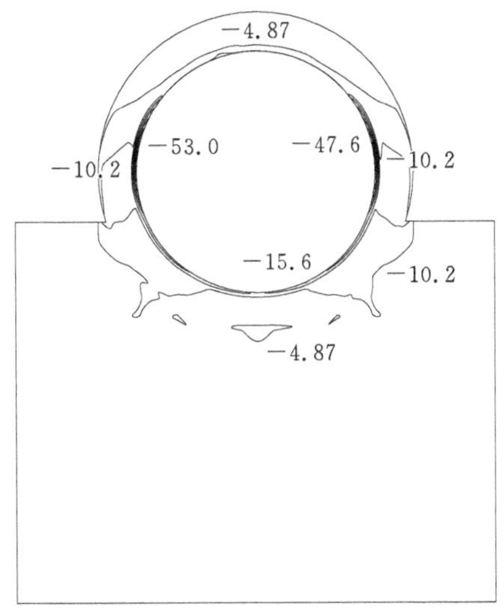

图6.27 斜直1剖面径向应力等值线图

由图6.28可知，管道钢衬的轴向应力管腰及以上部位也出现了拉应力，其最大值为8.67MPa，但外围部分和其他部位为压应力，钢材承受的最大应力为49.9MPa，混凝土的最大压应力为8.78MPa。

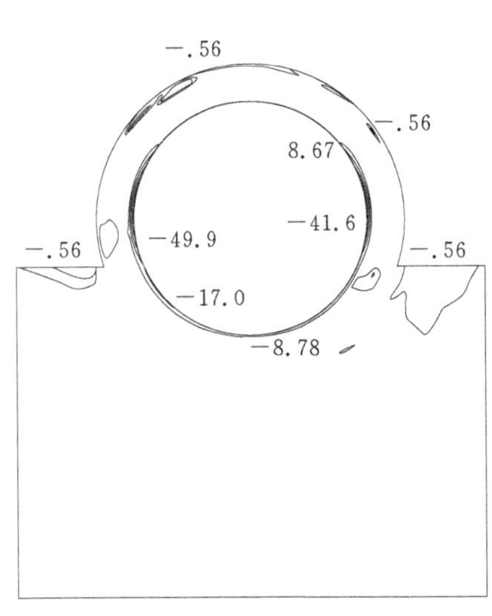

图6.28 斜直1剖面轴向应力等值线图

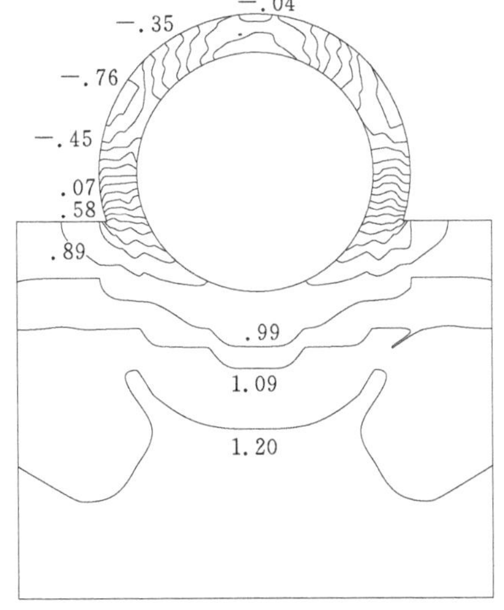

图6.29 斜直1剖面径向位移等值线图

由图6.29和图6.30可知，在设计水荷载的作用下，压力管道的最大位移为1.20mm，从管道位置往外围的位移逐渐减少；位移矢量总体方向在水荷载作用下有上抬趋势。

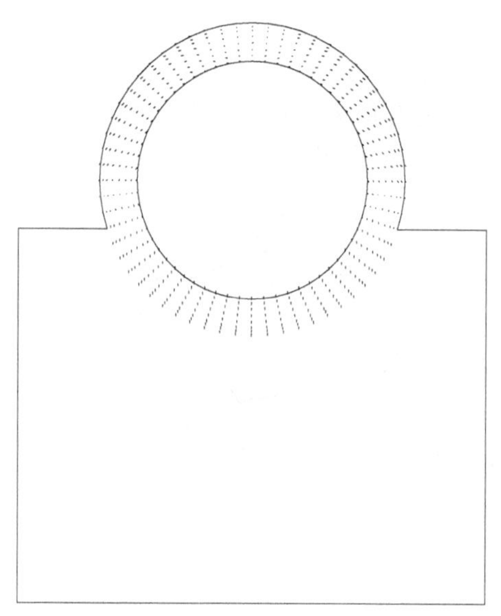

图 6.30　斜直 1 剖面位移矢量图

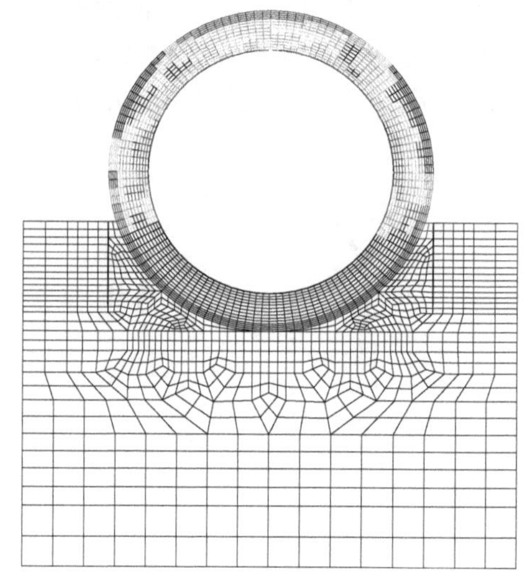

图 6.31　斜直 1 剖面破坏区域图

从图 6.31 中可知，当荷载增加到 20 级时，即对应水位为 119.6m 和 0.68MPa，管道拉应力最大处出现了开裂情况，基本呈对称分布，处在管腰位置，因管道混凝土露出坝面较多，管道外围混凝土相对较薄弱，应力相对较大，故混凝土开裂破坏区域较大，同时可以看出开裂区域基本呈对称分布，符合在内水压力作用下的开裂规律，在坝体内部的混凝土因和坝体共同承载，故此部位的混凝土没有开裂破坏。

5. 斜直 2 前端剖面的应力变形分析

由图 6.32 和图 6.33 可知，该剖面的最大环向拉应力为 109.8MPa，最大拉应力位于内层钢筋和钢衬处，分布在管腰及以上部位；径向应力均为压应力，钢衬最大压应力为 38.3MPa，外围混凝土的最大压应力为 3.77MPa，分布在管腰及以上部位。

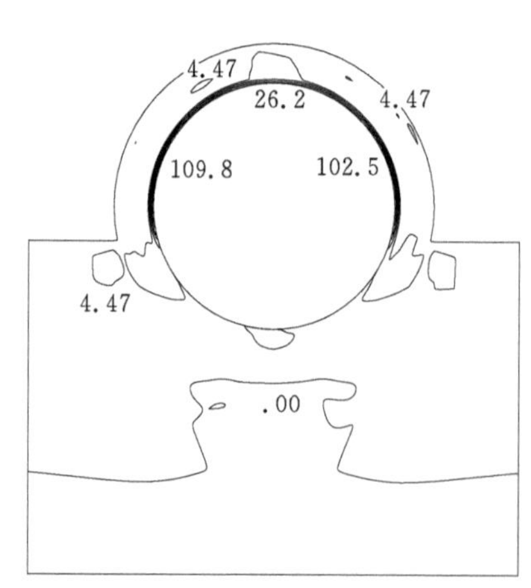

图 6.32　斜直 2 前端剖面环向应力等值线图

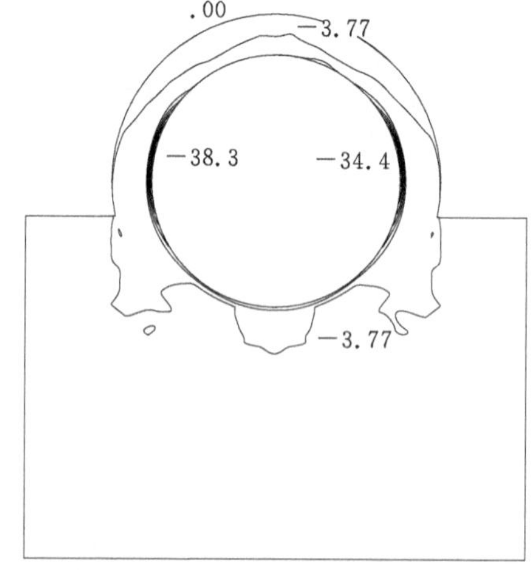

图 6.33　斜直 2 前端剖面径向应力等值线图

由图 6.34 可知，轴向应力大部分均为压应力，钢材承受的最大应力为 36.5MPa，混凝土的最大压应力为 3.87MPa，位于管腰以上 45°部位，由于在此断面附近的管道是斜向下的，管道自重在管道轴向上的分力导致在管腰和管顶部位局部出现了拉应力，其中钢衬和内层钢筋最大应力值为 10.8MPa，外围混凝土的最大应力值为 1.66MPa，因此在此处的混凝土可能会出现局部环向裂缝，此处的拉应力也就是管道对坝体混凝土产生的剪应力，但对坝体混凝土的影响较小。

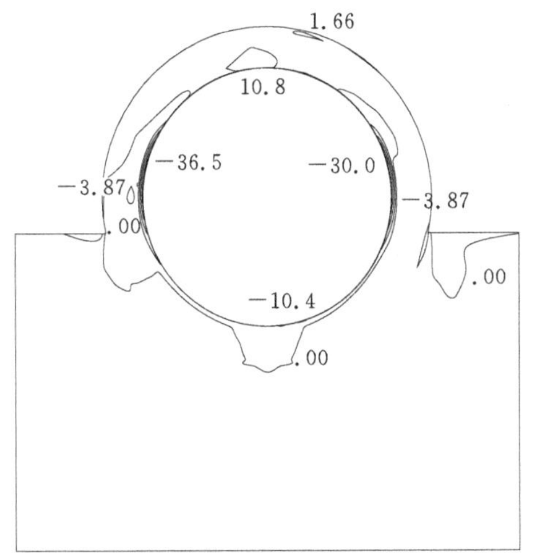

图 6.34　斜直 2 前端剖面轴向应力等值线图

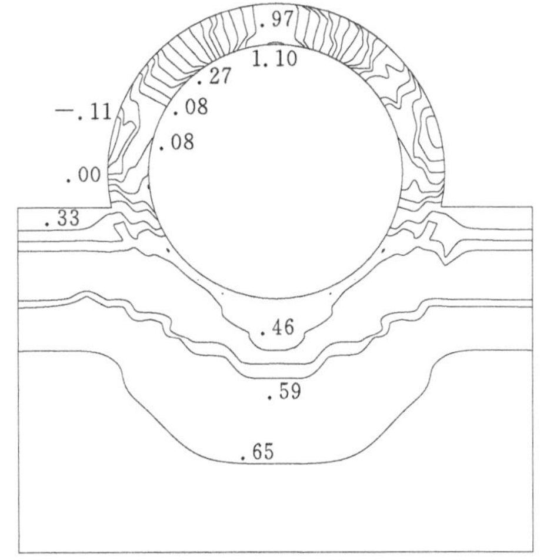

图 6.35　斜直 2 前端剖面径向位移等值线图

由图 6.35 和图 6.36 可知，在设计水荷载的作用下，压力管道的最大位移为 1.10mm，从管道位置往外围的位移逐渐减少；位移矢量总体方向在水荷载作用下稍有上抬趋势。

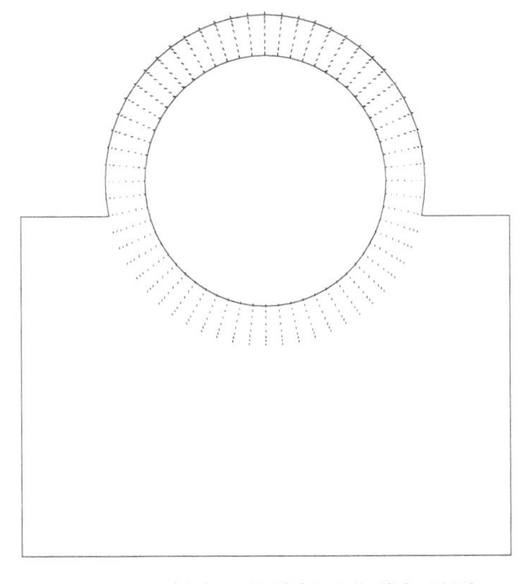

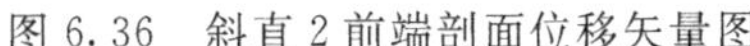

图 6.36　斜直 2 前端剖面位移矢量图

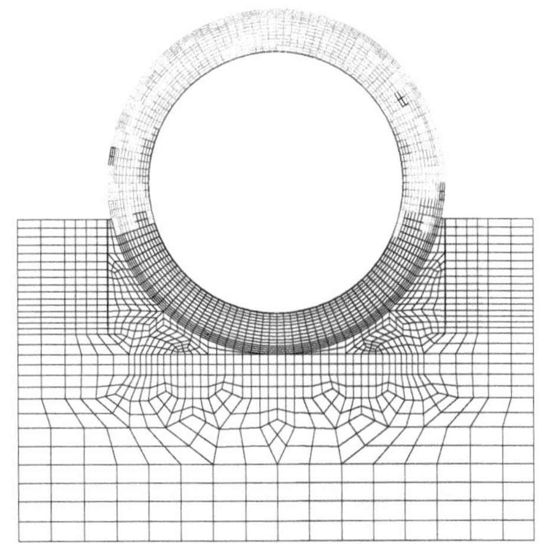

图 6.37　斜直 2 前端剖面破坏区域图

从图 6.37 中可知，当荷载增加到 20 级时，即对应水位为 119.6m 和 0.68MPa，管道拉应力最大处出现了开裂情况，基本呈对称分布，处在管腰位置，因管道混凝土露出坝面较多，管道外围混凝土相对较薄弱，应力相对较大，故混凝土开裂破坏区域较大，同时可以看出开裂区域基本呈对称分布，符合在内水压力作用下的开裂规律，在坝体内部的混凝土因和坝体共同承载，故此部位的混凝土没有开裂破坏。

6. 斜直 2 末端剖面的应力变形分析

由图 6.38 和图 6.39 可知，该剖面管道的最大环向拉应力为 151.3MPa，最大拉应力部位位于钢衬附近，分布在管腰及以上部位；径向应力均为压应力，钢衬最大压应力为 22.5MPa，外围混凝土的最大压应力为 3.65MPa，分布在管腰及以上部位。

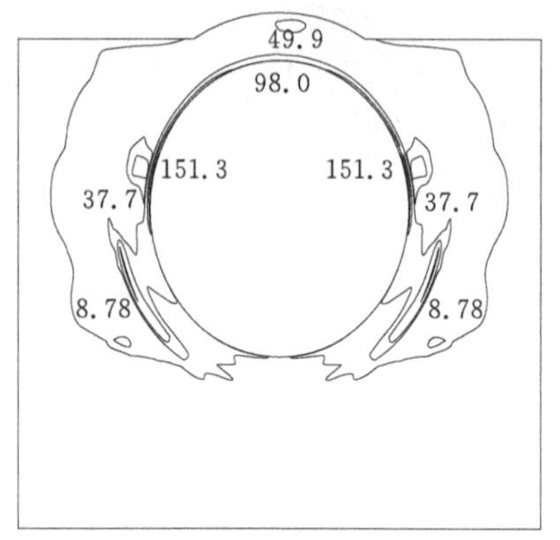

图 6.38　斜直 2 末端剖面环向应力等值线图

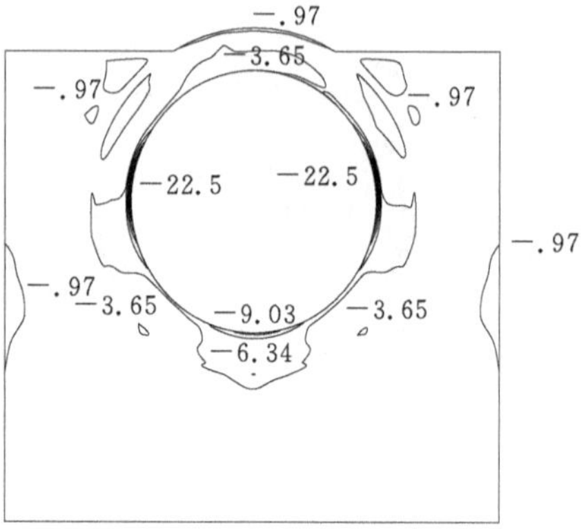

图 6.39　斜直 2 末端剖面径向应力等值线图

由图 6.40 可知，轴向应力大部分均为压应力，钢材承受的最大应力为 24.5MPa，混凝土的最大压应力为 3.51MPa；由于在此断面附近的管道是斜向下的，管道自重在管道轴向上的分力和水流的改向产生的压力导致在管腰和管顶部位局部出现了拉应力，其中钢衬和内层钢筋最大应力值为 13.3MPa，混凝土的最大应力值为 1.87MPa，因此在此处的混凝土可能会出现局部环向裂缝，此处的拉应力也就是管道对坝体混凝土产生的剪应力，但对坝体混凝土的影响较小。

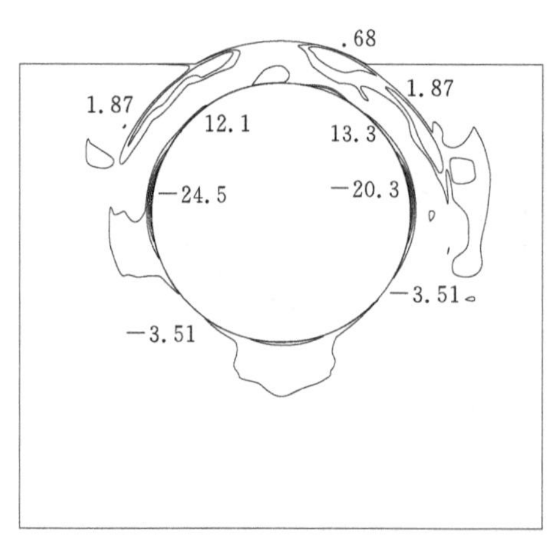

图 6.40　斜直 2 末端剖面轴向应力等值线图

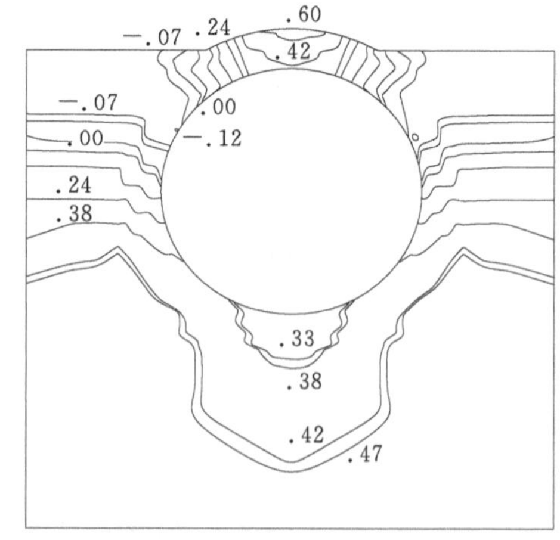

图 6.41　斜直 2 末端剖面径向位移等值线图

由图 6.41 和图 6.42 可知，在校核水位荷载的作用下，压力管道的最大位移为 0.60mm，从管道位置往外围的位移逐渐减少；位移矢量总体方向在水荷载作用下稍有上

抬趋势。

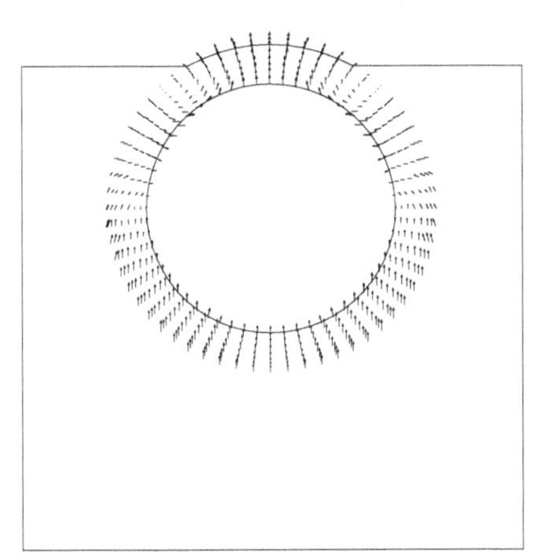

图 6.42 斜直 2 末端剖面位移矢量图

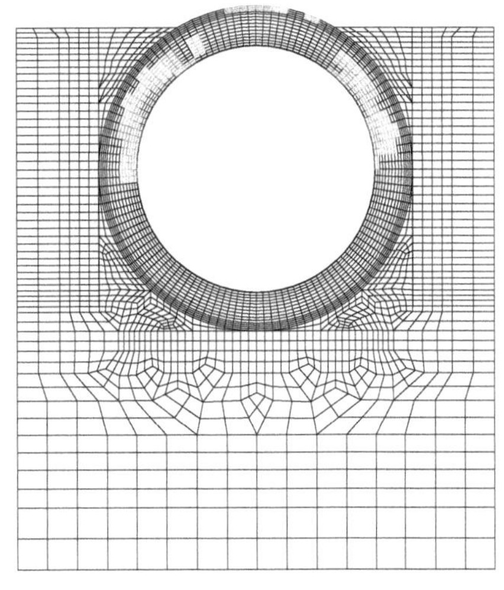

图 6.43 斜直 2 末端剖面破坏区域图

从图 6.43 中可知，当荷载增加到 20 级时，即对应水位为 119.6m 和 0.68MPa，管道拉应力最大处出现了开裂情况，基本呈对称分布，分布在管腰及其以上 45°位置，管道拉应力最大处出现了开裂情况，基本呈对称分布，符合在内水压力作用下的开裂规律。

7. 下弯 1 剖面的应力变形分析

由图 6.44 和图 6.45 可知，该剖面的最大环向拉应力为 55.1MPa，最大拉应力位于钢衬处，分布在管腰及以上部位，由于钢衬外围混凝土较厚，所以外围混凝土的应力较小；径向应力均为压应力，钢衬最大压应力为 12.7MPa，外围混凝土的最大压应力为 5.18MPa。

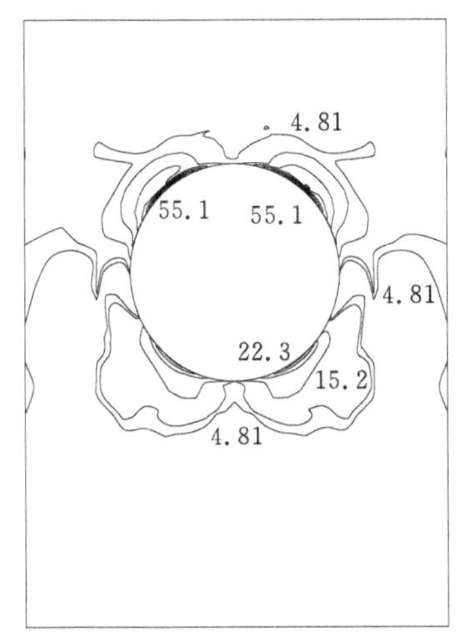

图 6.44 下弯 1 剖面环向应力等值线图

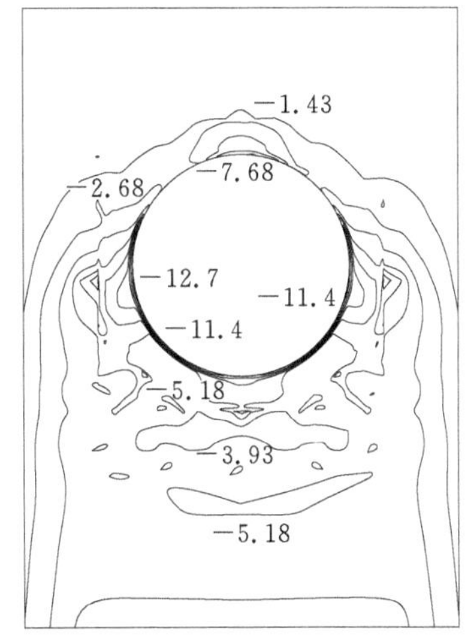

图 6.45 下弯 1 剖面径向应力等值线图

由图 6.46 可知，轴向应力大部分均为压应力，钢材承受的最大压应力为 11.7MPa，混凝土的最大压应力为 6.16MPa，位于管腰及管顶部位；由于管道自重在管道轴向上的分力导致在管腰以上 45°部位局部出现了拉应力，其钢衬和内层钢筋最大应力值为 16.7MPa。

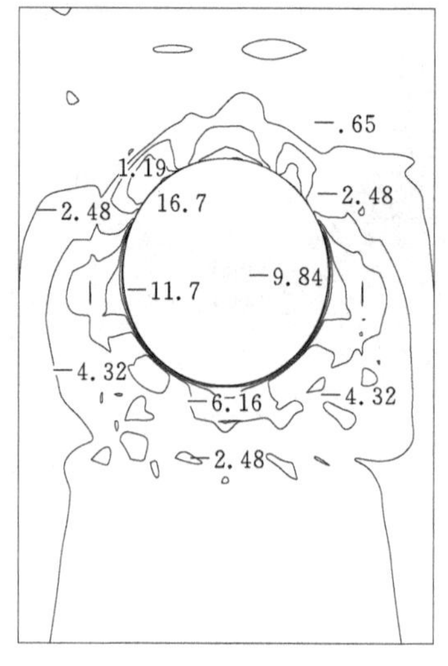

图 6.46　下弯 1 剖面轴向应力等值线图

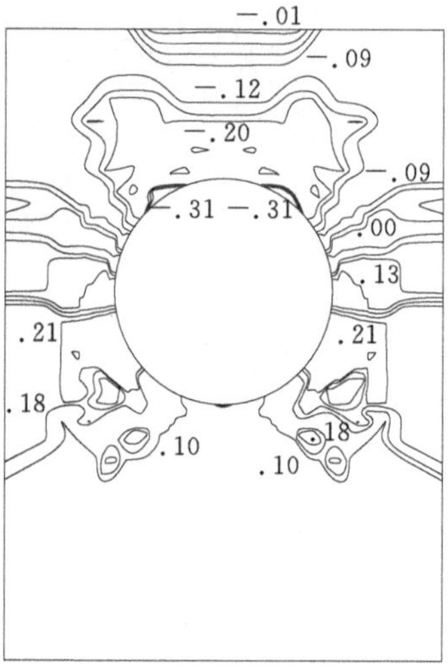

图 6.47　下弯 1 剖面径向位移等值线图

由图 6.47 和图 6.48 可知，在设计水荷载的作用下，压力管道的向下的最大位移值为 0.31mm，在管道腰部以上，而在管道腰部以下的位移是向上的，其最大位移值为 0.21mm，从管道位置往外围的位移逐渐减少；位移矢量总体方向在水荷载作用下有上抬趋势。

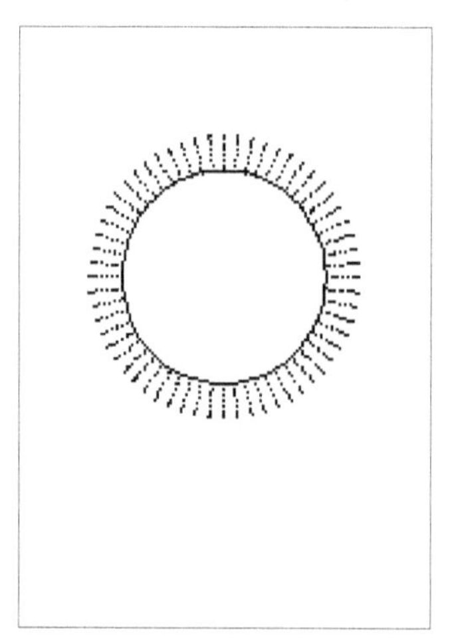

图 6.48　下弯 1 剖面位移矢量图

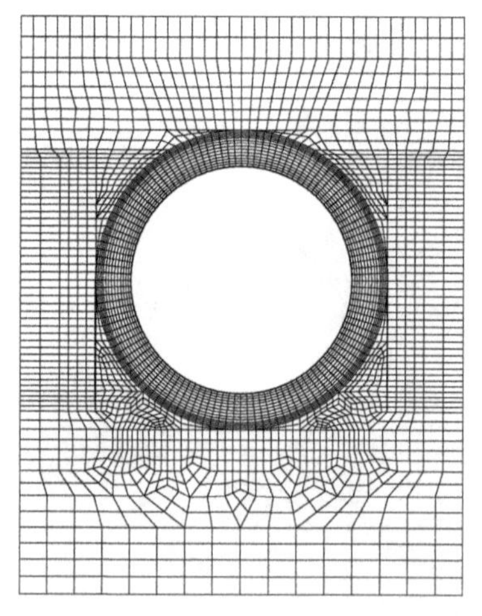

图 6.49　下弯 1 剖面破坏区域图

从图 6.49 中可知，虽然在设计水荷载作用下，因管道外部有坝体混凝土的共同承载，此剖面的钢衬外围钢筋混凝土没有发生开裂破坏。

8. 下弯 2 剖面的应力变形分析

由图 6.50 和图 6.51 可知，该剖面的最大环向拉应力为 20.3MPa，最大拉应力主要

位于钢衬处，分布在管底附近部位，外围混凝土的应力很小；径向应力均为压应力，钢衬最大压应力为 13.8MPa，外围混凝土的最大压应力为 6.89MPa，分布在管腰及以上部位。

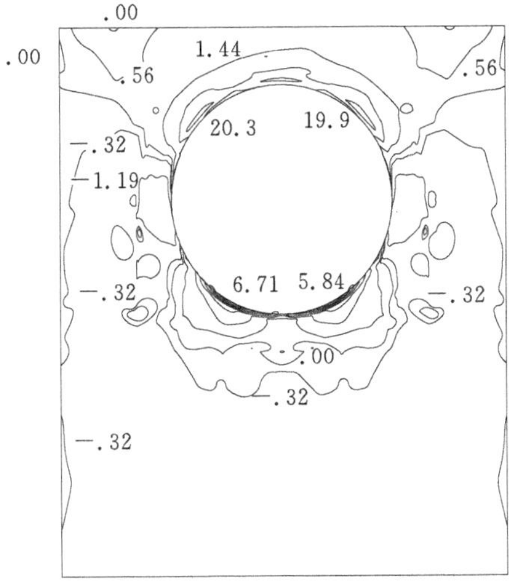

图 6.50 下弯 2 剖面环向应力等值线图

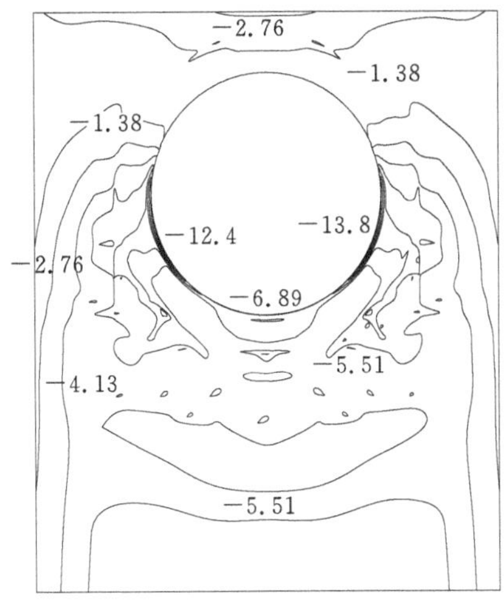

图 6.51 下弯 2 剖面径向应力等值线图

由图 6.52 可知，轴向应力大部分均为压应力，钢材承受的最大压应力为 12.8MPa，混凝土的最大压应力为 6.72MPa，位于管腰及以下部位，由于在此断面附近的管道是倾斜角度不大的，管道自重在管道轴向上的分力也较小，从而导致在管腰以上 45°部位的拉应力也不大，其钢筋的最大应力值为 20.8MPa，即使此拉应力由混凝土完全承担，也没有超过混凝土的抗拉强度，因此在此处的混凝土应该不会出现环向裂缝，此处的拉应力也就是管道对坝体混凝土产生的剪应力，但对坝体混凝土的影响较小。

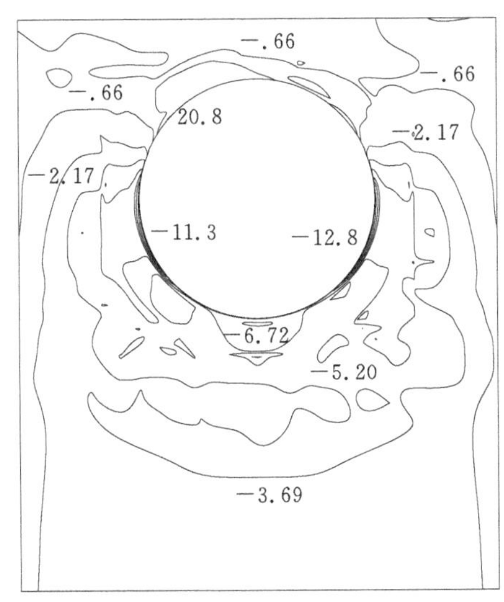

图 6.52 下弯 2 剖面轴向应力等值线图

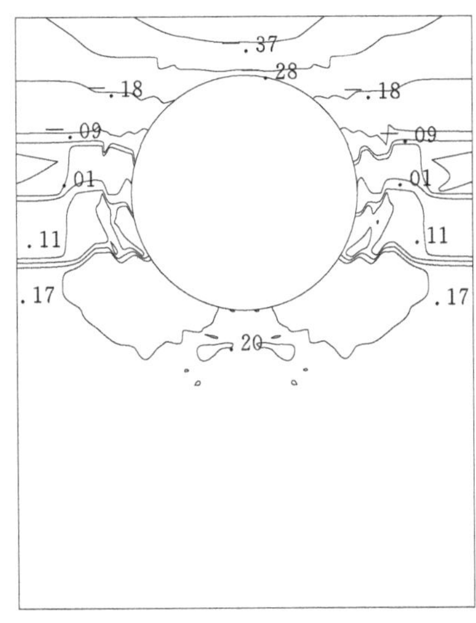

图 6.53 下弯 2 剖面径向位移等值线图

由图 6.53 和图 6.54 可知，在设计水荷载的作用下，压力管道管顶的最大位移值为 0.37mm，方向向下，管底的最大位移值为 0.20mm，方向向上；位移矢量总体方向在水荷载的作用下稍有上抬趋势。

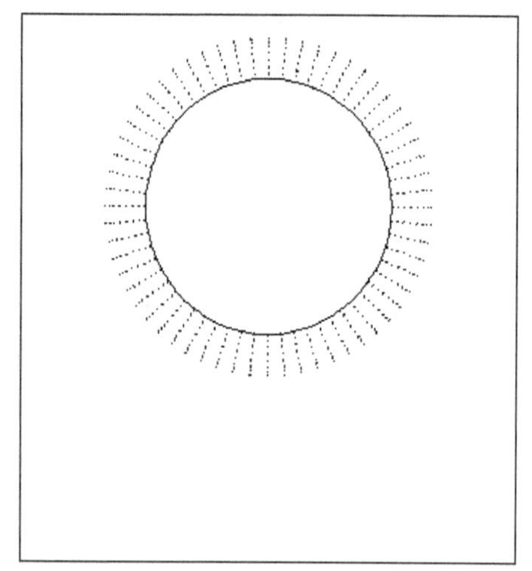

图 6.54　下弯 2 剖面位移矢量图

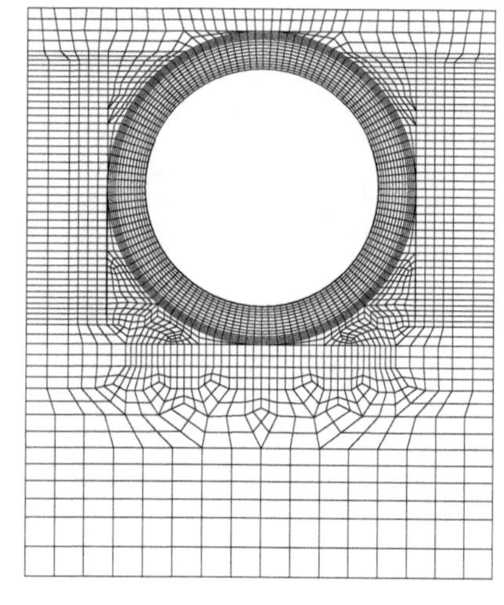

图 6.55　下弯 2 剖面破坏区域图

从图 6.55 中可知，虽然在设计水荷载作用下，因管道外部有坝体混凝土的共同承载，此剖面的钢衬外围钢筋混凝土没有发生开裂破坏。

9. 下弯 3 末端剖面的应力变形分析

由图 6.56 和图 6.57 可知，该剖面的最大环向拉应力为 21.1MPa，最大拉应力位于钢衬处，分布在管腰部位；径向应力均为压应力，钢衬最大压应力为 10.4MPa，外围混凝土的最大压应力为 4.93MPa，分布在管腰及以上部位。

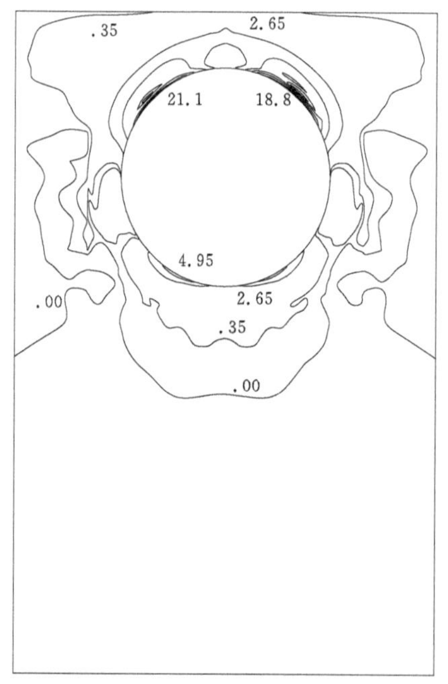

图 6.56　下弯 3 末端剖面环向应力等值线图

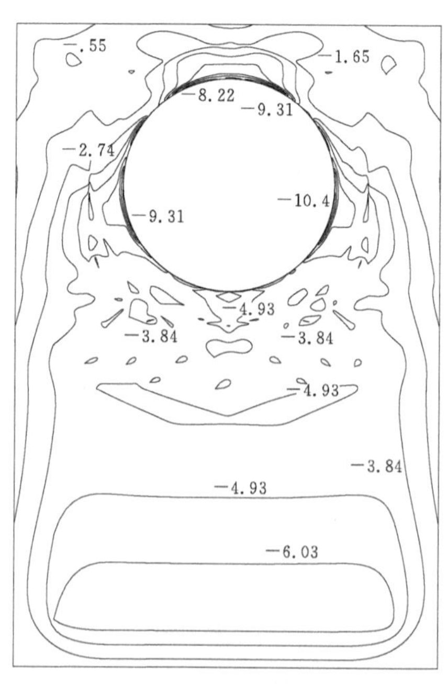

图 6.57　下弯 3 末端剖面径向应力等值线图

由图 6.58 可知，轴向应力大部分均为压应力，钢材承受的最大压应力为 9.99MPa，混凝土的最大压应力为 3.91MPa，位于管腰及以下部位；同上一个剖面相似，在管腰以上 45°部位局部出现了拉应力，其钢衬和内层钢筋的最大应力值为 21.2MPa，此应力是钢筋和混凝土共同承担的，因此此处混凝土应该也不会出现环向裂缝，此处的拉应力也就是管道对坝体混凝土产生的剪应力，但对坝体混凝土的影响较小。

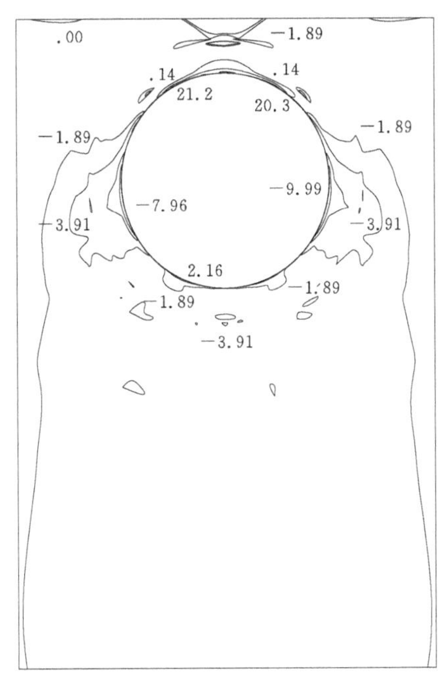

图 6.58 下弯 3 末端剖面轴向应力等值线图

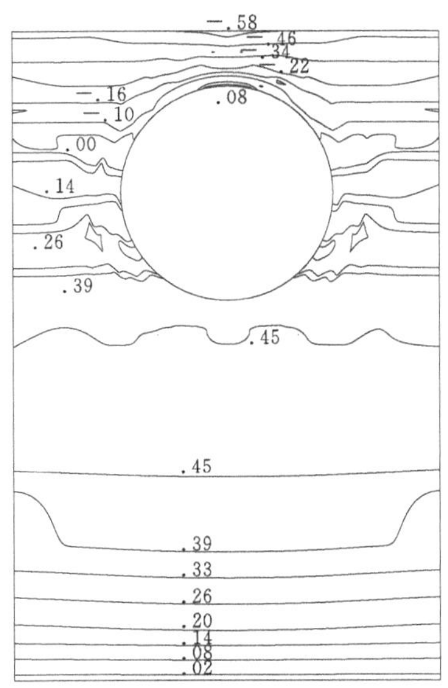

图 6.59 下弯 3 末端剖面径向位移等值线图

由图 6.59 和图 6.60 可知，在设计水荷载的作用下，压力管道的向上最大位移值为 0.45mm，向下最大位移值为 0.58mm，位移的变化总体从管道钢衬位置往外围的位移逐渐减少；位移矢量总体方向在水荷载的作用下趋势向上。

从图 6.61 中可知，虽然在设计水荷载作用下，因管道外部有坝体混凝土和压力管道混凝土共同承载，此剖面的钢衬外围钢筋混凝土基本没有发生开裂破坏。

6.3.3 三峡电站坝后背管外包混凝土裂缝宽度验算分析

虽然三峡电站钢衬钢筋混凝土压力管道的结构型式允许外包混凝土开裂，但水工混凝土结构设计规范规定，水工混凝土的裂缝宽度却不应超过一定的范围（0.30mm）。

三峡电站压力管道的钢衬和外包混凝土可近似看作一个轴对称结构，其混凝土的应力特征可作为轴心抗拉结构考虑，则根据黏结滑移理论得出最大裂缝宽度，同时可知裂缝宽度主要取决于裂缝截面的钢筋应力 σ。

根据 1996 年河海大学、大连理工大学、西安理工大学和清华大学合编的《水工钢筋混凝土结构学》（第四版）对水工结构钢筋混凝土的裂缝宽度的计算公式

$$w_{\max}=a_1a_2a_3\frac{\sigma}{E}\left(3c+0.1\frac{d}{\rho_{te}}\right) \tag{6.26}$$

式中：a_1 为构件受力特征系数，轴心受拉构件为 1.3；a_2 为钢筋表面形状系数，变形钢筋为 1.0；a_3 为荷载长期作用影响系数，对荷载效应的长期组合为 1.6；c 为保护层厚度，mm，当 $c>65$mm 时，取 $c=65$mm；d 为受拉钢筋直径，mm；ρ_{te} 为截面受拉钢筋的有效配筋率，当 $\rho_{te}<0.03$ 时，取 $\rho_{te}=0.03$。

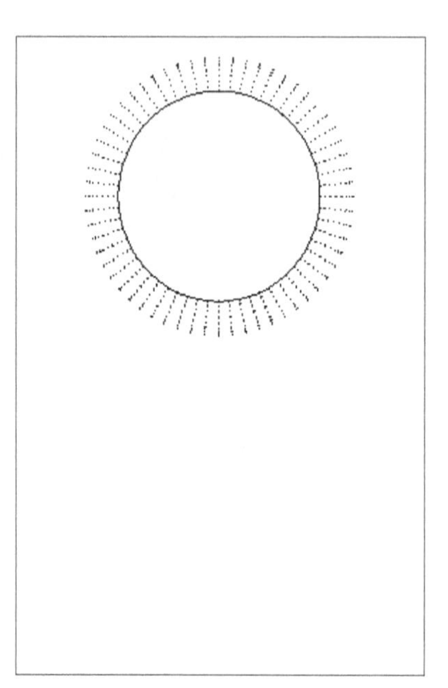

图 6.60　下弯 3 末端剖面位移矢量图

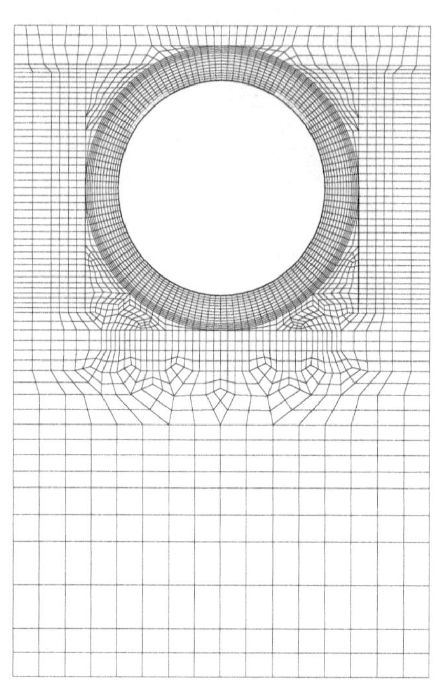

图 6.61　下弯 3 末端剖面破坏区域图

管道混凝土配筋为变形钢筋，其平均直径为 36mm，根据计算得有效配筋率 ρ_{te} 为 0.01415，故取 0.03，保护层厚度为 182mm（取其计算厚度为 65mm），因计算工况为设计荷载，故 a_3 为 1.6，混凝土的弹性模量为 20500000N/mm^2，从以上各典型剖面混凝土的应力水平可看出，外包混凝土配筋中最外层钢筋的最大环向拉应力为 71.2MPa（其对应剖面为斜直 2 前端剖面上），最外层钢筋的最大轴向拉应力为 1.87MPa（其对应剖面为下弯 2 末端剖面），由于最外层钢筋的最大轴向拉应力较小而未达到混凝土的开裂强度，故根据上述公式计算由最大环向拉应力引起的钢筋表面处的最大环向裂缝宽度可能为 0.23mm。

6.3.4　钢衬钢筋混凝土管道对坝体混凝土应力的影响

钢衬钢筋混凝土管道和大坝坝体连接在一起，对增加下游面坝体的刚度。虽然下游面坝体的刚度有所增加，但对坝体混凝土的应力影响较小，影响范围主要集中在钢衬周围的钢筋混凝土和较小范围的坝体混凝土处，钢筋混凝土承受的应力较大，钢衬和内侧钢筋承受的最大拉应力为 61.0MPa，最大压应力为 40.6MPa，出现在管道变向的上弯段；坝体混凝土承受的应力较小，主要为压应力，其最大值只有 6.18MPa，同时压力管道的设置对坝踵混凝土几乎没有影响，该处的拉应力基本上为 0。如图 6.62 和图 6.63 所示。

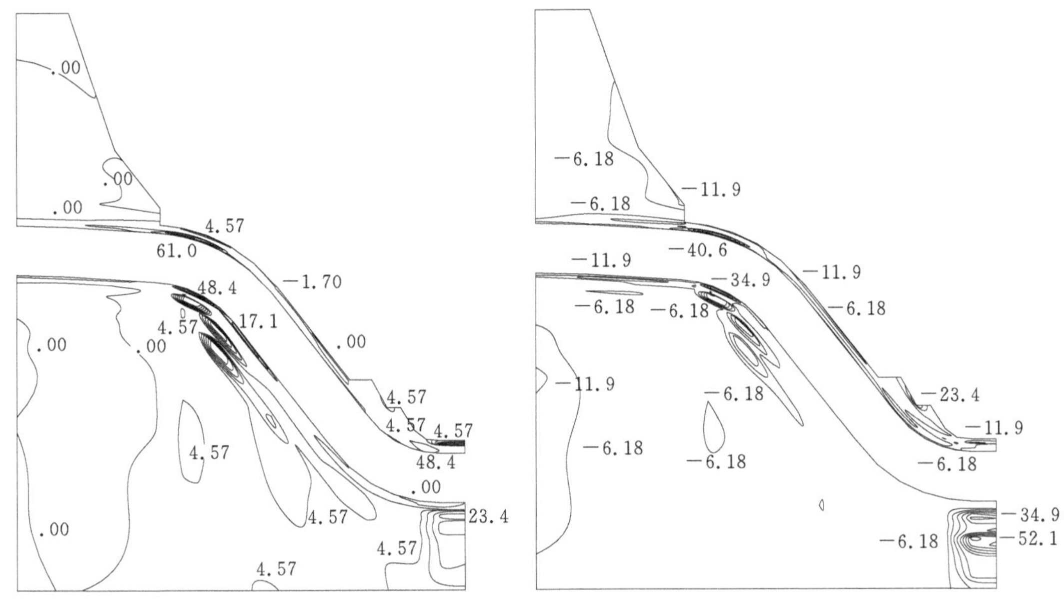

图 6.62 对称剖面第一主应力等值线图　　图 6.63 对称剖面第三主应力等值线图

6.3.5 小结

根据本章对上述 9 个典型剖面的应力变形分析可以得出以下结论：

(1) 在内水压力作用下，压力管道的外包混凝土和钢管应力状态为环向受拉，径向受压和轴向受压的三维应力状态；由于坝后背管上弯段附近受力状态复杂，外包混凝土和钢管应力状态为环向受拉，径向受压和轴向受拉的三维应力状态。从上游至下游（水流方向），压力管道各剖面环向应力均为拉应力，其最大值变化的总趋势是从 24.1MPa 增至 151.3MPa，一般出现在管腰以上 45°部位附近，见图 6.65～图 6.72，同时对同一剖面钢材的环向应力从管道内侧逐步减小，在上弯 3 和斜直 2 末端剖面钢材应力相对要大一些，见图 6.64；从图 6.73 可以看出，径向应力主要为压应力，其最大值从 19.8MPa 增至 66.5MPa；同样从图 6.74 可看出，由于管道自重在轴向上的分量和水流作用下管道钢衬钢筋的轴向应力从上游至下游管道钢衬的应力在管腰及以上的局部部位都出现了拉应力，其最大值由 1.24MPa 增至 21.2MPa，钢衬外层钢筋的最大拉应力为 1.87MPa。其他部位

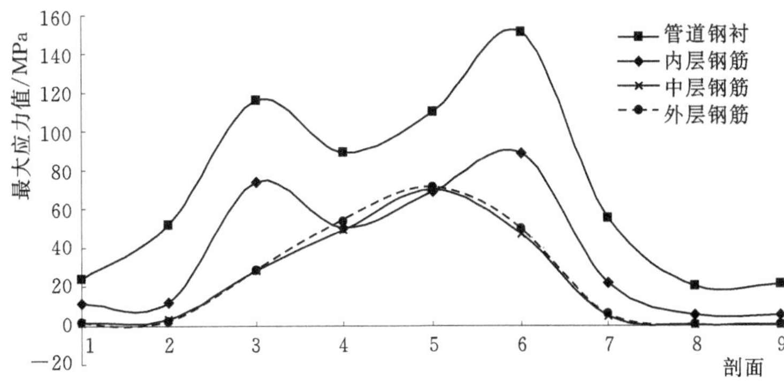

图 6.64 沿水流方向压力管道环向最大应力变化趋势图（拉应力）

基本上也是压应力。

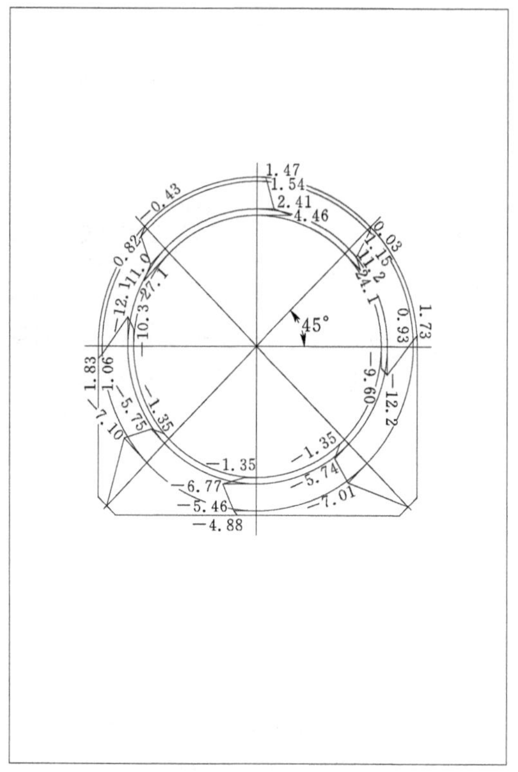

图 6.65　上弯 1 剖面钢材环向应力分布图（单位：MPa）

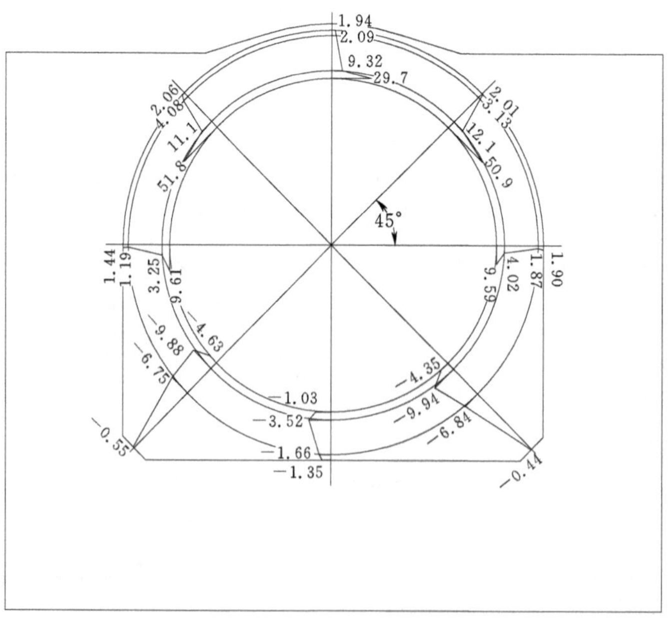

图 6.66　上弯 2 剖面钢材环向应力分布图（单位：MPa）

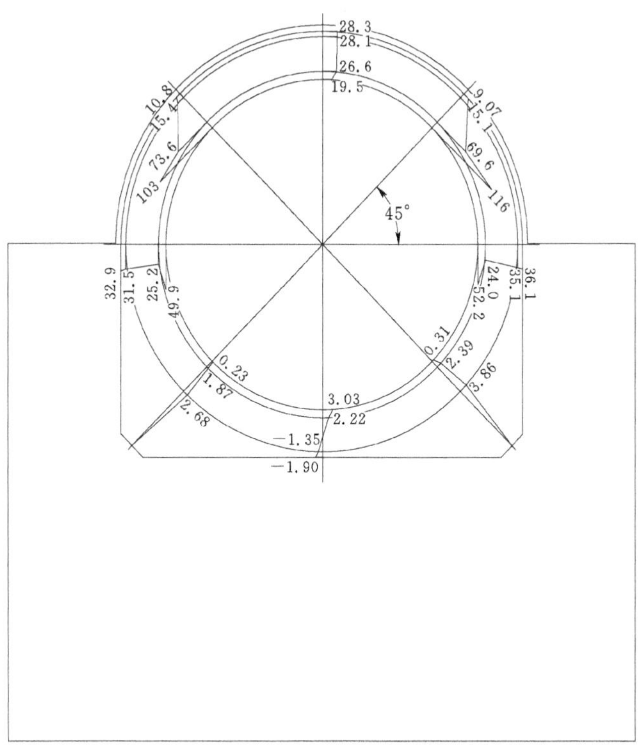

图 6.67 上弯 3 剖面钢材环向应力分布图（单位：MPa）

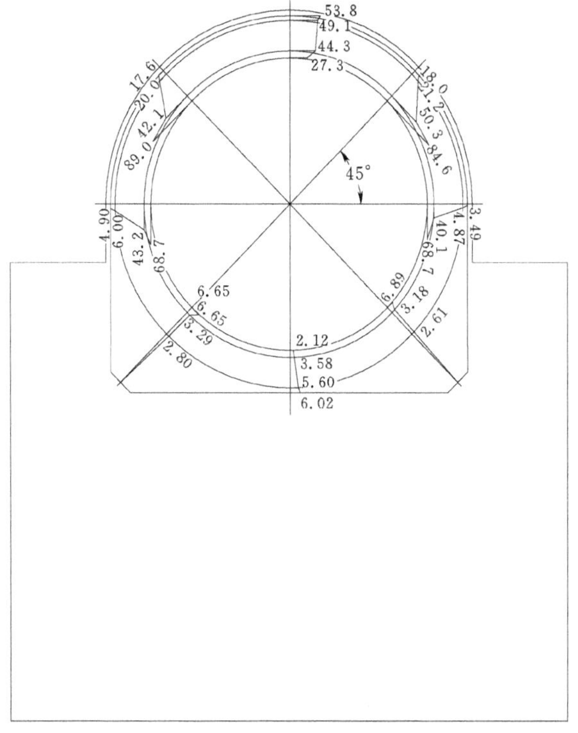

图 6.68 斜直 1 剖面钢材环向应力分布图（单位：MPa）

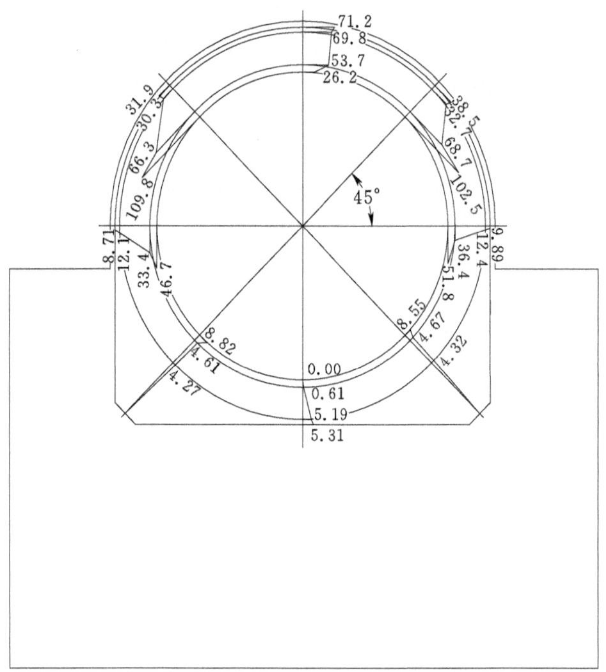

图 6.69　斜直 2 前端剖面钢材环向应力分布图（单位：MPa）

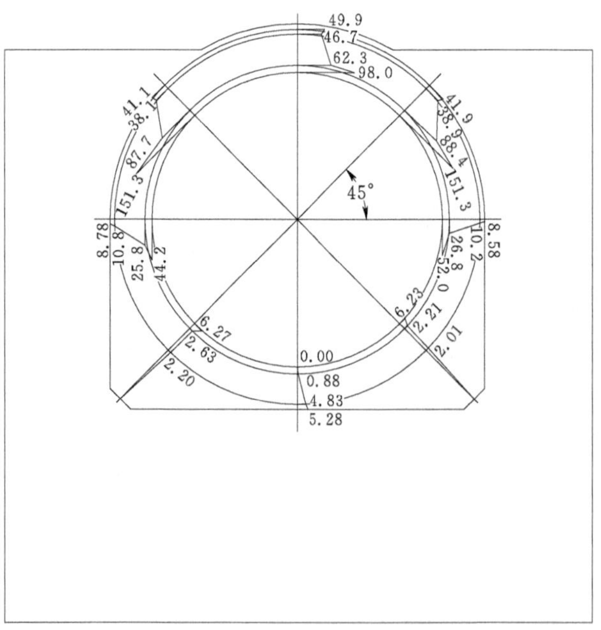

图 6.70　斜直 2 末端剖面钢材环向应力分布图（单位：MPa）

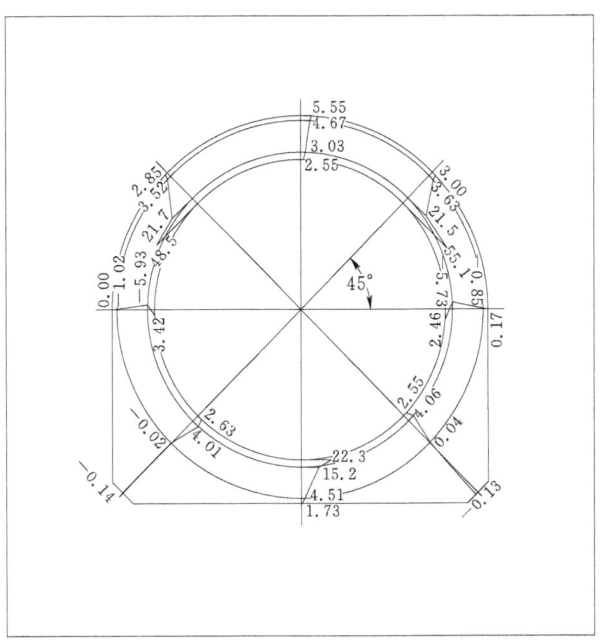

图 6.71 下弯 1 剖面钢材环向应力分布图（单位：MPa）

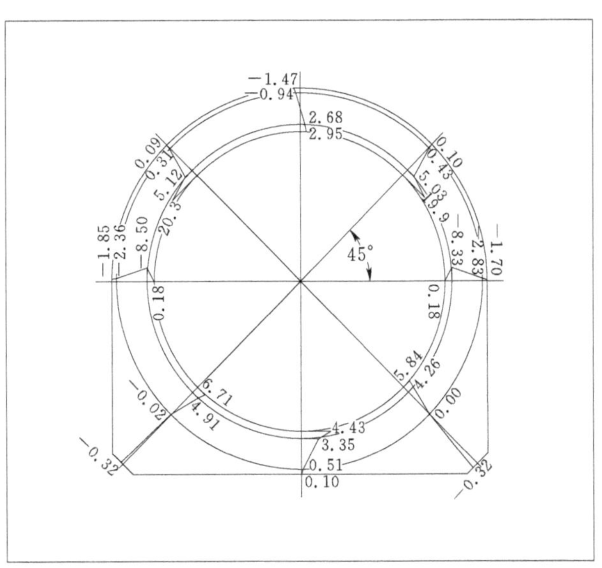

图 6.72 下弯 2 剖面钢材环向应力分布图（单位：MPa）

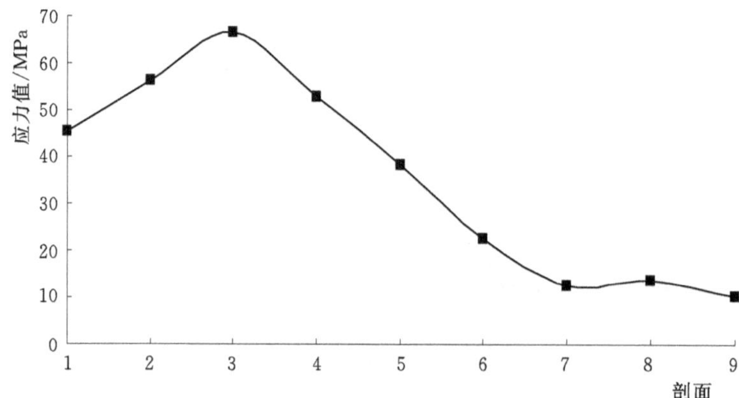

图 6.73　沿水流方向压力管道径向最大应力变化趋势图（压应力）

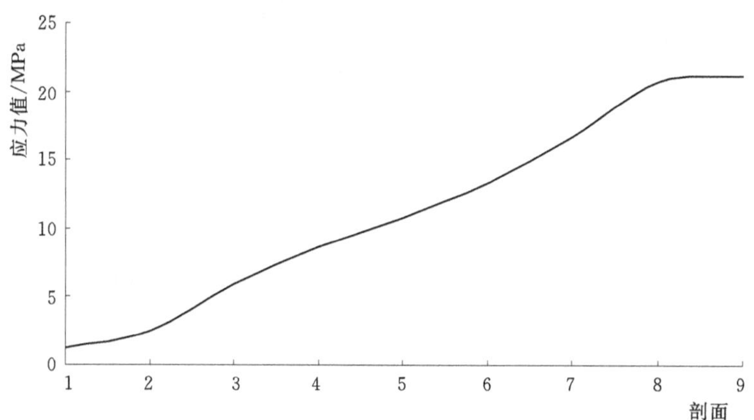

图 6.74　沿水流方向压力管道轴向最大应力变化趋势图（拉应力）

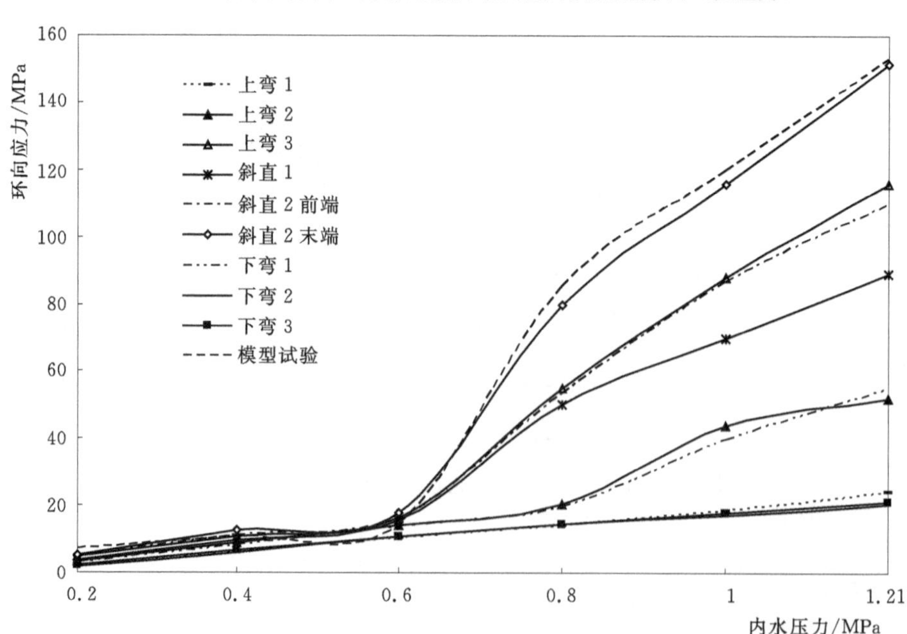

图 6.75　沿水流方向各剖面随水压力变化钢筋最大环向应力的变化规律

（2）同样在内水压力作用下，压力管道最大环向应力出现在斜直 2 末端剖面的管道管腰以上 45°位置，所以此剖面不但是压力管道最典型的剖面，也是压力管道最为危险的剖面，此剖面的混凝土也最容易开裂，从计算得到的该剖面压力管道的开裂区域图也可以看出，本剖面开裂的部位较多。表 6.1、图 6.70 和图 6.75 均可看出，有限元计算分析的结果和模型试验的结果是比较吻合的。

（3）从有限元计算成果分析中的图 6.75 可以看出，在上弯 3 到斜直 2 末端这 4 个剖面中，当荷载增加到 20 级（其对应水位和内水压力分别为 119.6m 和 0.68MPa）时，该管道混凝土的拉应力最大值超过了混凝土的抗拉强度，外包混凝土开始出现裂缝，计算模型进入非线性阶段，钢筋所承受的应力突然增加，而在其他几个剖面，管道混凝土出现开裂现象的内水压力主要都是在荷载增加到 22 级（其对应水位和内水压力分别为 137.0m 和 0.84MPa）时。

（4）在内水压力荷载作用下管道变形是由上游至下游逐渐减小，管道的最大径向位移由 3.46mm 减至 0.45mm。

（5）从上述各剖面的开裂区域示意图可以看出，压力管道在坝后出露部位较多的剖面中，其外包混凝土开裂的区域较多，混凝土出现裂缝的可能性较大，如上弯 3、斜直 1 和斜直 2 这三个剖面的混凝土开裂是最严重的剖面，这些剖面主要是管道自身混凝土来抵抗水压力产生的应力。而其他剖面中有坝体混凝土和管道混凝土共同来抵抗水荷载，所以开裂区较其他上述三个剖面的要少。

（6）由于坝后背管的存在，管道和坝体连在一起而改变了局部坝体的刚度，但通过计算分析可以得出，管道的存在对坝体混凝土的应力影响很小，应力水平很小，管道外围坝体混凝土的应力值为 6.18MPa，坝踵附近混凝土的应力值为 0，坝体应力均为压应力。

（7）从钢筋应力分布图可以看出，压力管道的最大环向拉应力值主要由钢衬来承担，钢衬外围的钢筋受力相对较小，但钢衬和钢筋的应力远没有达到钢材的抗拉强度，钢衬和钢筋均处在弹性受力阶段。虽然混凝土有开裂现象，根据钢筋所受的最大环向拉应力值为 71.2MPa（其对应剖面为斜直 2 前端剖面上）可计算得混凝土可能的最大环向裂缝宽度为 0.23mm，所受的最大轴向拉应力值为 1.87MPa（其对应剖面为下弯 2 末端剖面），没有达到混凝土的开裂强度，故没有计算其引起的裂缝宽度。可以看出，在设计荷载作用下，压力管道钢筋和外包混凝土的应力都较小，管道结构是不会破坏，是安全的，同时也证明了管道结构设计是合理的。

参 考 文 献

[1] 朱伯芳．有限单元法原理与应用 [M]．2 版．北京：中国水利水电出版社，1998.

[2] 长江水利委员会．长江三峡水利枢纽单项工程技术设计报告（第二册）——电站建筑设计 [R]. 1994 年 11 月．

[3] 马善定，周润坚，等．混凝土拱坝下游面钢衬钢筋混凝土压力管道的强度和变形 [J]. 水力发电学报，1988 年 4 月．

[4] 伍鹤皋，生晓高，等．水电站钢衬钢筋混凝土压力管道 [M]. 北京：中国水利水电出版社，2000.

[5] 武汉水利电力大学水电站教研室．三峡重力坝下游面压力管道强度和变形研究．“七·五”攻关成果报告 [R]. 1991.

[6] 武汉水利电力大学，葛洲坝水电工程学院．三峡电站钢衬钢筋混凝土压力管道大比尺平面结构模型试验研究 [R]. 1996.

[7] [苏] A. P. 弗列依谢特，等. 黄伟，译．水电站钢管道 [R]. 电力工业部昆明勘测设计院，1981.

[8] 西北勘测设计研究院，中国水电工程顾问集团．水电站坝后背管结构及外包混凝土裂缝研究 [M]. 北京：中国水利水电出版社，2007.

[9] 中国长江三峡工程开发总公司，长江水利委员会长江勘测设计研究院，等．三峡水电站厂房充水保压蜗壳结构关键技术研究及应用 [R]. 2003.

[10] 徐福卫，田斌．大坝背管混凝土裂缝前馈网络的预测研究 [J]. 水电能源科学，2006 (2)：52-54.

[11] 西北勘测设计研究院．已建水电站坝后背管工程裂缝观测及调查分析报告 [R]. 2003.

第7章　大坝背管混凝土裂缝的前馈人工神经网络预测研究

导致压力管道混凝土开裂的因素较复杂，影响因素较多，常规的计算方法很难定量地计算出混凝土裂缝的最大宽度。如今已广泛应用于科学各个邻域的神经网络方法在这方面具有很强的能力，神经网络（ANN）方法是一个大规模的非线性动力系统，具有很强的非线性处理能力，其最突出的特点是具有自适应、自组织、自学习的能力，可以处理各种变化的信息，而且在处理信息的同时，非线性动力系统本身也在不断变化，即可以通过对信息的训练学习，实现对任意复杂函数的映射，从而实现各个因素与目标的非线性连接。本章就BP网络和全局优化（Gauss. Newton）方法在钢衬钢筋混凝土压力管道外包混凝土裂缝宽度的应用进行研究。

7.1　网络预测模型的建立

7.1.1　BP网络模型

BP网络是人工神经网络中最为重要的网络之一，也是迄今为止，应用最为广泛的网络算法，实践证明这种基于误差反向传递算法的BP网络有很强的映射能力，可以解决许多实际问题。BP网络由输入层、输出层及隐含层组成，如图7.1所示，隐含层可有一个或多个，每层由多个神经元组成。网络的训练过程可以表述如下：①输入的信息流从输入层，经隐含层到输出层逐层处理并计算出各神经元节点的实际输出值，这一过程成为信息流的正向传递过程；②计算网络的实际输出与训练样本期望值的误差，若该误差未达到允许值，根据此误差确定权重的调整量，从后往前逐层修改各层神经元节点的连接权重，这一过程称为误差的逆向修改过程。BP网络的计算流程如下：

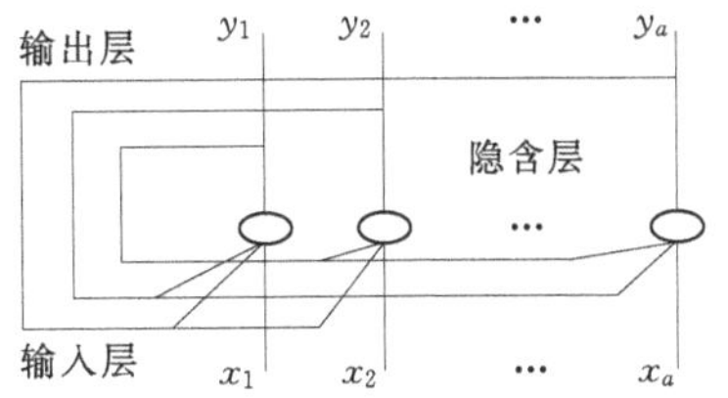

图7.1　BP网络模型示意图

（1）逐层正向计算网络各节点的输入和输出。若网络中第P个学习样本的输入层的输出分别是x_{1p}，x_{2p}，…，x_{np}；t_p，隐含层个神经元的输入分别为

$$I_{ip}=\sum_{j=1}^{n}w_{ij}x_{jp}+\theta_{ip}\quad(i=1,2,\cdots,n)\tag{7.1}$$

式中：w_{ij}为隐含层神经元i与输入层神经元j的连接权；θ_{ip}为隐含层神经元的阈值。

选择Sigmoid函数作为隐含层神经元的激发函数$f(\quad)$，则隐含层神经元的输出为

$$O_{ip}=f(I_{ip})\tag{7.2}$$

整个网络的输出为 $y_p=\sum_{i=1}^{n}v_iO_{ip}$ ，v_i 为输出层神经元与隐含层神经元的连接权。

(2) 计算第 p 个样本的输出误差 E_p 和网络的总误差 E。

$$E_p=\frac{1}{2}\sum_{i=1}^{m}(t_p-y_p)^2 \quad (p=1,2,3,\cdots,P),(m\ 为输出结点个数) \tag{7.3}$$

网络总误差
$$E=\sum_{P=1}^{p}E_p$$

(3) 当 E 小于允许误差 ε 或者达到指定的迭代次数时，学习过程结束，否则，进行误差反向传播，修正网络连接权。设 W 的修正值为 ΔW，则

$$\Delta W=-\eta\frac{\partial E_p}{\partial W} \tag{7.4}$$

本书中为了加速网络的收敛，防止陷入局部最小值点，采用了改进的 BP 算法，对连接权的修正增加了附加动量项，即取

$$\Delta W=-\eta\frac{\partial E_p}{\partial W}+\alpha\Delta W^{(n-1)} \tag{7.5}$$

式中：ΔW 为第 n 次迭代计算时连接权的修正值；$\Delta W^{(n-1)}$ 前一次迭代计算时连接权的修正值；α 为动量因子；$\alpha\Delta W^{(n-1)}$ 为附加动量项。

7.1.2　全局优化方法网络模型

在 BP 网络算法中，是对每一个样本进行正反计算，求出连接权向量 W 的修正值，然后对其进行修正，收敛速度较慢，同时可能会陷入函数局部极小值，连接权初值的选取往往靠经验来决定，新加入的样本对已学习完的样本影响较大。对于全局优化算法则是利用全部样本的信息，求出 W 的修正值，再对其进行修正，不仅可以避免 BP 网络存在的缺点，同时在精度和速度上都较 BP 网络也有很大提高。

当计算过程只含有一个输出神经元时，其输出 y 与输入 $X=(x_1,\ x_2,\ \cdots,\ x_n)$ 之间的关系可以写作 $y=f(X,\ W)$。则这种方法对连接权 W 的修正是：假设给出 W 的初始值为 $W(0)$，且使 $W=W(0)+\Delta W$，ΔW 为 W 的修正值。

在 $W(0)$ 的附近，对 $f(X,\ W)$ 作泰勒级数展开，略去 ΔW 的高次项，当 $X=X_p$ 时，有

$$f(X_p,W)=f_0(X_p,W)+\frac{\partial f_0(X_p,W)}{\partial W}\Delta W \tag{7.6}$$

其中 $f_0(X_p,W)=f[X_p,W(0)]$，$\frac{\partial f_0(X_p,W)}{\partial W}=\frac{\partial f(X_p,W)}{\partial W}\mid W=W(0)$，$\Delta W=(\Delta v,\Delta\theta,\Delta w)^{\mathrm{T}}$。

能量函数仍为 $E=\frac{1}{2}\sum_{i=1}^{p}(t_p-y_p)^2$ ，要使 E 值达到最小。根据多元函数极值原理，应该有 $\frac{\partial E}{\partial\Delta W}=0$，将 ΔW 各分量带入能量函数表达式，导出 $\frac{\partial E}{\partial\Delta W}=0$ 中各分量的具体表达式为

$$\frac{\partial E}{\partial \Delta v}=-\sum_{p=1}^{p}\left[t_p-f_0(X_p,W)-\frac{\partial f_0(X_pW)}{\partial v}\Delta v-\frac{\partial f_0(X_p,W)}{\partial \theta}\Delta\theta-\frac{\partial f_0(X_pW)}{\partial w}\Delta w\right]\frac{\partial f_0(X_p,W)}{\partial v}=0$$

$$\frac{\partial E}{\partial \Delta \theta}=-\sum_{p=1}^{p}\left[t_p-f_0(X_p,W)-\frac{\partial f_0(X_pW)}{\partial v}\Delta v-\frac{\partial f_0(X_p,W)}{\partial \theta}\Delta\theta-\frac{\partial f_0(X_pW)}{\partial w}\Delta w\right]\frac{\partial f_0(X_p,W)}{\partial \theta}=0$$

$$\frac{\partial E}{\partial \Delta w}=-\sum_{p=1}^{p}\left[t_p-f_0(X_p,W)-\frac{\partial f_0(X_pW)}{\partial v}\Delta v-\frac{\partial f_0(X_p,W)}{\partial \theta}\Delta\theta-\frac{\partial f_0(X_pW)}{\partial w}\Delta w\right]\frac{\partial f_0(X_p,W)}{\partial w}=0$$

联立以上各式，建立方程组。当已知样本和 W 的初始值 $W(0)$ 后，方程组中的各元素可以求出，这样就可以求出 W 的修正值 ΔW，进一步求得 W 的新值 $W=W(0)+\Delta W$。

7.2 网络的训练学习

根据上述神经网络的理论自编 BP 网络程序和全局优化网络的 Fortran 计算程序，利用李家峡水电站和其他一些电站的观测资料，选取 30 个样本数据对网络进行训练（如表 7.1 所示），20 个样本数据作为网络的预测检验数据（如表 7.2 所示）。为了加快网络训练和收敛，通常在网络训练之前对样本进行预处理，常用的方法为归一化方法，即采用一般应用式 $\frac{x_{ip}-x_{i\min}+\alpha}{x_{i\max}-x_{i\min}+\alpha}\Rightarrow x_{ip}$，其中，$\alpha$ 取 0.85，$x_{i\max}=\max\{x_{1p},\ x_{2p},\ \cdots,\ x_{np}\}$，$x_{i\min}=\min\{x_{1p},\ x_{2p},\ \cdots,\ x_{np}\}$。选择 Sigmoid 函数作为隐含层神经元的激发函数，即 $f(x)=1/[1+\exp(-x)]$，网络结构选择多输入单输出的网络模型。

表 7.1　　学习训练样本数据

序号	上游水位/m	下游水位/m	温度/℃	裂缝宽度/mm	序号	上游水位/m	下游水位/m	温度/℃	裂缝宽度/mm
1	193.28	78.26	26.3	2.36	16	181.81	76.34	12.4	6.47
2	191.82	78.64	25.2	1.3	17	182.46	76.74	7.6	8.1
3	200.59	78.82	13.7	2.58	18	170.61	76.01	9.8	7.32
4	200.59	78.82	13.7	2.38	19	162.41	74.61	13.8	7.09
5	196.71	77.7	12.5	4.35	20	163.83	73.91	17.7	5.39
6	194.11	76.42	7.2	4.54	21	184.72	75.73	21.8	6.21
7	188.03	76.83	1.4	2.08	22	168.56	73.99	24.7	5.74
8	184.93	78.17	10.3	4.74	23	194.32	76.15	26.5	5.61
9	172.61	78.5	17.4	4.58	24	181.21	73.45	29.6	7.05
10	176.29	76.47	23.5	3.66	25	181.31	74.37	25	6.49
11	183.95	79.29	23.7	3.55	26	181.96	74.44	16.6	6.47
12	195.03	79.5	26.5	4.17	27	174.3	73.24	5.4	5.58
13	186.36	77.68	27.2	3.67	28	199.43	79.06	21.5	9.65
14	176.81	76.45	19.1	3.21	29	196.33	79.57	7	9.72
15	178.06	76.44	21.1	5.95	30	172.53	76.34	5.1	6.54

表 7.2　　　　预测检验样本数据

序号	上游水位/m	下游水位/m	温度/℃	裂缝宽度/mm	序号	上游水位/m	下游水位/m	温度/℃	裂缝宽度/mm
1	171.59	73.55	13.6	6.31	11	195.53	80.05	17.1	7.93
2	166.08	76.74	15.4	6.38	12	189.05	76.67	24.5	5.87
3	169.67	75.43	18.7	6.62	13	193.49	78.43	28.2	6.42
4	182.57	76.46	21.7	7.51	14	191.64	77.26	24.5	6.36
5	192.06	78.14	20.6	6.98	15	192.85	77.26	18.5	5.06
6	184.73	78.12	24.1	8.08	16	188.9	77.26	17.8	4.98
7	192.64	79.55	25.4	6.64	17	178.25	77.26	10.3	7.16
8	199.92	79.64	14.2	8.7	18	180.53	77.41	4.9	5.58
9	178.88	76.78	7	5.89	19	174.12	76.8	7.3	8.04
10	193.25	77.88	18	6.77	20	196.23	79.39	16.3	3.78

BP 网络学习训练时取学习效率 η 为 0.15，动量因子 α 为 0.90，允许误差 ε 为 1.0×10^{-8}。当迭代次数达到 46 万次时达到精度要求。全局优化网络学习训练时取学习效率 η 为 0.85，允许误差 ε 为 1.0×10^{-8}，当迭代次数达到 19 万次时达到精度要求。

通过图 7.2 和表 7.3 显示的预测结果和实测值，可以看出预测结果与实测值之间的差距较小，图 7.2 中的预测值和实测值的拟合线吻合较好，表 7.3 中的 BP 网络预测误差最大值只有 11.63%，全局优化网络预测误差最大值只有 7.464%，说明编制的程序切实可用，预测效果较好，可以运用于实际工程的计算。

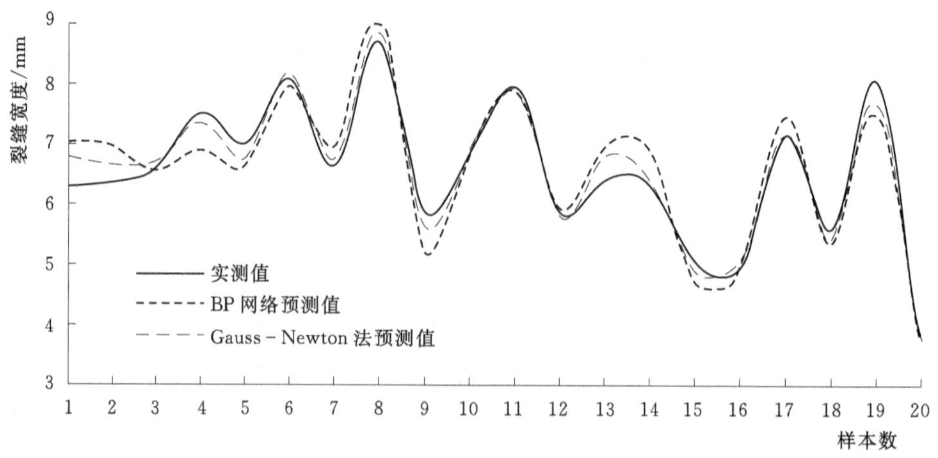

图 7.2　网络预测效果图

表 7.3　　预　测　误　差

序号	实测值/mm	BP 网络预测值/mm	BP 网络预测误差/%	全局优化网络预测值/mm	全局优化网络预测误差/%
1	6.31	7.015	11.173	6.781	7.464
2	6.38	6.967	9.2	6.653	4.279
3	6.62	6.546	1.118	6.711	1.374
4	7.51	6.916	7.909	7.382	1.704
5	6.98	6.592	5.559	6.761	3.137
6	8.08	7.923	1.943	8.165	1.052
7	6.64	6.938	4.488	6.751	1.671
8	8.7	9.104	4.643	8.869	1.942
9	5.89	5.205	11.63	5.648	4.108
10	6.77	6.883	1.669	6.689	1.196
11	7.93	7.87	0.7566	7.994	0.807
12	5.87	5.928	0.988	5.793	1.311
13	6.42	6.953	8.302	6.845	6.619
14	6.36	6.93	8.962	6.429	1.084
15	5.06	4.684	7.43	4.891	3.339
16	4.98	4.936	0.883	5.121	2.831
17	7.16	7.474	4.385	7.21	0.698
18	5.58	5.328	4.516	5.389	3.422
19	8.04	7.654	4.801	7.896	1.791
20	3.78	3.579	5.317	3.623	4.153

7.3 三峡水电站钢衬钢筋混凝土压力管道裂缝预测研究

根据西北勘测设计研究院的《已建水电站坝后背管工程裂缝观测及调查分析报告》(2003 年 6 月)，在选择样本时，主要考虑压力管道混凝土开裂主要原因是上游水位作用的结果，因此根据已建的工程实例，选取国内外代表性较好，资料较全面的工程资料作为网络学习与训练的样本，如表 7.4 所示。

表 7.4　　已建水电站坝后背管与地面外包钢筋混凝土压力管道工程实例

影响因素 工程名称	最大水头/m	钢管半径/m	平均管壁厚度/mm	最大环筋折算厚度/mm	外包混凝土厚度/m	裂缝宽度/mm
萨扬-舒申斯克（苏联）	267	3.75	23	26.7	1.5	0.5
泽雅（苏联）	100	3.9	15	22.4	3.0	0
扎戈尔（苏联）	170	3.75	10	25.1	0.4	0

续表

工程名称＼影响因素	最大水头 /m	钢管半径 /m	平均管壁厚度 /mm	最大环筋折算厚度/mm	外包混凝土厚度/m	裂缝宽度 /mm
东江（中国）	162	2.6	15	12.2	2.0	1.5
紧水滩（中国）	105	2.25	16	6.2	1.0	1.00
李家峡（中国）	152	4.0	25	14.5	1.5	2.2
五强溪（中国）	80	5.6	20	13.0	3.0	0.65
万家寨（中国）	111	3.75	25	12.2	1.5	0.53
公伯峡（中国）	135	4.0	25	13.1	1.5	0
三峡（中国）	139.5	6.2	32	16.1	2.0	0.83（施工期）

对于 BP 网络，根据输入、输出的变量数确定输入层、输出层的结点数分别为 5 个、1 个，故隐含层的结点个数为 6 个，因此确定网络模型的结构为 5－6－1 型。8 允许误差 ε 为 1.0×10^{-8}，当迭代次数为 62 万次达到精度要求。

对于全局优化方法，确定网络模型的结构也为 5－6－1 型。学习训练时取学习效率 η 为 0.85，允许误差 ε 为 1.0×10^{-8}，当迭代次数为 21 万次达到精度要求。

根据两种方法关于裂缝宽度的网络训练结果，仅模拟三峡水电站的蓄水过程时，预测其钢衬钢筋混凝土压力管道的最大裂缝宽度的变化值。两种方法关于三峡水电站钢衬钢筋混凝土最大裂缝宽度预测值的结果数据见表 7.5，并绘制出水头-裂缝宽度的关系曲线如图 7.3 和图 7.4 所示。

表 7.5　两种方法预测结果比较

水头/m	最大裂缝宽度预测值					
	施工期裂缝 0.83mm			施工期裂缝 0.00		
	BP 网络	Gauss-Newton 法	误差/%	BP 网络	Gauss-Newton 法	误差/%
0	0.83	0.83	0.00	0.00	0.00	0.00
10	0.96	0.90	5.96	0.08	0.07	21.43
20	1.06	0.94	11.71	0.10	0.11	9.96
30	1.17	1.02	12.50	0.13	0.15	12.96
40	1.27	1.14	9.96	0.17	0.19	10.47
50	1.37	1.27	7.27	0.22	0.24	8.90
60	1.50	1.48	1.47	0.28	0.30	9.00
70	1.66	1.71	2.83	0.35	0.38	7.63
80	1.87	1.93	3.10	0.43	0.45	4.16
89.5	2.13	2.16	1.62	0.52	0.52	1.80
99.5	2.45	2.38	2.80	0.62	0.59	3.67
109.5	2.80	2.68	4.42	0.73	0.68	5.91
119.5	3.14	2.96	5.70	0.85	0.81	4.27
129.5	3.39	3.18	6.09	0.99	0.94	4.98
139.5	3.49	3.38	3.27	1.13	1.07	5.58

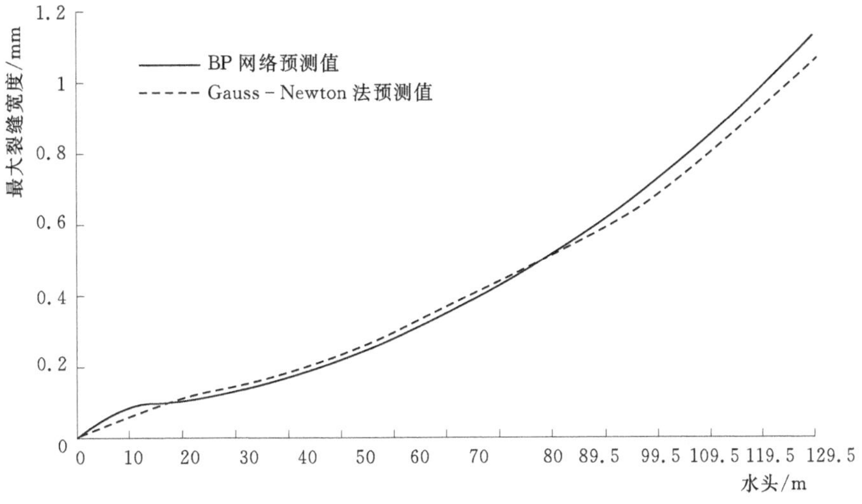

图 7.3 不考虑施工期裂缝时水头变化与最大裂缝宽度变化关系预测图

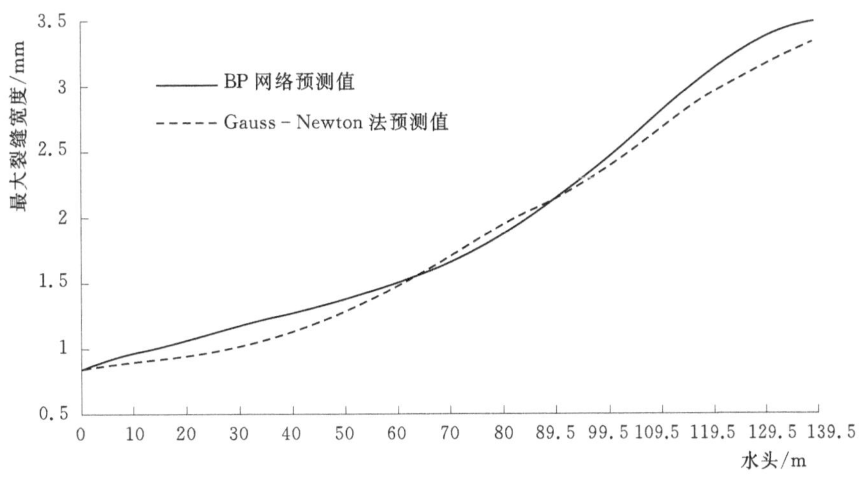

图 7.4 考虑施工期裂缝时水头变化与最大裂缝宽度变化关系预测图

通过对以上样本进行充分的学习训练，从表 7.5 预测的最大裂缝宽度数据结果中可以看出，两种方法的预测结果比较符合实际，它们之间的预测误差最大值只有 21.43%，同时绘制的预测结果拟合曲线吻合性也比较好。考虑施工期裂缝（裂缝宽度为 0.83mm）时，随着水位上升，水头的增大，压力管道的混凝土最大裂缝宽度也都随着发展，当水位最高时，即水头最大，BP 网络预测的最大裂缝宽度为 3.49mm，全局优化方法的预测值为 3.38mm，两者相差仅 0.09mm，可见两种方法的预测结果都较为准确可靠，平均最大裂缝宽度为 3.445mm；不考虑时，随着水位上升到最高，BP 网络预测的最大值为 1.13mm，全局优化方法预测的最大值为 1.07mm，两者相差仅 0.06mm，也可以看出两种方法的预测结果也都是可靠的，平均最大裂缝宽度为 1.10mm。同时还可以看出两种方法预测的水头的变化对裂缝宽度的影响都比较明显，尤其是施工期就已经出现裂缝影响更为显著，对压力管道的安全影响也较大。因此施工时应严格控制施工程序，确保施工质量。

7.4　小结

本研究充分利用了改进的 BP 网络模型和全局优化方法的各种优点，如模型实施容易、运行速度较快、误差修正方便、操作简单、计算精度较高等。从网络模型对三峡水电站钢衬钢筋混凝土压力管道的最大裂缝宽度的实例分析表明：采用最大水头、钢管半径、平均管壁厚度、最大环筋折算厚度、外包混凝土厚度和最大裂缝宽度作为输入和输出，建立的预报模型是合理的，预测结果也是可靠的。从计算过程还可以看出，BP 网络需要迭代 62 万次达到精度要求，而全局优化方法只需要 21 万次即可达到精度要求，可见全局优化方法比 BP 网络效率更高。

由于受样本的影响，本研究中没有考虑温度对混凝土开裂以后裂缝宽度变化的影响，有待以后进一步搜集相关资料进行深入研究。

参　考　文　献

[1]　张超然．前苏联钢衬钢筋混凝土压力管道经验及其应用 [J]. 中国三峡建设，2001，5：7-10.
[2]　伍鹤皋．水电站钢衬钢筋混凝土压力管道 [M]. 北京：中国水利水电出版社，2000.
[3]　周志华．神经网络及其应用 [M]. 北京：清华大学出版社，2004.
[4]　赵林明．多层前向人工神经网络 [M]. 郑州：黄河水利出版社，1999.
[5]　阎平凡，张长水．人工神经网络与模拟进化计算 [M]. 北京：清华大学出版社，2000.
[6]　苑希民．神经网络和遗传算法在水科学领域的应用 [M]. 北京：中国水利水电出版社，2002.
[7]　彭国伦．Fortran 95 程序设计 [M]. 北京：中国电力出版社，2002.

第8章　紧水滩水电站坝后背管调研报告

8.1　紧水滩调研的目的及安排

三峡水电站是我国大中型水电站中又一个采用坝后背管的工程，且管道规模在世界上属特大性，对它的研究必须借鉴国内外已运行工程的经验。“水电站压力钢管设计规范”修订主编单位西北勘测设计研究院针对坝后背管完成了一批内容丰富的专题研究成果，这也为我们对三峡管道的研究提供了方便。考虑紧水滩是继东江之后建成的坝后背管工程，已运行十多年，它的有关资料我们较欠缺．故决定对华东院及紧水滩水电站调研。调研的目的一是了解紧水滩坝后背管原型观测资料，二是现场调查背管外包混凝土的裂缝情况。

调研工作于2000年1月12—19日进行。在杭州拜访了浙江大学钟秉章教授，并与华东院当年紧水滩设计人员接触。在紧水滩现场查看钢管外包混凝土裂缝情况，并收集了96年度、97年度3号引水管道埋设全部钢管应变计、外包钢筋混凝土钢筋计的观测资料及相应的坝前水位、气温资料，因原始资料太多，此报告暂不附后。

8.2　紧水滩坝后背管设计简介

紧水滩电站位于浙江省云和县欧江上游龙泉溪上，主要建筑物有拱坝、泄洪浅孔和中孔、引水系统、发电厂房、过坝设施等（图8.1)。大坝为三心变厚混凝土双曲拱坝，最大坝高102m，坝顶弧长350.6m，坝顶高程194m，坝顶厚5m，拱冠断面底厚24.6m，厚高比0.24，坝体从左至右分20个坝段。平面拱圈由左中右三段组成。六条引水管道布置在河床中圆拱8号、13号坝段内，长度分别为72.79m。泄拱中孔坝段为6号、14号坝段，泄洪浅孔坝段为5号、15号坝段，均为两侧对称布置。7号坝段设有电梯塔。坝后式厂房内装六台机组。装机容量30万kW。进水口底板高程为147.551m，至坝顶194m高程高差近46.5m。门槽根据拱坝上游面的倾斜坡度，采用与铅垂线呈11°角的斜坡，每一进水口设工作闸门一道，由油压启闭机控制。在坝顶下面3号、4号进水口闸墩间设油控室。拦污栅槽兼作检修门槽，6个进水口共用一扇检修闸门。坝顶桥面上设门机及弧形门机轨道。在1号、2号和4号、5号进水口的闸墩之间设两个贮门库，平时存贮检修门，检修时停放拦污栅。

引水钢管直径为4.5m，设计内水压力1.05MPa，管道为单元供水，最大引用流量84.7m^3/s，表征管道规模的HD值为472.5m^2，引水管道采用钢衬钢筋混凝土联合受力结构，其布置特点是：将上弯管包在坝内，下弯管上面设置能适应位移及转动的套管式三向位移伸缩节，其上部外包混凝土管与坝体连在一起，伸缩节的外包混凝土与坝体之间用

图 8.1　紧水滩水电站

弹性垫层分开，布置型式如图 8.2 所示。钢管采 16Mn 的钢板，壁厚 14.18mm，外包钢筋混凝土厚 1m，内外圈各配一层钢筋。坝面 116.5～131.0m 高程间为斜直段，分上下两段配筋，上段内圈配Φ 30@20，下段内圈配Φ 32@20，上下段外圈均为Φ 25@20，坝后背管典型剖面配筋如图 8.3 所示。

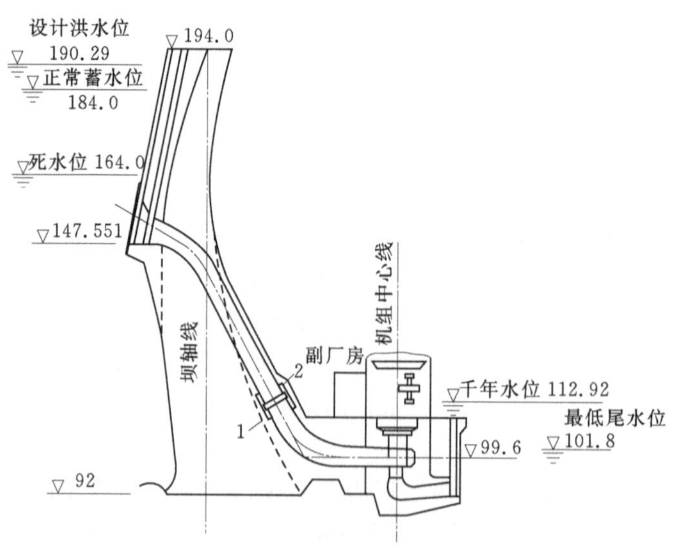

图 8.2　引水管道纵剖面（单位：m）

1—弹性垫层；2—伸缩节室

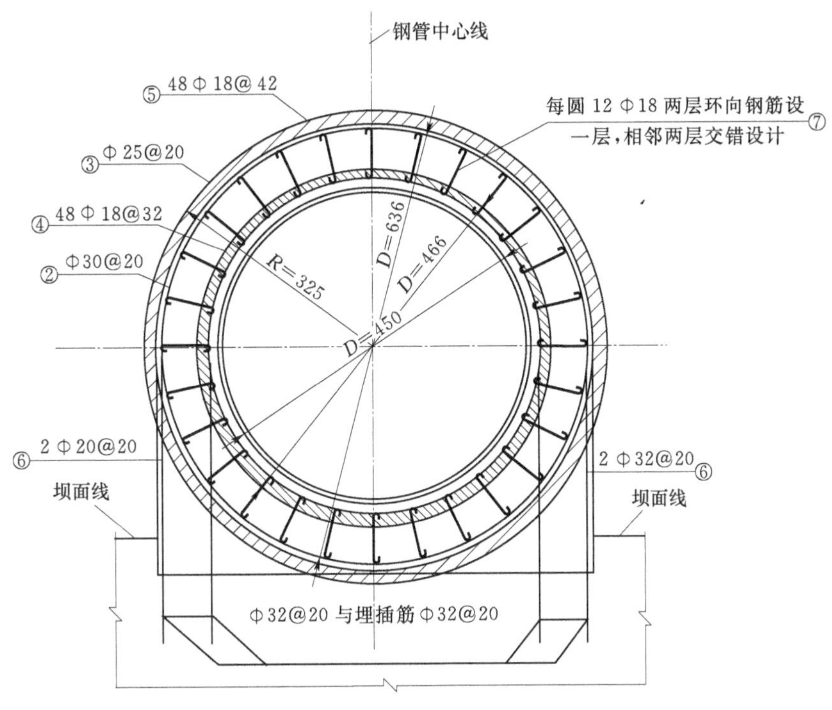

图8.3 典型剖面配筋图（单位：m）

管道应力分析及设计技术研究情况如下：因拱坝在水库水位及温度发生变化时将发生较大的位移，管道与坝体及基础连在一起，势必受到坝体位移带来的影响，故在设计中将管道与坝体一起进行了整体应力分析。除采用多拱梁分载法和三维有限元进行计算外，还对钢管坝段进行了细化计算和光弹模型试验。在计算工况为正常蓄水位＋自重＋温降时可得顺河向，横向，铅直向的位移值，以3号钢管为例有限元计算顺河向位移坝顶（高程194m）为4.1cm，上弯管（高程146m）为2.9cm，斜管（高程110m）为0.81cm，下游坝面正应力均为压应力，上弯管拱向1.6MPa，梁向0.2MPa，斜管拱向0.7MPa，梁向3.8MPa。计算结果表明，与坝及基础连在一起的钢管及外包混凝土除了承受内水压力及温度应力外，还要承担坝体位移所产生的弯矩、剪力和轴向力；管坝接触面上产生法向应力及剪应力且高程愈低应力愈大；下弯管底部的基础面上有较复杂的应力及基础反力。经结构细化计算及光弹模型试验得出相同的结论。这些结论即作为上述工程布置和结构处理的依据。

8.3 3号引水钢管的原型观测

位于10号坝段的3号引水钢管的原型观测主要是内部观测，其钢管应变计及钢筋计监测布置如图8.4，共设六个监测剖面，每一剖面的仪器布置如图8.5，仪器编号从钢管中心线顶面为0°开始，由内向外按0°、90°、180°、270°顺时针排号，应变计用“S_0”表示，钢筋计“R”。选择的六个监测剖面及仪器布设情况如下：Ⅰ-Ⅰ剖面在渐变段中部，沿钢管环向及轴向布置 8 支应变计；Ⅱ-Ⅱ剖面在上弯管中部，此处仍为坝内管部分，钢管和内层钢筋沿环向及轴向各布置 8 支应变计及钢筋计；Ⅲ-Ⅲ剖面和Ⅳ-Ⅳ剖面位于斜直段的上部和下部，Ⅴ-Ⅴ剖面位于下弯管中部，三向位移伸缩节之下，Ⅵ-Ⅵ剖面位于下镇墩管道出口部位，Ⅲ、Ⅵ剖面沿钢管环向、轴向各布置 8 支应变计和内、外圈钢筋共计 16 支钢筋计，Ⅳ剖面布置 8 支应变计及 8 支钢筋计，Ⅳ剖面布置 6 支应变计及 16 支钢筋计。3 号引水钢管累计布置 46 支应变计，外包钢筋混凝土中共布置 64 支钢筋计。另外对Ⅳ、Ⅵ剖面的管坝接缝面也进行了监测。

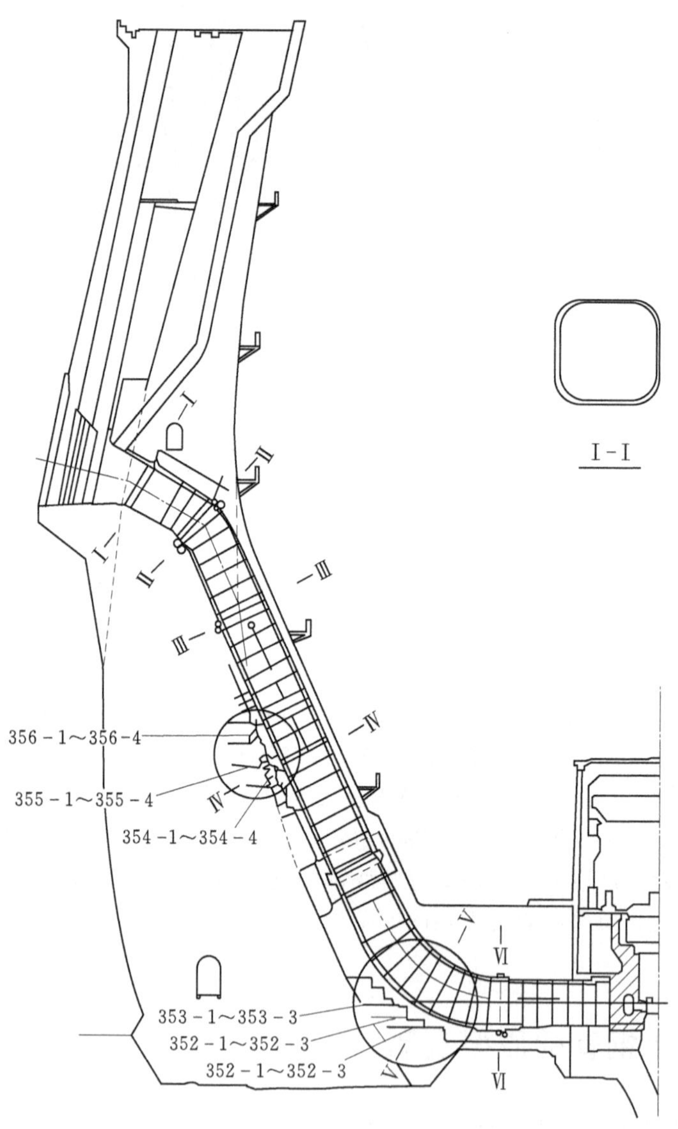

图 8.4　3 号引水钢管应变及钢筋应力监测布置图

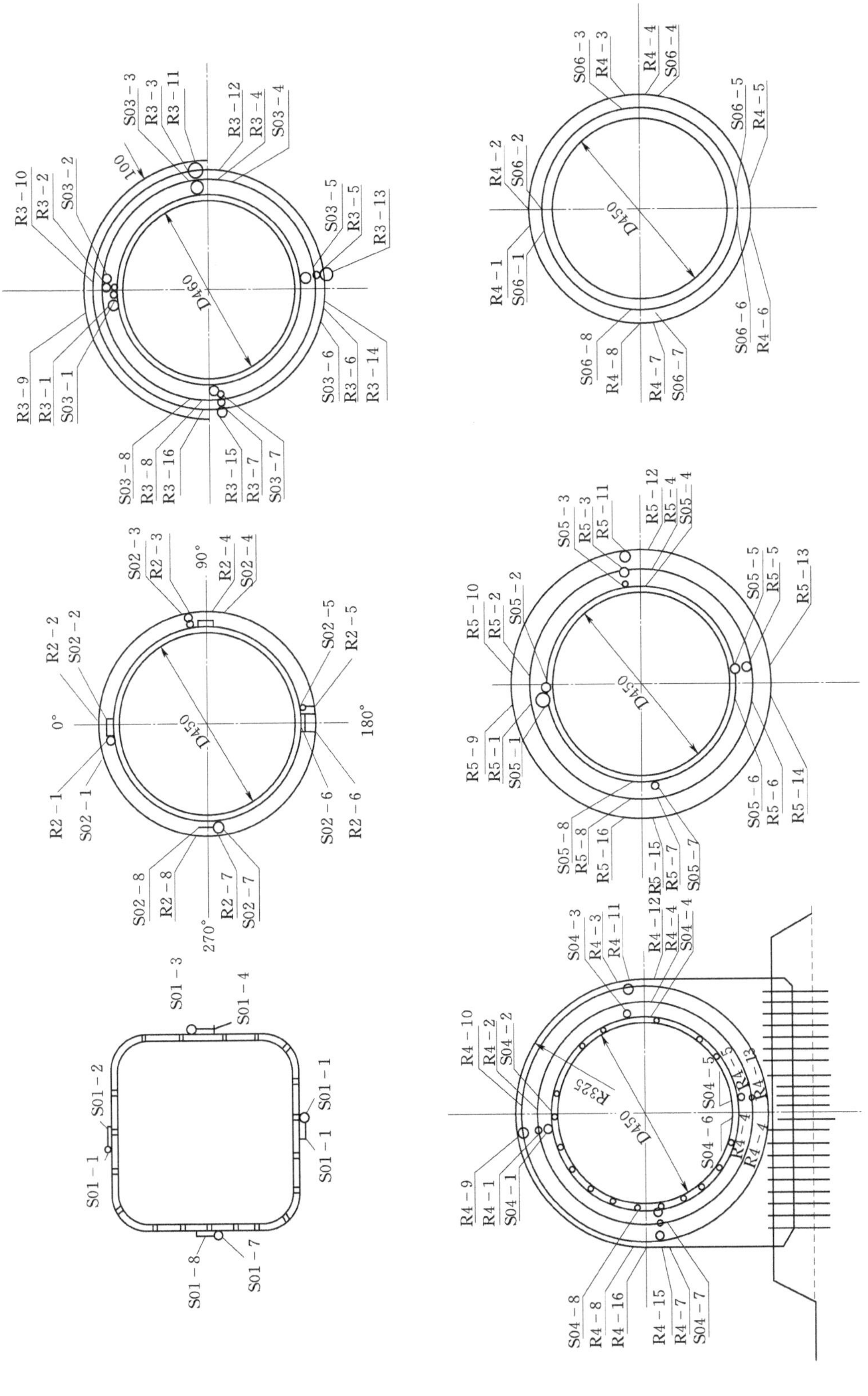

图 8.5　3号引水钢管各监测剖面仪器布置图

紧水滩坝内埋设的钢筋计为差动电阻式钢筋计，钢筋计的二次观测仪器采用 SBQ2 或 SBQ4 型水工比例电桥，换算后得到的钢筋计实测钢筋综合应力是钢筋在各种复杂因素共同作用下产生的总应力。钢筋计最早埋设时间在 1984 年 9 月 12 日，仪器埋设后即按设计要求进行观测，截至 1994 年度已有长达 10 年多的系列观测资料。3 号引水管道与 3 号机组于 1987 年 9 月 24 日充水，27 日放空检查，28 日再充水投入运行。1988 年 6 月 29 日库水位最高达 181.29m，1989 年 7 月 3 日库水位达 183.46m，已接近正常蓄水位 184m，1997 年 7 月 13 日库水位高达 186.4m 超过正常蓄水位。至今管道运行良好，未出现异常情况。据电厂裘晓明副总工程师介绍，钢衬应变计测值较准确，钢筋计较差。1995—1996 年紧水滩电厂委托武汉水利电力大学李珍照教授对原型观测资料进行了分析。

对 3 号引水管道钢筋计观测资料分析结果认为：①各钢筋计实测综合应力与测点温度呈较好的负相关性，即测点温度升高，钢筋综合应力受拉方向变化，这一变化特点符合钢筋混凝土热胀冷缩的基本受力变化规律；②包括环向钢筋计的各钢筋计实测综合拉应力值不很大，一般小于 100MPa，1987 年 9 月 24 日充水以后仅有Ⅲ剖面中心顶部外层轴向钢筋计 $R3.9$ 最大综合拉应力为 243.86MPa，其他均小于 100MPa；③大部分钢筋计在埋设期及水库首次蓄水期间测值变化较大，在水库运行期内变化相对比较平衡，且呈现出不规律的年周期变化。绝大部分钢筋计不存在突变现象或突变值不大，存在较大突变值的钢筋计仅有 $R2.2$、$R3.15$ 及 $R6.2$。

从 1996—1997 年度 3 号钢管应变计观测资料看，各应变计（共 46 支）实测应变值较小，相应钢管环向拉应力约小于 110MPa。最大拉应力出现在Ⅵ断面两侧：1997 年 9 月 11 日坝前水位为 182.59m，气温 25.5℃，Ⅵ断面右侧中部仪器编号 $S_0 6.3$，实测温度 23.1℃，应变值为 705.6$\mu\varepsilon$，相应环向拉应力约为 155.2MPa；Ⅵ断面左侧中部仪器编号 $S_0 6.7$，实测温度 22.0℃，应变值为 923.5$\mu\varepsilon$，相应环向拉应力约为 203.2MPa。其他断面应变计测值均小于Ⅵ断面。

8.4　现场裂缝调查情况

由于在下游坝面查看坝后背管裂缝的条件限制，只能站在 120m、135m 高程坝后桥上进行，而前者看到的裂缝较典型，故主要在 120m 高程坝后桥上查看。1～6 号管道大多在管腰两侧出现纵向裂缝，且有的延伸较长，如 1 号、2 号管道右侧、3 号管道左侧、5 号管道右侧、6 号管道左右两侧，其中 2 号管道右侧和 3 号管道左侧缝宽较大，当天气温 0.8℃，坝前水位 170.71m，实测 3 号机左侧缝宽 0.3mm。个别管道也有环向缝出现，如 5 号钢管就出现两道环向缝。电厂对这些裂缝并不重视也无系列观测资料，而且不打算进行处理。2 号管道右侧裂缝见图 8.6，3 号管道左侧裂缝见图 8.7，5 号管道环向缝见图 8.8。

图 8.6 2号管道右侧裂缝图

图 8.7　3 号管道左侧裂缝图

图 8.8　5 号管道环向缝图

参　考　文　献

[1]　傅金筑．水电站坝后背管结构及外包混凝土裂缝研究［M］．北京：中国水利水电出版社，2007.

[2]　刘蕴进，彭六平．紧水滩拱坝坝后引水管道的设计［J］．水力发电，1988，9.

[3]　紧水滩原形观测资料分析[R]．武汉水利电力大学．1996.